高职高专立体化教材　计算机系列

计算机网络安全与管理项目教程

张虹霞　王　亮　主编

清华大学出版社
北　京

内 容 简 介

本书是高职高专类计算机网络技术、信息安全、计算机通信等相关专业学生的专业课教材，根据高职高专教育的培养目标、特点和要求编写，旨在帮助读者学习和掌握计算机网络安全与管理的基础理论知识，掌握当前主流网络安全与管理技术，并具备灵活运用的能力。

本书以网络工程典型应用为案例，分析当前网络工程中的安全与管理需求，根据需求制定任务，按照任务介绍相关理论知识，设计工程解决方案，并在实验环境下实施方案。本书共 9 章，包含 19 个项目任务，主要内容为：网络访问控制、网络地址转换、局域网安全、网络病毒与攻击预防、Internet 接入安全、SNMP、网络监测、网络远程管理等当前主流网络安全与管理技术。

本书内容丰富，图文并茂，语言深入浅出、简明扼要，侧重具体技术与实训内容。本书可以作为高职院校计算机网络技术及相关专业学生的教材，也可以作为网络工程技术人员和本科院校学生的参考书。

图书在版编目(CIP)数据

计算机网络安全与管理项目教程/张虹霞，王亮主编. —北京：清华大学出版社，2018
(高职高专立体化教材 计算机系列)

ISBN 978-7-302-50059-9

Ⅰ. ①计… Ⅱ. ①张… ②王… Ⅲ. ①计算机网络—安全技术—高等职业教育—教材 Ⅳ. ①TP393.08

中国版本图书馆 CIP 数据核字(2018)第 097057 号

责任编辑： 姚 娜
装帧设计： 刘孝琼
责任校对： 周剑云
责任印制： 刘海龙
出版发行： 清华大学出版社
网 址：http://www.tup.com.cn, http://www.wqbook.com
地 址：北京清华大学学研大厦 A 座 邮 编：100084
社 总 机：010-62770175 邮 购：010-62786544
投稿与读者服务：010-62776969, c-service@tup.tsinghua.edu.cn
质量反馈：010-62772015, zhiliang@tup.tsinghua.edu.cn
课件下载：http://www.tup.com.cn, 010-62791865
印 装 者： 北京鑫丰华彩印有限公司
经 销： 全国新华书店
开 本： 185mm×260mm **印 张：** 16 **字 数：** 384 千字
版 次： 2018 年 7 月第 1 版 **印 次：** 2018 年 7 月第 1 次印刷
定 价： 39.80 元

产品编号：077147-01

前　言

随着互联网在我国的快速发展和普及，计算机网络深刻地影响着我们的生产、工作、学习和生活方式，网络安全与网络管理问题也已成为互联网时代无法回避的问题。因此，社会对于网络安全与管理人才的需求日益增多，但目前许多高校开设的网络安全与管理类的课程理论性太强，对技能型要求较高的高职学生而言不太适用。本书以网络工程中常见的具体工程实例为主线，结合实例具体分析和解决任务所需的具体技术，以任务目的和需求为导向，先进行需求分析，并链接该技术所需的理论知识。理论知识以够用为主，充分结合任务需求，实现课堂教学与实际应用的无缝对接。然后将具体任务的实施步骤以图文并茂的形式一一呈现，步骤清晰，通俗易懂，非常适合高职学生学习，有非常强的可操作性和实践指导性。

本书以网络工程为主线，分析网络工程中常见的 19 个典型应用案例，同时也兼顾了知识体系的完整性与系统性。本书在分析案例的同时有针对性地链接每个技术所需的理论知识，根据需求制定任务，按照任务设计工程解决方案，最后在实验环境下逐步实施方案，对高职学生掌握所需的理论知识和实际操作技能具有非常强的指导意义。

本书共分 9 章。第 1 章介绍网络安全的理论基础。第 2 章介绍网络访问控制技术，针对企业网络中的具体需求分析，解决企业网基本访问控制和高级访问控制问题。第 3 章介绍局域网安全技术，根据具体案例引入公司局域网接入认证服务和公司局域网端口隔离、端口绑定，以及企业网 IP 地址安全管理的解决方案。第 4 章介绍网络病毒、攻击预防技术，针对企业需求，制定了公司网络防毒系统的实施方案和公司网 ARP 攻击预防任务。第 5 章介绍 Internet 接入安全技术，以任务的方式引入，模拟企业的互联网接入 NAT 和企业网内部服务的对外发布，以及移动用户访问企业网资源。第 6 章介绍网络管理理论基础，引入了计算机网络管理的基本概念和网络管理的协议，以及 4 类网络故障的排除步骤。第 7 章介绍企业网设备 SNMP 配置，针对企业的实际需求进行企业网设备 SNMP 配置。第 8 章介绍企业网监测技术，以具体任务的方式引入，详细介绍了企业网设备运行状态监测和企业网线路流量监测。第 9 章介绍企业网远程管理，内容包括企业内部网的网络设备进行远程管理采用的 Telnet 和 SSH 技术，以及企业网服务器远程管理实现方案和公司网 AAA 体系部署。

本书由四川托普信息技术职业学院张虹霞、王亮任主编。其中，张虹霞负责编写第 1～5 章，王亮负责编写第 6～9 章。

由于计算机网络安全与管理技术发展更新较快，编者水平有限，书中难免有疏漏与不妥之处，敬请广大同行与读者及时指正。编者邮箱为 zhanghongxia@scetop.com 和 wangliang@scetop.com。

编　者

目　　录

第 1 章　网络安全理论基础 1

1.1　网络安全概述 1

1.1.1　网络存在的安全威胁 2

1.1.2　网络安全技术简介 2

1.2　现代信息认证技术 4

1.2.1　现代信息认证技术需要解决的问题 4

1.2.2　现代信息认证技术的方法 4

1.3　Internet 网络安全技术 8

1.3.1　防病毒技术 8

1.3.2　防火墙技术 13

1.3.3　VPN 技术 15

1.3.4　链路层安全技术 17

1.3.5　网络层安全技术 17

1.3.6　传输层安全协议 18

1.3.7　应用层安全协议 19

1.4　操作系统安全 20

1.4.1　账号和组的管理 20

1.4.2　NTFS 文件系统 21

1.4.3　Windows 安全设置 23

本章小结 25

第 2 章　网络访问控制技术 26

2.1　任务 1：企业网基本访问控制 26

2.1.1　基本 ACL 任务描述 26

2.1.2　基本 ACL 任务目标与目的 27

2.1.3　基本 ACL 任务需求与分析 27

2.1.4　基本 ACL 知识链接 28

2.1.5　基本 ACL 任务实施 34

2.1.6　基本 ACL 任务验收 36

2.1.7　基本 ACL 任务总结 37

2.2　任务 2：企业网高级访问控制 38

2.2.1　高级 ACL 任务描述 38

2.2.2　高级 ACL 任务目标与目的 38

2.2.3　高级 ACL 任务需求与分析 38

2.2.4　高级 ACL 知识链接 39

2.2.5　高级 ACL 任务实施 40

2.2.6　高级 ACL 任务验收 43

2.2.7　高级 ACL 任务总结 44

第 3 章　局域网安全技术 45

3.1　任务 1：公司局域网接入认证服务 46

3.1.1　IEEE 802.1x 任务描述 46

3.1.2　IEEE 802.1x 任务目标与目的 46

3.1.3　IEEE 802.1x 技术任务需求与分析 46

3.1.4　IEEE 802.1x 技术知识链接 47

3.1.5　IEEE 802.1x 技术任务实施 49

3.1.6　任务验收 55

3.1.7　任务总结 56

3.2　任务 2：公司局域网端口隔离 57

3.2.1　局域网端口隔离任务描述 57

3.2.2　局域网端口隔离任务目标和目的 57

3.2.3　局域网端口隔离任务需求与分析 57

3.2.4　端口隔离知识链接 58

3.2.5　端口隔离任务实施 59

3.2.6　端口隔离任务验收 60

3.2.7　端口隔离任务总结 62

3.3　任务 3：公司局域网端口绑定 63

3.3.1　局域网端口绑定任务描述 63

3.3.2　局域网端口绑定任务目标与目的 63

3.3.3 局域网端口绑定任务需求与分析 63
3.3.4 端口绑定知识链接 64
3.3.5 端口绑定任务实施 65
3.3.6 端口绑定任务验收 66
3.3.7 端口绑定任务总结 67
3.4 任务 4：企业网 IP 地址安全管理 68
3.4.1 IP 地址安全管理任务描述 68
3.4.2 IP 地址安全管理任务目标和目的 68
3.4.3 IP 地址安全管理任务需求与分析 68
3.4.4 知识链接 69
3.4.5 任务实施 77
3.4.6 任务验收 86
3.4.7 任务总结 87

第 4 章 网络病毒、攻击预防技术 88

4.1 任务 1：公司网络防毒系统的实施 88
4.1.1 网络防毒系统任务描述 88
4.1.2 网络防毒系统任务目标和目的 89
4.1.3 网络防毒系统任务需求与分析 89
4.1.4 网络防毒系统知识链接 89
4.1.5 网络防毒系统任务实施 90
4.1.6 网络防毒系统任务验收 102
4.1.7 网络防毒系统任务总结 104
4.2 任务 2：公司网 ARP 攻击预防 104
4.2.1 ARP 攻击预防任务描述 104
4.2.2 ARP 攻击预防任务目标与目的 105
4.2.3 ARP 攻击预防任务需求与分析 105
4.2.4 ARP 攻击预防知识链接 105
4.2.5 ARP 攻击预防任务实施 112
4.2.6 ARP 攻击预防任务验收 118
4.2.7 ARP 攻击预防任务总结 118

第 5 章 Internet 接入安全技术 119

5.1 任务 1：企业网互联网接入 NAT 120
5.1.1 NAT 任务描述 120
5.1.2 NAT 任务目标与目的 120
5.1.3 NAT 任务需求与分析 120
5.1.4 NAT 知识链接 121
5.1.5 任务实施 130
5.1.6 NAT 任务验收 132
5.1.7 NAT 任务总结 133
5.2 任务 2：企业网内部服务发布 133
5.2.1 NAT Server 任务描述 133
5.2.2 NAT Server 任务目标与目的 133
5.2.3 NAT Server 任务需求与分析 134
5.2.4 NAT Server 知识链接 134
5.2.5 NAT Server 任务实施 136
5.2.6 NAT Server 任务验收 137
5.2.7 NAT Server 任务总结 138
5.3 任务 3：公司防火墙配置 138
5.3.1 防火墙任务描述 138
5.3.2 防火墙任务目标与目的 138
5.3.3 防火墙任务需求与分析 138
5.3.4 防火墙知识链接 139
5.3.5 防火墙任务实施 141
5.3.6 防火墙任务验收 147
5.3.7 防火墙任务总结 148
5.4 任务 4：移动用户访问企业网资源 148
5.4.1 SSL VPN 任务描述 148
5.4.2 SSL VPN 任务目标与目的 148
5.4.3 SSL VPN 任务需求与分析 149
5.4.4 SSL VPN 知识链接 149
5.4.5 SSL VPN 任务实施 155
5.4.6 SSL VPN 任务验收 164
5.4.7 SSL VPN 任务总结 166

第 6 章 网络管理理论基础 167

6.1 计算机网络管理概述 167

6.1.1 计算机网络管理的基本概念......168
6.1.2 计算机网络管理的功能......169
6.1.3 计算机网络管理员......170
6.2 网络管理协议......171
6.2.1 网络管理协议简介......171
6.2.2 SNMP......172
6.2.3 网络配置协议 Netconf......173
6.3 网络故障排除......174
6.3.1 故障排除的一般步骤......174
6.3.2 故障诊断与排错......176
本章小结......178

第 7 章 企业网设备 SNMP 配置......179

任务：企业网设备 SNMP 配置......179
SNMP 任务描述......179
SNMP 任务目标与目的......180
SNMP 任务需求与分析......180
SNMP 知识链接......181
SNMP 任务实施......183
SNMP 任务验收......187
SNMP 任务总结......189

第 8 章 企业网监测技术......190

8.1 任务 1：企业网设备运行状态监测......190
8.1.1 设备状态监控任务描述......190
8.1.2 设备状态监控任务目标与目的......191
8.1.3 设备状态监控任务需求与分析......191
8.1.4 设备状态监控知识链接......192
8.1.5 设备状态监控任务实施......193
8.1.6 设备状态监控任务验收......196
8.1.7 设备状态监控任务总结......197
8.2 任务 2：企业网线路流量监测......197
8.2.1 流量监控任务描述......197
8.2.2 流量监控任务目标与目的......197
8.2.3 流量监控任务需求与分析......198
8.2.4 流量监控知识链接......199
8.2.5 流量监控任务实施......199
8.2.6 流量监控任务验收......204
8.2.7 流量监控任务总结......205

第 9 章 企业网远程管理......206

9.1 任务 1：企业网设备远程管理 Telnet......207
9.1.1 Telnet 任务描述......207
9.1.2 Telnet 任务目标与目的......207
9.1.3 Telnet 任务需求与分析......207
9.1.4 Telnet 知识链接......208
9.1.5 Telnet 任务实施......211
9.1.6 Telnet 任务验收......212
9.1.7 Telnet 任务总结......213
9.2 任务 2：企业网设备远程管理 SSH......213
9.2.1 SSH 任务描述......213
9.2.2 SSH 任务目标与目的......214
9.2.3 SSH 任务需求与分析......214
9.2.4 SSH 知识链接......214
9.2.5 SSH 任务实施......217
9.2.6 SSH 任务验收......219
9.2.7 SSH 任务总结......220
9.3 任务 3：企业网服务器远程管理实现......220
9.3.1 服务器远程管理任务描述......220
9.3.2 服务器远程管理任务目标与目的......221
9.3.3 服务器远程管理任务需求与分析......221
9.3.4 服务器远程管理知识链接......221
9.3.5 服务器远程管理任务实施......222
9.3.6 服务器远程管理任务验收......226
9.3.7 服务器远程管理任务总结......226
9.4 任务 4：公司网 AAA 体系部署......226
9.4.1 AAA 技术任务描述......226

9.4.2 AAA 技术任务目标和目的 227
9.4.3 AAA 技术任务需求与分析 227
9.4.4 AAA 技术知识链接 228
9.4.5 任务实施..................................238
9.4.6 任务验收..................................244
9.4.7 任务总结..................................246

参考文献..247

第 1 章　网络安全理论基础

教学目标

通过本章学习，学生能够了解计算机网络安全的基本概念、现代信息认证技术、Internet网络安全技术、操作系统安全技术等网络安全基础理论知识，为后续章节的学习打下坚实基础。

教学要求

任务要点	能力要求	关联知识
计算机网络安全基本概念	(1)掌握网络安全基本概念 (2)掌握网络存在的安全威胁 (3)掌握常见网络安全技术	(1)网络安全定义 (2)常见网络安全威胁 (3)主流网络安全技术
现代信息认证技术	(1)掌握现代信息认证技术基本概念 (2)了解加密技术基本概念 (3)了解数字签名技术基本概念	(1)现代信息认证技术 (2)加密技术 (3)数字签名技术
Internet 网络安全技术	(1)掌握网络防病毒技术基本概念 (2)掌握防火墙技术基本概念 (3)掌握 VPN 技术基本概念 (4)了解常用网络安全协议	(1)网络病毒及防病毒技术 (2)防火墙技术 (3)VPN 技术 (4)常见网络安全协议
操作系统安全技术	(1)了解操作系统安全基本概念 (2)了解操作系统账户安全 (3)了解操作系统文件系统安全 (4)了解常见 Windows 安全设置	(1)操作系统安全基本概念 (2)操作系统账户安全 (3)操作系统文件系统安全 (4)Windows 安全设置

重点难点

- 网络安全基本概念。
- 信息认证技术、加密技术、数字签名技术。
- 网络病毒、病毒防御、防火墙、VPN、常见网络安全协议。
- 操作系统安全基本概念。
- 操作系统账户安全、文件系统安全、Windows 安全设置。

1.1　网络安全概述

随着计算机网络技术的飞速发展和互联网的广泛普及，病毒与黑客攻击日益增多，攻击手段也千变万化，使大量企业、机构和个人的计算机面临着随时被攻击和入侵的危险。这导致人们不得不在享受网络带来的便利的同时，寻求更为可靠的网络安全解决方案。

网络安全是指计算机网络系统的硬件、软件及其系统中的数据受到保护，不会由于偶然的或者恶意的原因而遭受破坏、更改、泄露，以保证系统连续、可靠、正常地运行，网络服务不中断。网络安全从其本质上来讲，就是指网络上的信息安全。从广义来说，凡是涉及网络上信息的保密性、完整性、可用性、真实性和可控性的相关技术和理论，都是网络安全的研究领域。网络安全是计算机网络技术发展中一个至关重要的问题，也是 Internet 的一个薄弱环节。

1.1.1 网络存在的安全威胁

由于当初设计 TCP/IP 协议族时对网络的安全性考虑较少，随着 Internet 的广泛应用和商业化，电子商务、网上金融、电子政务等容易引发恶意攻击的业务日益增多。目前计算机网络存在的安全威胁主要表现在以下几个方面。

1. 非授权访问

非授权访问是指没有预先经过同意，而非法使用网络或计算机资源。例如，有意避开系统访问控制机制，对网络设备及资源进行非正常使用，或擅自扩大权限，越权访问信息等。非授权访问主要有以下几种表现形式：假冒、身份攻击、非法用户进入网络系统进行违法操作、合法用户以未授权方式进行操作等。

2. 信息泄露或丢失

信息泄露或丢失是指敏感数据在有意或无意中被泄露出去或丢失。它通常包括，信息在传输过程中丢失或泄露(如“黑客”利用网络监听、电磁泄漏或搭线窃听等方式可获取如用户口令、账号等机密信息，或通过对信息流向、流量、通信频度和长度等参数的分析，推测出有用信息)，信息在存储介质中丢失或泄露，通过建立隐蔽隧道等窃取敏感信息等。

3. 破坏数据完整性

破坏数据完整性是指以非法手段窃得对数据的使用权，删除、修改、插入或重发某些重要信息，以取得有益于攻击者的响应，恶意添加、修改数据，以干扰用户的正常使用。

4. 拒绝服务攻击

拒绝服务攻击是指不断对网络服务系统进行干扰，浪费资源，改变正常的作业流程，执行无关程序使系统响应减慢甚至瘫痪，影响正常用户的使用，使正常用户的请求得不到正常的响应。

5. 利用网络传播木马和病毒

利用网络传播木马和病毒是指通过网络应用(如网页浏览、即时聊天、邮件收发等)大面积、快速地传播病毒和木马，其破坏性大大高于单机系统，而且用户很难防范。病毒和木马已经成为网络安全中极其严重的问题之一。

1.1.2 网络安全技术简介

网络安全防护技术总体来说有攻击检测、攻击防范和攻击后恢复这三大方向，每一个方向都有代表性的系统：入侵检测系统负责进行前瞻性的攻击检测，防火墙负责访问控制和攻击防范，攻击后的恢复则由自动恢复系统来解决。涉及的具体技术主要有以下几个。

1. 入侵检测技术

入侵检测(Intrusion Detection)是对入侵行为的检测。它通过收集和分析网络行为、安全日志、审计数据、其他网络上可以获得的信息以及计算机系统中若干关键点的信息，检查网络或系统中是否存在违反安全策略的行为和被攻击的迹象。入侵检测技术是最近几年出现的新型网络安全技术，目的是提供实时的入侵检测及采取相应的防护手段，如记录证据用于跟踪和恢复、断开网络连接等。

2. 防火墙技术

防火墙(Firewall)是用一个或一组网络设备(如计算机系统或路由器等)，在两个网络之间加强访问控制，对通信进行过滤，以保护一个网络不受来自另一个网络的攻击的安全技术。防火墙主要服务于以下几个目的。

(1) 限定他人进入内部网络，过滤掉不安全的服务和非法用户。

(2) 限定人们访问特殊的站点。

(3) 为监视网络访问行为提供方便。

3. 网络加密和认证技术

互联网是一个开放的环境，应用领域也在不断地拓展，从邮件传输、即时通信到网上交易，这些活动的通信内容中可能包含了一些敏感性的信息，如商业秘密、订单信息、银行卡的账户和口令等。如果将这些信息以明文形式在网络上传输，可能会被黑客监听造成机密信息的泄露，所以现代网络安全中广泛应用各种加密算法和技术，将信息明文转换成为局外人难以识别的密文之后再放到网上传输，有效地保护了机密信息的安全。此外，很多网络应用中需要确定交易或通信对方的身份，以防止网络欺诈，由此出现了诸如数字证书、数字签名等信息认证技术，这将在后面详细阐述。

4. 网络防病毒技术

在网络环境下，计算机病毒的传播速度是单机环境的几十倍，网页浏览、邮件收发、软件下载等网络应用均可能感染病毒，而网络蠕虫病毒更是能够在短短的几小时内蔓延全球。因此，网络病毒防范也是网络安全技术中重要的一环。随着网络防病毒技术的不断发展，目前已经进入“云安全”时代，即识别和查杀病毒不再仅仅依靠本地硬盘中的病毒库，而是依靠庞大的网络服务，实时进行采集、分析及处理，整个互联网就是一个巨大的“杀毒软件”，参与者越多，每个参与者就越安全，整个互联网就会更安全。

5. 网络备份技术

备份系统存在的目的是尽可能快地全面恢复运行计算机系统所需的数据和系统信息。备份不仅可以在网络系统硬件故障或人为失误时起到保护作用，也可以在入侵者非授权访问或对网络攻击及破坏数据完整性时起到保护作用，同时也是系统灾难恢复的前提之一。

1.2 现代信息认证技术

1.2.1 现代信息认证技术需要解决的问题

现代信息认证技术是互联网安全通信和交易的重要保障，其解决的问题主要有以下几个。

1. 信息传输的保密性

网络通信的内容可能会涉及公文、信用卡账号和口令、订货和付款等信息，这些敏感信息在传输过程中存在被监听和泄露的可能性。因此，这些敏感信息在传输中均有加密的要求。

2. 身份的确定性

网络通信的双方和交易的双方素昧平生，如何确定对方的真实身份显得尤为重要。例如，甲收到一封邮件，邮件落款是乙，那么甲凭什么相信这封邮件的确是由乙发送的，而不是其他人冒充他发送的？因此，确定网络通信双方的身份是安全通信和交易的前提。

3. 信息的不可否认性

不可否认性是指凡是发出的信息就不能再否认或者更改，正如现实生活中签订的合同，一旦双方签字，就不能再对合同的内容进行否定和更改，必须要负担相应的法律责任。

4. 信息的完整性

信息的完整性是指信息在存储或传输过程中不受偶然或者恶意的原因更改、破坏。例如，数字签名技术就可以针对信息完整性进行检验，让信息接收方检验收到的数据是否是发送方发送的原版信息，如果信息在传输过程中完整性受到破坏，那么接收方就不再相信信件的内容。

1.2.2 现代信息认证技术的方法

现代信息认证技术建立在现代加密技术的基础之上，因此必须对现代加密技术有一定的了解。

1. 信息加密技术

1) 加密技术模型

加密的实质就是对要传输的明文信息进行变换，避免信息在传输过程中被其他人读取，从而保证信息的安全，加密模型中涉及的概念有以下几个。

(1) 明文(M)：即未经加密的信息或数据，即数据信息的原始形式。

(2) 密文(Ciphertext，C)：明文经过变换后，局外人难以识别的形式。

(3) 加密算法(Encryption，E)：加密时使用的信息变换规则。

(4) 解密算法(Decryption，D)：解密时使用的信息变换规则。

(5) 密钥(K)：控制算法进行运算的参数，对应加密和解密两种情况，密钥分为加密密钥和解密密钥。密钥可以是很多数值里的任意值，其可能的取值范围叫作密钥空间。

例如，甲需要向乙发送一个数字串 1、2、3、4，担心明文发送会被窃听，于是甲采用一个数学函数 y=kx+1 来对数字串进行转换，这个数学函数就相当于加密算法。由于 k 取不同的值会有不同的加密结果，因此甲必须选用一个确定的 k 值，假定取 k=2，这就相当于加密密钥，转换后的结果则是 3、5、7、9，相当于密文。接收方收到 3、5、7、9 后必须要用函数 x=(y−1)/k 才能解密，这个函数就相当于解密函数，然而还必须知道 k 的取值，才能正确解密，这里 k=2 就相当于解密密钥。

2) 现代信息加密技术

现代信息加密技术主要有对称密钥加密技术、非对称密钥加密技术和 Hash 加密技术。

(1) 对称密钥加密技术。如果加密密钥和解密密钥相同，则称这种加密技术为对称密钥加密技术，其模型如图 1-1 所示，其加密和解密的数学表示为：EK(M)=C；DK(C)=M。

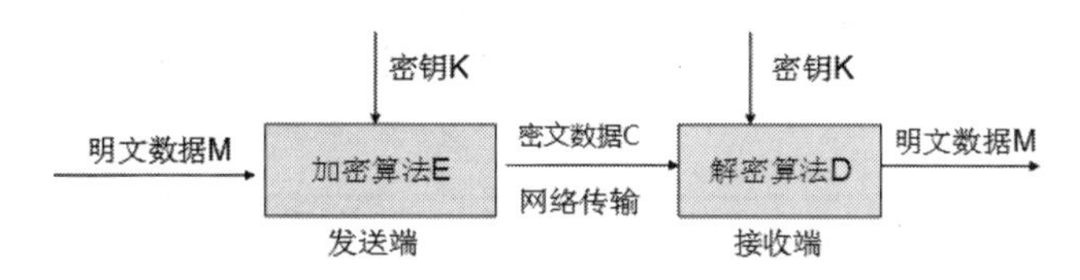

图 1-1　对称密钥加密技术模型

对称密钥加密技术的特点是：加密速度快，安全性高，但是密钥管理成为重要事宜。在这种加密技术下，算法是可以公开的，但必须对密钥进行保密，安全性依赖于密钥的保密。

对称密钥加密技术的代表性算法是 DES(Data Encryption Standard)算法，它是 20 世纪 50 年代以来密码学研究领域出现的最具代表性的两大成就之一，由 IBM 公司研制。DES 算法以 56 位长的密钥对以 64 位为长度单位的二进制数据加密，产生 64 位长度的密文数据。

(2) 非对称密钥加密技术。如果加密的密钥 k1 和解密的密钥 k2 不同，虽然两者存在一定的关系，但是不容易从一个推导出另一个，可以将一个公开，另一个保密，这种加密密钥和解密密钥不同($k1 \neq k2$)的加密技术称为非对称密钥加密技术，模型如图 1-2 所示，其数学表示为 $E_{K1}(M)=C$；$D_{k2}(C)=M$。

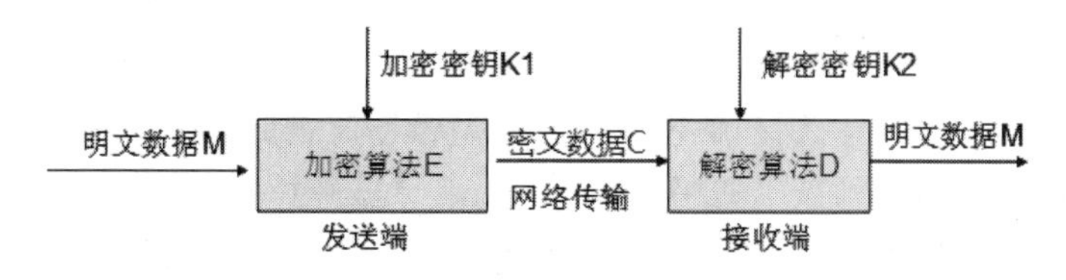

图 1-2　非对称密钥加密技术模型

非对称密钥加密技术比较适合网络的开放性要求，但算法复杂，速度较慢，大量用于数字签名。它的代表性算法是 1978 年诞生的 RSA 算法，但 RSA 的安全性一直未能得到理论上的证明。几十年来一直有人做大量的工作试图破解，但都没有成功。其原理是依赖于大数因子的分解，同时产生一对密钥，一个作为“公钥”公开，一个作为“私钥”不告诉任何人。这两个密钥是互补的，即用公钥加密的密文可以用私钥解密，反过来也可以。

RSA 是第一个既能用于数据加密也能用于数字签名的算法。现将 RSA 算法的运算步骤简单介绍如下。

① 选择两个大素数 p 和 q(典型情况下为 1024 位，保密)。

② 计算 $n=p\times q$ 和 $z=(p-1)\times(q-1)$。

③ 选择一个与 z 互素的数，称其为 e。

④ 找到 d，使其满足 $e\times d=1 \bmod z$。

算法和密钥的情况如表 1-1 所示。

表 1-1 RSA 算法原理

公开密钥	n：是两个素数 p 和 q 的乘积 e：是(p−1)×(q−1)互素
私有密钥	n：是两个素数 p 和 q 的乘积 d：是(e×d)=1mod(p−1)(q−1))互素
加密运算	$c=m^e \bmod n$
解密运算	$m=c^d \bmod n$

现以一个例子详细阐述 RSA 算法的原理。

① 选择素数：p=17，q=11

② 计算 $n=p\times q=17\times 11=187$；

$z=(p-1)\times(q-1)=16\times 10=160$

③ 选择 e：gcd(e，160)=1(该公式表示 e 和 160 的最大公约数为 1)；选择 e=7

④ 确定 d：$d\times e=1 \bmod 160$ 且 $d<160$，可选择 d=23

⑤ 公钥为 ku={7,187}；私钥为 kr={23,187}

假定给定的消息为 M=88，则

- 加密：$c=88^7 \bmod 187=11$
- 解密：$m=11^{23} \bmod 187=88$

作为一种公开密钥算法，RSA 算法具有以下几个特性。

- 同时产生一对密钥，即加密密钥 E 和解密密钥 D，两个密钥基本不能相互推导。
- 加密密钥和加密、解密算法一起公开，只对解密密钥 D 保密，而且必须保密。
- 加密密钥只能用于加密，不能用于解密。
- 只有同时拥有解密密钥和解密算法才能解读密文得到明文。

(3) Hash 加密技术(散列技术/哈希技术)。Hash 一般翻译为“散列”，就是把任意长度的输入，通过单向散列算法，变换成固定长度的输出，该输出就是散列值。这种转换是一种压缩映射，也就是说，散列值的空间通常远小于输入的空间。 数学表述为

$$h = H(M)$$

其中，H()是单向散列函数，M 是任意长度明文，h 是固定长度散列值。

典型的散列算法包括 MD4、MD5、SHA1 等。

Hash 加密技术的特点主要包括以下几个方面。

① 单向性。单向散列算法是公开的，但是不能从散列值算出输入值。

② 唯一性。只要输入信息发生微小变化，散列值就会不同，所以散列算法主要用于保证文件的完整性和不可更改性。

由于 Hash 加密技术具有上述特点，所以常用于不可还原的密码存储、信息完整性校验等场合。

2. 数字签名技术

1) 数字签名的概念

数字签名是通过一个单向函数对要传送的报文进行处理得到的用以认证报文来源并核实报文是否发生变化的一个字母数字串。数字签名并非手写签名或者盖章的图像化，从形态上来看，它是附加在文档末尾的字母数字串。从技术上来看，数字签名是发送方用自己的私钥对信息摘要加密的结果。

2) 数字签名的作用

数字签名的作用主要体现在以下两个方面。

(1) 验证信息发送者的身份。当用户收到一封带有数字签名的信件时，可以根据数字签名的验证情况判断信件是不是的确由信件中所声称的身份发出，而不是被冒充的；同时，信件中数字签名的法律效用相当于手写签名或者印章。

(2) 保证信息传输的完整性。当用户接收到信件时，可以对数字签名进行验证，从而判断信件是不是在传输过程中被第三者修改过，对于完整性受到破坏的信件不予信任。

2004 年 8 月 28 日，全国人大通过了《中华人民共和国电子签名法》(以下简称《电子签名法》)，并于 2005 年 4 月 1 日起施行。《电子签名法》的出台，使数字签名这种电子签名形式获得了法律地位，开启了中国电子商务立法的大门，为网络经济的发展提供了良好的环境。

3. 数字证书、CA 中心和公钥基础设施

1) 数字证书

数字证书是网络通信中标识各方身份信息的一系列数据，提供了一种在 Internet 环境中验证身份的方式，它是由权威公正的第三方机构——CA 中心颁发的，用于证明证书中的公钥确实属于该证书持有人。

(1) 数字证书的作用。数字证书的作用主要体现在以下三个方面。

① 身份认证。网上双方经过相互验证数字证书后，不用再担心对方身份的真伪，可以放心地与对方进行交流或授予相应的资源访问权限。

② 加密传输信息。无论是文件、批文，还是合同、票据、协议、标书等，都可以经过加密后在 Internet 上传输。发送方用接收方数字证书中所包含的公钥对报文进行加密，接收方用自己保密的私钥进行解密，得到报文明文。

③ 数字签名抗否认。在现实生活中用公章、签名等来实现的抗否认在网上可以借助数字证书的数字签名来实现。

(2) 数字证书的分类。基于数字证书的应用角度不同，数字证书可以分为以下几种。

① 服务器证书。安装于服务器设备上，用来证明服务器的身份(防站点假冒)和进行

通信加密，一般网上银行的服务器通常都有相应的服务器证书。

② 电子邮件证书。用于对电子邮件进行签名和加密，认证邮件来源和保护邮件内容的机密性。

③ 个人客户端证书。客户端证书主要用来进行身份验证和电子签名。

④ 企业证书。颁发给独立的单位、组织，在互联网上证明该单位、组织的身份。

⑤ 代码签署证书。颁发给软件开发者的证书，方便用户识别软件的来源和完整性。

数字证书可以存储于计算机中，也可以存储于专用的芯片中，为了提高数字证书的安全性，防止受到病毒和木马的攻击，现在越来越多的重要场合将数字证书存储到专用芯片中。图 1-3 所示是中国工商银行颁发给网上银行用户的客户端证书——U 盾。

图 1-3　中国工商银行的 U 盾

2) CA 中心

CA 中心又称证书授权(Certificate Authority)中心，它是负责签发证书、认证证书、管理已颁发证书的第三方权威公证机关。CA 中心在整个电子商务环境中处于至关重要的位置，是电子商务整个信任链的基础。如果 CA 中心颁发的数字证书不安全或者不具有权威性，那么网上电子交易就无从谈起。CA 中心的权威性来自国家的认证，CA 认证机构必须获得国家颁发的《电子认证服务许可证》等资质证书之后才能提供 CA 认证服务。

3) 公钥基础设施

PKI(Public Key Infrastructure)是基于公钥算法和技术，为网络应用提供安全服务的基础设施。它是创建、颁发、管理、注销公钥证书涉及的所有软件、硬件的集合体。PKI 的核心元素是数字证书，核心执行者是 CA 认证机构。PKI 的基本构成包括以下几个方面。

(1) 权威认证机构(CA)：数字证书的签发和管理机关。

(2) 数字证书库：用于存储已签发的数字证书及公钥，用户可由此获得所需的其他用户的证书及公钥。

(3) 密钥备份及恢复系统：防止解密密钥丢失。

(4) 证书作废处理系统：对于密钥泄露或用户身份改变的情况，要对证书进行作废处理。

(5) 应用接口系统。

1.3　Internet 网络安全技术

1.3.1　防病毒技术

1. 计算机病毒概述

计算机病毒(Computer Virus)是一种人为编制的能够自我复制并传染的一组计算机指令

或者程序代码，具有一定的破坏作用。目前，广义上的病毒也包括以窃取用户信息为主的木马。

重点：计算机病毒的特点。

1)　计算机病毒的特点

计算机病毒虽然也是程序，但和普通程序有所不同，具有区别于其他程序的明显特点。总体上讲，无论什么样的病毒，通常都具有以下几个特点。

(1)　破坏性。计算机病毒可以破坏计算机的操作系统、用户数据甚至硬件设备(如 20 世纪 90 年代初流行的 CIH 病毒，会破坏主板的 BIOS，使主板损坏)。根据病毒作者意图的不同，病毒破坏性的表现也有所不同。

(2)　传染性。传染性是计算机病毒的本质特征。计算机病毒一般能够通过网络或者文件拷贝进行传染，传染途径非常多。

(3)　潜伏性。有些病毒就像定时炸弹，病毒感染计算机后，不一定会立刻表现出其破坏作用，而是会进行一段时间的潜伏，等待触发条件满足时才会发作，如“黑色星期五病毒”只有在星期五的时候才会发作。病毒的潜伏性越好，其在系统中存在的时间就越长，传染的范围也就越广。

(4)　隐藏性。计算机病毒具有很强的隐蔽性，它可以在不被人觉察的情况下进入系统，寄生于某些位置，并在不被觉察的情况下得到运行，有的可以通过杀毒软件检查出来，有的根本就查不出来，有的时隐时现、变化无常，给病毒预防的清除带来极大困难。计算机病毒的隐藏地点通常是系统的引导区、可执行文件、数据文件、硬盘分区表、分区根目录、操作系统目录等。

随着计算机病毒数量和技术的不断演化，用户的计算机系统和数据面临越来越严峻的考验。但是不论病毒技术如何进化，病毒所具有的破坏性、传染性、潜伏性、隐藏性四大特征是没有变化的，其中隐藏性是传染性、潜伏性、破坏性得以实施和表现的根本保障。

2)　计算机病毒的分类

从第一个计算机病毒出现以来，世界上究竟有多少种病毒，说法不一。至今病毒的数量仍然以加速度的方式不断增加，且表现形式也日趋多样化。通过适当的标准把它们分门别类地归纳成几种类型，可以更好地了解和消灭它们。在计算机病毒出现的早期，计算机病毒的形式不多，变化不大，所以人们简单地按照寄生方式将病毒分为引导型、文件型和混合型三种。现在的计算机病毒已经有了很大变化，但是三种类型的分法还是沿用至今，只是对新的病毒冠以特殊的名称，如宏病毒、脚本病毒、蠕虫等。

(1)　引导型病毒。这种病毒寄生于磁盘的主引导扇区，当使用被感染的 MS-DOS 系统时，病毒被触发。这种病毒开机即可启动，且先于操作系统存在，常驻内存，破坏性很大，典型的有 Brain、小球病毒等。

(2)　文件型病毒。这种病毒寄生在文件中(包括数据文件和可执行文件)，当运行文件时即可激活病毒，其常驻内存，破坏性大。例如，2007 年出现的“磁碟机”病毒，其主要寄生对象是扩展名为.exe 的可执行文件，用户通过肉眼很难判断文件是否已经寄生病毒。

(3)　混合型病毒。集引导型病毒和文件型病毒的特点于一身，既感染磁盘的引导记录，又感染文件，因此它的破坏性更大，传染机会更多，杀灭也更困难。

(4) 宏病毒。它是由MS Office 的宏语言编写(如VBA语言)，专门感染微软MS Office软件的一种病毒。由于MS Office的应用非常广泛，而且宏语言简单易学，功能强大，所以宏病毒广泛流行。

(5) VBS脚本病毒。用微软的VBScript脚本编写，通过IE浏览器激活。当访问一个被感染的网页时，病毒即被下载到本地并激活。

(6) 蠕虫。蠕虫病毒是一种通过网络自动传染的恶性病毒，对计算机系统和网络具有极大的破坏性。

(7) 木马。“木马”程序是目前比较流行的病毒，与传统的病毒不同，它不会表现出明显的破坏作用。它通过伪装吸引用户下载执行，执行后盗取用户计算机内的有用数据或者打开系统后门以方便黑客远程连接和控制，其潜在的破坏性比传统病毒大得多，所以目前也将其称为“第二代病毒”。

重点：计算机病毒的传播途径。

3) 计算机病毒的传播途径

从第一个病毒的诞生到现在，病毒技术在不断地演化，不仅种类繁多，而且其传播途径也在不断增多。病毒(含木马)的传播途径主要有以下几种。

(1) 文件复制。这是病毒发展早期就采用的传播途径，但是由于文件复制的频繁性，时至今日这仍是病毒传播的最主要途径之一。用户将移动存储设备(如移动硬盘、U盘、可刻录光盘等)插入感染病毒的计算机后，病毒进程会自动在这些设备上写入病毒文件，或者是用户复制了带有病毒文件的文件夹，病毒被动地复制到存储设备上。将这些带有病毒文件的移动存储设备插入其他计算机时，很容易造成新的感染。例如，病毒可以在移动存储设备的根目录下建立一个名为autorun.inf的文件，利用操作系统的自动播放或者用户双击来感染计算机，让用户防不胜防。

(2) 软件下载。一些非正规的网站以软件下载为诱饵，将病毒捆绑在软件安装程序上，用户下载后，只要运行这些程序，病毒就会安装并运行。

(3) 网页浏览。现在很多病毒(尤其是木马病毒)都使用网页插件的方式传播，如果浏览器的安全设置过低就很容易感染计算机。

(4) 电子邮件附件。攻击者将木马程序以附件的形式夹在邮件中发送出去，收信人只要打开附件就很容易感染病毒。当用户收到以exe、vbs、vbe、js、jse、wsh、wsf等为扩展名的附件时，在不能确认来源的情况下，建议谨慎打开。

(5) 通过即时通信软件进行传染。目前大多数即时通信软件(如QQ、MSN等)都具备传送文件的能力，而病毒可以隐藏在程序或者图片等文件中，随着文件的分散而不断得到传播。

(6) 通过网络自动传染。蠕虫病毒在传染时可以不依赖用户的介入，只要接通网络，并且计算机存在相应的漏洞，就可以实现自动地传染，蠕虫病毒的传播将在后面做详细介绍。

4) 计算机病毒的危害

(1) 对计算机数据信息的直接破坏。部分病毒在发作时会直接破坏计算机的重要信息数据，所利用的手段有格式化磁盘、改写文件分配表和目录区、删除重要文件或者用无意义的“垃圾”数据改写文件、破坏 CMOS 设置等。

(2) 占用磁盘空间和对信息的破坏。寄生在磁盘上的病毒总要非法占用一部分磁盘空间。引导型病毒的一般侵占方式是由病毒本身占据磁盘引导扇区，而把原来的引导区转移到其他扇区，也就是引导型病毒要覆盖一个磁盘扇区。被覆盖的扇区数据永久性丢失，无法恢复。一些文件型病毒传染速度很快，在短时间内感染硬盘中的大量文件，使每个文件体积都不同程度地变大，从而造成磁盘空间的严重浪费。

(3) 抢占系统资源。除少数病毒外，大多数病毒在动态下都是常驻内存的，这就必然会抢占一部分系统资源。病毒所占用的基本内存长度大致与病毒本身长度相当。病毒抢占内存，导致内存减少，一部分软件不能运行。除占用内存外，病毒还抢占中断，计算机操作系统的很多功能是通过中断调用技术来实现的，病毒为了传染发作，总是修改一些有关的中断地址，从而干扰了系统的正常运行。

(4) 影响计算机的运行速度。病毒进驻内存后不但干扰系统运行，还影响计算机的运行速度，其原因在于病毒运行时通常要监视计算机的工作状态，对病毒文件自身进行加密和解密等，这些操作会占用大量 CPU 时间，造成计算机变慢。

(5) 计算机病毒错误与不可预见的危害。病毒程序的编制并不像正常程序的开发那样，发布前需要经过大量的测试。很多计算机病毒都是个别人在一台计算机上匆匆编制调试后就向外抛出。反病毒专家在分析大量病毒后发现绝大部分病毒都存在不同程度的错误。错误病毒的另一个主要来源是变种病毒。有些初学计算机者尚不具备独立编制软件的能力，出于好奇或其他原因修改别人的病毒，生成病毒变种，其中隐含很多错误。计算机病毒错误所产生的后果往往是不可预见的，有可能比病毒本身的危害性还要大。

(6) 计算机病毒给用户造成严重的心理压力。据有关计算机销售部门统计，计算机售后用户怀疑“计算机有病毒”而提出咨询约占售后服务工作量的60%以上，经检测确实存在病毒的约占70%，另有30%的情况只是用户怀疑，而实际上计算机并没有病毒。在这种疑似“有病毒”的情况下，用户可能会选择格式化硬盘，重新安装操作系统，甚至有的企业中断服务器服务以进行检查维护等，极大地影响了计算机系统的正常工作，造成一些不必要的损失。

2. 反病毒软件

软件防病毒技术就是指通过病毒防护软件来保护计算机免受病毒的攻击和感染。病毒防护软件在国际上通称为“反病毒软件”(Anti-virus Software)，国内通常称为杀毒软件。随着病毒传播方式的增多和隐蔽性的增强，杀毒软件也集成了越来越多的功能。云计算是当今 IT 领域新兴的理念和技术，是未来 IT 行业的发展趋势，依托云计算技术，发展出云安全、云杀毒等技术，这是未来很长一段时间内防病毒软件技术的发展趋势。

反病毒软件的任务是实时监控和扫描磁盘，这是任何反病毒软件的两大基本功能。反病毒软件的实时监控方式因软件而异。有的是通过在内存里划分一部分空间，将内存中的程序代码与反病毒软件自身所带的病毒库(包含病毒特征代码)的特征码相比较，以判断是否为病毒。反病毒软件开发商不断搜集新出现的病毒，搜集到样本后对其进行分析，将其特征代码纳入病毒库中，只有当用户更新杀毒软件病毒库后，其安装的反病毒软件才能识别新的病毒。另一些反病毒软件则在所划分到的内存空间里，虚拟执行系统或用户提交的程序，根据其行为或结果做出判断。而扫描磁盘的方式，和实时监控的工作方式类似，反病毒软件会对磁盘上所有的文件(或者用户自定义的扫描范围内的文件)做一次检查。

3. 常见的反病毒软件产品简介

1) 金山毒霸

金山毒霸(Kingsoft Anti-Virus)是金山软件股份有限公司研制开发的高智能反病毒软件，融合了启发式搜索、代码分析、虚拟机查毒等经业界证明成熟可靠的反病毒技术，使其在查杀病毒种类、查杀病毒速度、未知病毒防治等多方面达到世界先进水平，同时金山毒霸具有病毒防火墙实时监控、压缩文件查毒、查杀电子邮件病毒等多项先进的功能。金山毒霸是国内目前通过国际权威认证 VB100 次数最多的杀毒软件，达到了 14 次(截至 2015 年 8 月)。

“金山毒霸 11.6.9”是目前金山公司推出的一款最新杀毒软件(截至 2017 年 11 月)，是国产杀毒软件中的首款云杀毒软件。

2) 360 杀毒

360 杀毒是 360 安全中心出品的一款免费的云安全杀毒软件，具有查杀率高、资源占用少、升级迅速等优点。零广告、零打扰、零胁迫，一键扫描，快速、全面地诊断系统安全状况和健康程度，并进行精准修复。其防杀病毒能力得到多个国际权威安全软件评测机构认可，荣获多项国际权威认证。它创新性地整合了五大领先查杀引擎，包括国际知名的 BitDefender 病毒查杀引擎、小红伞病毒查杀引擎、360 云查杀引擎、360 主动防御引擎以及 360 第二代 QVM 人工智能引擎，可以为用户带来安全、专业、有效、新颖的查杀防护体验。据艾瑞咨询数据显示，截至 2017 年 11 月，360 杀毒月度用户量已突破 4.2 亿人，一直稳居安全查杀软件市场份额首位。

3) 卡巴斯基

卡巴斯基反病毒软件是世界上拥有最尖端科技的杀毒软件之一，总部设在俄罗斯首都莫斯科，全名“卡巴斯基实验室”，是国际著名的信息安全领导厂商，创始人为俄罗斯人尤金·卡巴斯基。该公司为个人用户、企业网络提供反病毒、防黑客和反垃圾邮件产品。经过十几年与计算机病毒的战斗，卡巴斯基获得了独特的知识和技术，使得卡巴斯基成为病毒防卫的技术领导者和专家。该公司的旗舰产品——著名的卡巴斯基安全软件，主要针对家庭及个人用户，能够彻底保护用户计算机不受各类互联网威胁的侵害。

4. 反病毒软件实例

在通常情况下，用户可以免费到杀毒软件官方网站下载试用版本的反病毒软件，可以免费升级一段时间，到期后需要购买授权才能继续使用。当然也有终身免费的杀毒软件，如 360 杀毒。下面就以 360 杀毒软件作为例子讲解如何安装和使用反病毒软件。

1) 安装

双击 360 杀毒软件的安装程序后按照向导提示进行即可，主要步骤包括同意安装许可协议、选择安装目录、确认是否安装 360 安全卫士等。

2) 查杀病毒

运行 360 杀毒软件，主要有两种杀毒模式：全盘扫描和快速扫描。其中，全盘扫描是扫描整个硬盘内的所有文件，可以较为彻底地清除病毒，但所需时间较长；而快速扫描只扫描系统关键区域和可执行程序等，不能彻底清除病毒，但花费时间较少。360 杀毒软件还提供了其他一些功能，如文件粉碎机、上网加速、软件净化、弹窗拦截、垃圾清理、进程追踪等。图 1-4 所示是 360 杀毒软件的运行界面。

图 1-4　360 杀毒软件的运行界面

1.3.2　防火墙技术

1. 防火墙的概念

古代人们会在房屋之间修建一道墙，这道墙可以防止发生火灾时蔓延到其他房屋，因此被称为防火墙。与之类似，计算机网络中的防火墙是在两个网络之间(如外网与内网之间，LAN 的不同子网之间)加强访问控制的一整套设施，可以是软件、硬件或者是软件与硬件的结合体。防火墙可以对内部网络与外部网络之间的所有连接或通信按照预定的规则进行过滤，合法的允许通过，不合法的不允许通过，以保护内网的安全，如图 1-5 所示。

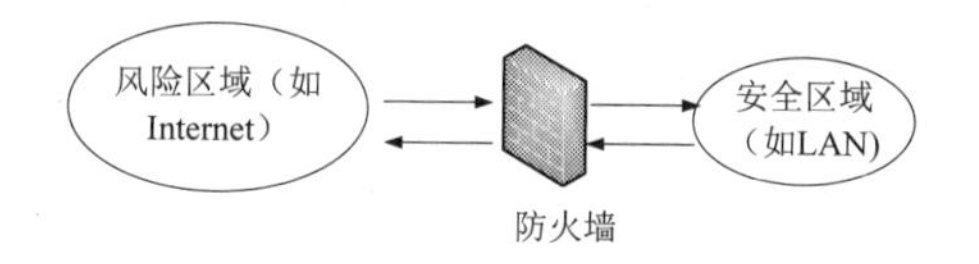

图 1-5　防火墙

随着网络的迅速发展和普及，人们在享受信息化带来的众多好处的同时，也面临着日益突出的网络安全问题。事实证明，大多数黑客入侵事件都是由于未能正确安装防火墙造成的。

1)　防火墙的作用

防火墙是一种非常有效的网络安全模型，通过它可以隔离风险区域和安全区域。防火墙的基本功能主要表现在如下几个方面。

(1)　限制未授权的外网用户进入内部网络，保证内网资源的私有性。

(2)　过滤掉内部不安全的服务被外网用户访问。

(3)　对网络攻击进行检测和告警。

(4)　限制内部用户访问特定站点。

(5) 记录通过防火墙的信息内容和活动，为监视 Internet 安全提供方便。

2) 防火墙的局限性

值得注意的是，安装防火墙之后并不能保证内网主机和信息资源的绝对安全，防火墙作为一种安全机制，也存在以下局限性。

(1) 防火墙不能防范恶意的知情者。例如，不能防范恶意的内部用户通过磁盘复制将信息泄露到外部。

(2) 防火墙不能防范不通过它的连接。如果内部用户绕开防火墙和外部网络建立连接，那么这种通信是不能受到防火墙保护的。

(3) 防火墙不能防备全部的威胁，即未知的攻击。

(4) 防火墙不能查杀病毒，但可以在一定程度上防范计算机受到蠕虫病毒的攻击和感染。

防火墙技术经过不断的发展，已经具有了抗 IP 假冒攻击、抗木马攻击、抗口令字攻击、抗网络安全性分析、抗邮件诈骗攻击的能力，并且朝着透明接入、分布式防火墙的方向发展。但是防火墙不是万能的，它需要与防病毒系统和入侵检测系统等其他网络安全产品协同配合，进行合理分工，才能从可靠性和性能上满足用户的安全需求。

2. 防火墙的分类

随着防火墙的不断发展，防火墙的分类也在不断细化，具体分类如下。

1) 按原理不同划分

防火墙从原理上可以分为包过滤型防火墙、代理防火墙、状态检测防火墙和自适应代理防火墙。

(1) 包过滤型防火墙。包过滤型防火墙在网络层中对数据包实施有选择的通过，根据事先设置的过滤规则检查数据流中的每个包，根据包头信息来确定是否允许数据包通过，拒绝发送可疑的包。包过滤型防火墙工作在网络层，所以又称为网络层防火墙。

网络上的数据都是以包为单位进行传输的，数据在发送端被分割成很多有固定结构的数据包，每个数据包包含包头和数据两大部分，包头中含有源地址和目的地址等信息。包过滤型防火墙读取包头信息，与信息过滤规则进行比较，顺序检查规则表中的每一条规则，直到发现包头信息与某条规则相符。如果有一条规则不允许发送某个包，则将该包丢弃；如果有一条规则允许通过，则将其进行发送，如果没有任何一条规则符合，防火墙就会使用默认规则，一般情况下，默认规则就是禁止该包通过。

提醒： 防火墙一般有两种设计原则：一是除非明确允许，否则就禁止；二是除非明确禁止，否则就允许。

常见的包过滤路由器是在普通路由器的基础上加入 IP 过滤功能而实现的，因而也可以认为是一种包过滤型防火墙。现在安装在计算机上的软件防火墙(如“天网”等)几乎都采用包过滤的原理来保护计算机安全。

(2) 代理防火墙。所谓代理就是用专门的计算机(即代理服务器，位于内网和外网之间)替代网内计算机与外网通信，由于切断了内网计算机和外网的直接连接，故起到了保护内网安全的作用。

代理的基本工作过程是：当内网的客户机需要访问外网服务器上的数据时，首先将请求发送给代理服务器，代理服务器根据这一请求向服务器索取数据，然后由代理服务器将数据传输给客户机。代理服务器通常有高速缓存，缓存中有用户经常访问站点的内容，在下一个用户要访问同样的资源时，服务器就不用重复地去取同样的内容，既节省了时间，也节约了网络资源。

(3) 状态检测防火墙。状态检测防火墙摒弃了包过滤型防火墙仅检查数据包的IP地址等几个参数，而不关心数据包连接状态变化的缺点，在防火墙的核心部分建立状态连接表，并将进出网络的数据当成一个个会话，利用状态表跟踪每一个会话状态。状态监测对每一个包的检查不仅根据规则表，更考虑了数据包是否符合会话所处的状态，因此提供了完整的对传输层的控制能力。

该种防火墙由于不需要对每个数据包进行规则检查，而是一个连接的后续数据包(通常是大量的数据包)通过散列算法，直接进行状态检查，从而使得性能得到了较大提高；而且，由于状态表是动态的，因而可以有选择地、动态地开通1024号以上的端口，使得安全性得到进一步的提高。

(4) 自适应代理防火墙。自适应代理技术是一种新颖的防火墙技术，即把包过滤和代理服务等功能结合起来，形成新的防火墙结构，所用主机称为堡垒主机，负责代理服务。在一定程度上反映了防火墙目前的发展动态。该技术可以根据用户定义的安全策略，动态适应传送中的分组流量。如果安全要求较高，则安全检查应在应用层完成，以保证代理防火墙的最大安全性；一旦代理明确了会话的所有细节，其后的数据包就可以直接到达速度快得多的网络层。该技术兼备了代理技术的安全性和其他技术的高效率。

2) 按形式不同划分

防火墙系统从形式上分为基于软件的防火墙和硬件防火墙。基于软件的防火墙价格便宜，易于在多个位置进行部署，不利方面在于需要大量的管理和配置，而且依赖于操作系统。硬件防火墙的优点在于都使用专用的操作系统，安全性高于基于软件的防火墙，采用专用的处理芯片和电路，可以处理不断增加的通信量，处理速度明显高于软件防火墙，但价格高于软件防火墙。目前，国外比较著名的防火墙厂家有Cisco、Juniper、Checkpoint、Amaranten等，国内的主要有天融信、安氏、启明星辰等品牌。

3) 按应用范围不同划分

防火墙根据应用的范围不同，还分为网络防火墙和个人防火墙。网络防火墙一般是在网络边界布置，实现不同网络的隔离与访问控制。个人防火墙安装在个人计算机上，用于保护个人计算机的安全。

1.3.3 VPN技术

1. VPN概述

在传统意义上，企业是基于专用的通信线路构建自己的Intranet(一般租用电信运营商的广域网服务)，此种方法昂贵又缺乏灵活性，而通过Internet直接连接各分支机构又缺乏足够的安全性和可扩展性。VPN技术便在此背景下诞生。

VPN(Virtual Private Network，虚拟专用网络)，是在公用网络上(一般是Internet，当然

也不局限于 Internet，也可以是 ISP 的 IP 骨干网，甚至是企业的私有 IP 骨干网)建立的企业网络，并且此企业网络拥有与专用网络相同的安全、管理、功能等特点，它替代了传统的拨号访问，利用公网资源作为企业专网的延续，可以节省昂贵的长途费用。通过公网组建的 VPN，能够让企业在极低的成本下得到与私有网络相同的安全性、可靠性和可管理性。

2. VPN 的功能

总的来讲，用户通过 VPN 可以实现两大功能。

1) 远程接入

远程接入用于远程用户通过公网接入企业内部网，一般通过拨号方式接入。

2) 远程站点互联

远程站点互联实现大范围内不同站点之间的互联，构建超远距离的企业内部网。VPN 常见应用场景如图 1-6 所示。

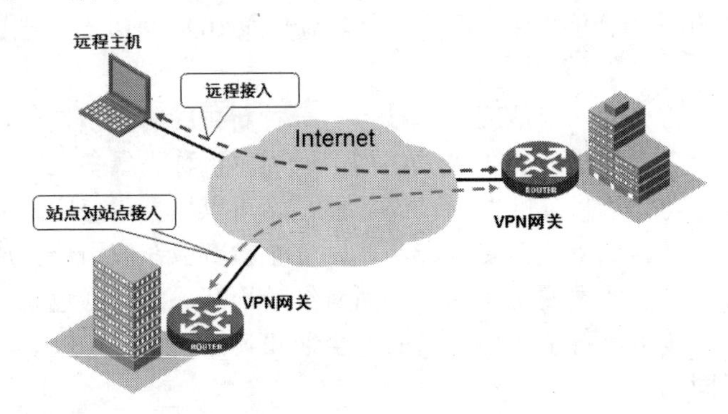

图 1-6 VPN 常见应用场景

3. VPN 的分类

就目前而言，VPN 的分类方式比较混乱。不同的生产厂家在销售它们的 VPN 产品时使用了不同的分类方式，主要是从产品和协议的角度来划分的。不同的 ISP 在开展 VPN 业务时也推出了不同的分类方式，主要是从业务开展的角度来划分的。而用户往往也有自己的划分方法，主要是根据自己的需求来划分。下面就简单介绍从协议的角度划分 VPN 的方式。

按协议的实现类型划分 VPN，是 VPN 厂商和 ISP 最为关心的划分方式，也是目前最通用的一种划分方式。根据分层模型，VPN 可以在第二层建立，也可以在第三层建立(甚至有人把在更高层的一些安全协议也归入 VPN 协议)。

(1) 第二层隧道协议：包括点到点隧道协议(PPTP)、第二层转发协议(L2F)、第二层隧道协议(L2TP)、多协议标记交换(MPLS)等。

(2) 第三层隧道协议：包括通用路由封装协议(GRE)、IP 安全(IPSec)，这是目前最流行的两种三层协议。

第二层和第三层隧道协议的区别主要在于用户数据在网络协议栈的第几层被封装，其中 GRE、IPSec 和 MPLS 主要用于实现专线 VPN 业务，L2TP 主要用于实现拨号 VPN 业务(但也可用于实现专线 VPN 业务)，当然这些协议之间本身并不冲突，而是可以结合使用。

1.3.4 链路层安全技术

1. ARP 攻击防护

ARP 是早期网络协议，缺乏应有的安全性，因此目前利用 ARP 的缺点实施的攻击层出不穷，给用户带来了很大的不便和安全隐患。

ARP 攻击主要是通过伪造 IP 地址和 MAC 地址实现 ARP 欺骗，能够在网络中产生大量的 ARP 通信量使网络阻塞，攻击者只要持续不断地发出伪造的 ARP 响应包就能更改目标主机 ARP 缓存中的 IP-MAC 条目，造成网络中断或中间人攻击。

ARP 攻击主要存在于局域网网络中，局域网中若有一台计算机感染 ARP 木马，则感染该 ARP 木马的系统将会试图通过"ARP 欺骗"手段截获所在网络内其他计算机的通信信息，并因此造成网内其他计算机的通信故障。ARP 攻击的防范主要是要形成正确的 IP 地址和 MAC 地址的绑定关系，目前针对 ARP 攻击的技术层出不穷，不同通信厂商都有相应的技术。主要有以下几种类型：①软件安全厂商的 ARP 防火墙；②主流杀毒软件；③主流通信厂商的技术。

例如，Cisco 公司推出的 Dynamic ARP Inspection(DAI)技术，H3C 公司推出的 ARP Detection 技术等。

2. 端口隔离

端口隔离技术是为了实现报文之间的二层隔离。早期是通过 VLAN 技术实现二层隔离，即将不同的端口加入不同的 VLAN，但这样会浪费有限的 VLAN 资源。采用端口隔离特性，可以实现同一 VLAN 内端口之间的隔离。用户只需要将端口加入隔离组中，就可以实现隔离组内端口之间二层数据的隔离。端口隔离功能为用户提供了更安全、更灵活的组网方案。

1.3.5 网络层安全技术

早期 IP 协议被设计成为在可信任的网络上提供通信服务。IP 本身只提供通信服务，缺乏安全性，当网络规模不断扩充、越来越不安全的时候，发生窃听、篡改、伪装等问题的概率就会大大增加。为此，就需要在网络层提供一种安全技术以弥补 IP 安全性差的缺点。

IPSec(IP Security)，即 IP 安全协议，就是一种典型的网络层安全保护机制，可以在通信节点之间提供一个或多个安全通信的路径。IPSec 在网络层对 IP 报文提供安全服务，其本身定义了如何在 IP 报文中增加字段来保证 IP 报文的完整性、私有性和真实性，以及如何加密数据。IPSec 并非单一的网络协议，它是由一系列安全开放协议构成的。它使一个系统能选择其所需的安全协议，确定安全服务所使用的算法，并为相应的安全服务配置所需的密钥。

1.3.6 传输层安全协议

1. SSL 协议的概念

安全套接层协议(Security Socket Layer，SSL)是网景(Netscape)公司提出的基于 Web 应用的安全协议，该协议向基于 TCP/IP 的客户/服务器应用程序提供客户端和服务器的鉴别、数据完整性及信息机密性等安全措施。SSL 协议位于 TCP/IP 协议与各种应用层协议之间，为数据通信提供安全支持。

2. SSL 协议的功能

1) 客户对服务器的身份认证

在服务器和客户机都使用 SSL 协议的情况下，客户浏览器可以通过检查服务器的数字证书来确认服务器的合法性。

2) 服务器对客户的身份认证

服务器也可以有选择性地要求客户端出示他的数字证书来核实客户的身份，SSL 中的这个功能是可选的。

3) 建立服务器与客户端之间安全的数据通道

在 SSL 协议下，客户与服务器之间所有发送的数据都是经过加密的，可以防止信息在传输过程中泄露，同时可以保证信息在传输过程中的完整性。

3. SSL 协议的工作原理

SSL 协议的工作原理如图 1-7 所示，其基本过程包括以下几个方面。

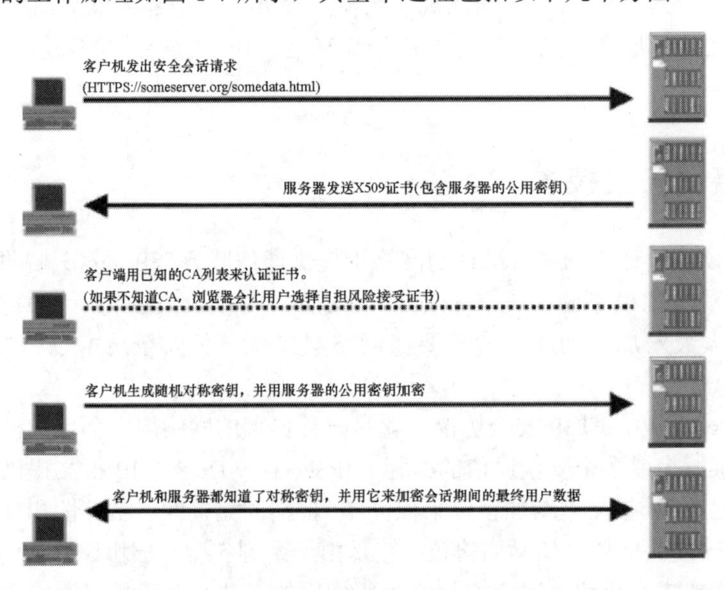

图 1-7 SSL 协议的工作原理

(1) 客户机发出访问服务器资源的请求，协议为 HTTPS(安全超文本传输协议)。

(2) 服务器返回服务器的数字证书给客户端，数字证书中包含服务器的公钥。

(3) 客户端收到证书，通过判断证书的有效性来推断服务器的真实性。客户端主要检查数字证书的以下项目。

① 根据客户机上的可信任证书颁发机构列表来检查证书是否由可信任机构颁发。

② 检查证书是否在有效期内。

③ 检查证书上列出的地址和地址栏的地址是否吻合。

④ 检查证书是否已吊销(默认情况下不会检查该项)。

如果证书合法则进行后续步骤，如果证书有问题，则客户机会给出警告信息，如图 1-8 所示。

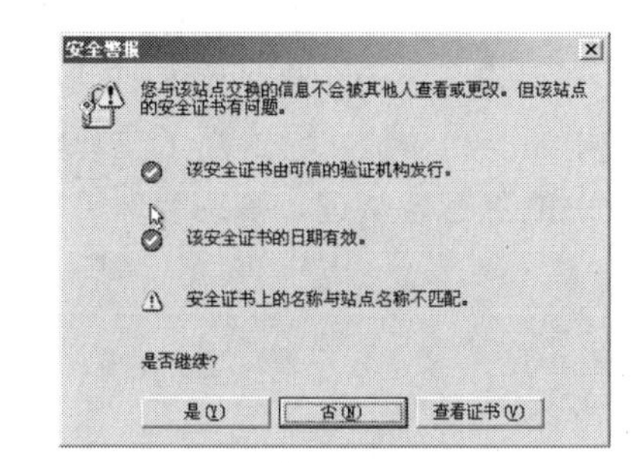

图 1-8　数字证书验证提示

(4) 客户机随机生成对称密钥，并用服务器数字证书中的公钥将其加密，发送给服务器。

(5) 服务器收到加密的对称密钥，并用自己的私钥解密，获得和客户机相同的随机对称密钥，这样客户机和服务器之间的通信数据就可以进行加密传输，从而形成一个安全的数据通道。

SSL 协议广泛应用于网上银行、各种账号(如电子邮箱账号、上网卡账号)登录等，给用户提供了验证服务器真实性的手段，对防范“网络钓鱼”起到了重要的作用，也较好地保护了用户的账户信息不会因为受到网络监听而泄露。由于 SSL 技术已建立到所有主要的浏览器和 Web 服务器程序中，因此，仅需要安装数字证书就可以激活服务器功能了。

1.3.7　应用层安全协议

1. S/MIME

S/MIME(Secure Multipurpose Internet Mail Extensions)，即安全的多功能 Internet 电子邮件扩充，是在 RFC1521 所描述的多功能 Internet 电子邮件扩充报文基础上添加数字签名和加密技术的一种协议。MIME 是正式的 Internet 电子邮件扩充标准格式，但它未提供任何的安全服务功能。S/MIME 的目的是在 MIME 上定义安全服务措施的实施方式。S/MIME 已成为产业界广泛认可的协议，如微软公司、Netscape 公司、Novll 公司、Lotus 公司等都支持该协议。

2. HTTPS

HTTPS(Hyper Text Transfer Protocol over Secure Socket Layer)，是以安全为目标的 HTTP 通道，简单讲是 HTTP 的安全版。即在 HTTP 下加入 SSL 层，HTTPS 的安全基础是 SSL，因此加密的详细内容就需要 SSL。协议它是一个 URI scheme(抽象标识符体系)，句法类同 http:体系，用于安全的 HTTP 数据传输。https:URL 表明它使用了 HTTP，但 HTTPS 存在不同于 HTTP 的默认端口及一个加密/身份验证层(在 HTTP 与 TCP 之间)。这个系统的最初研发由网景公司(Netscape)进行，并内置于其浏览器 Netscape Navigator 中，提供了身份验证与加密通信方法。现在它被广泛用于万维网上安全敏感的通信，如交易支付方面。

3. SET

SET(secure Electronic Transaction)即安全电子交易协议，是由威士(VISA)国际组织、万事达(MasterCard)国际组织创建，结合 IBM、Microsoft、GTE 等公司制定的一个电子商务中安全电子交易的国际标准。

安全电子交易协议 SET 是一种应用于因特网(Internet)环境下，以信用卡为基础的安全电子交付协议，它给出了一套电子交易的过程规范。通过 SET 协议可以实现电子商务交易中的加密、认证、密钥管理机制等，保证了在因特网上使用信用卡进行在线购物的安全。

1.4 操作系统安全

操作系统是其他软件运行的平台，也是计算机网络功能得以发挥的前提。操作系统的安全职能是网络安全职能的根基，要有效防止病毒、木马、黑客等网络威胁必须依赖于操作系统本身的安全，如果缺乏这个安全的根基，构筑在其上的应用系统安全性将得不到保障。本节主要介绍 Windows 操作系统下的常用安全功能与设置。

1.4.1 账号和组的管理

在 Windows 操作系统中，为了防止网络或者本地非法用户登录使用系统，采用了账号安全机制。用户账号是用来登录计算机或通过网络访问网络资源的凭证。操作系统通过账号来识别登录的用户，通过密码来验证用户，只有能够提供正确的操作系统账户和密码的用户才能登录并使用操作系统。账号分为自定义账号和内置账号。自定义账号可以由计算机管理员创建并分配给不同的用户。内置账号是在安装操作系统过程中自动创建的，不是由计算机管理员手动创建的，如系统管理员账户 Administrator 和来宾账户 Guest。

组是用户账户的集合，组的引入简化了管理。通过建立组，可以简化对大量用户进行管理和确定权限的任务。操作系统中的每一个账户都属于一个或者多个组，并享受该组相应的权限。如果一个账户同时属于多个组，则享受各组权限的累加。类似地，组也分为内置组和自定义组。

重点：操作系统中账号的创建。

1. 本地账号和组的创建

本地用户账号驻留在本地计算机的安全账号数据库中，只能用于登录本地计算机，访问本地计算机上的资源。只要使用管理员账号登录系统，即可创建账号和组，创建账号的方法如下：依次选择“开始”|“设置”|“控制面板”命令，打开“控制面板”窗口，单击“管理工具”图标，然后双击“计算机管理”图标，单击“本地用户和组”选项，右击“用户”选项，在弹出的快捷菜单中选择“新用户”命令，打开如图 1-9 所示的对话框，输入用户名和密码等信息，单击“创建”按钮即可。

组的创建和账号的创建类似，右击“组”选项，在弹出的快捷菜单中选择“新建组”

命令，打开如图 1-10 所示的对话框，输入组名，并添加组的成员，单击“创建”按钮即可。

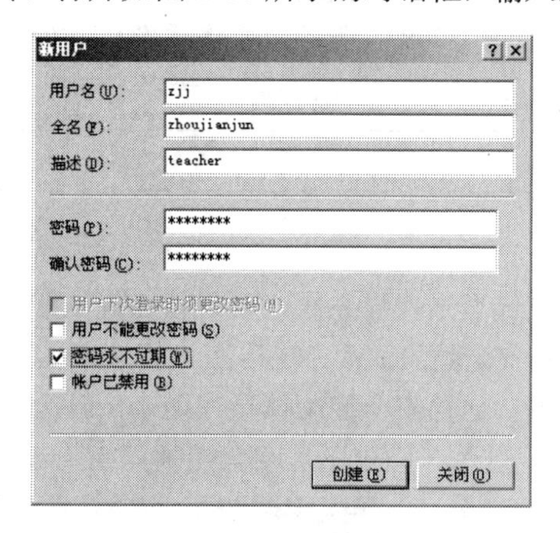

图 1-9　“新用户”对话框

图 1-10　“新建组”对话框

2. 常见的内置组

在默认情况下，Windows 操作系统创建了一系列内置组，并事先为这些内置组定义了一组执行系统管理任务的权利，管理员可以将用户加入指定的内置组，用户将获得该组所有的管理特权，从而简化系统管理。管理员可以重命名内置组，修改组成员，但不能删除内置组。Windows 有以下常用组。

(1) Administrators(管理员组)。该组成员对计算机或域有不受限制的完全访问权，可执行所有系统管理任务，可创建/删除用户和组，修改组成员，设置系统属性，关闭系统，修改资源访问权限等。

(2) Power Users(高级用户组)。该组成员可以创建、删除或修改本地用户和组，管理和维护本地组成员的资格，但不能修改 Administrators 组成员的资格，可创建和删除共享文件夹。

(3) Users(一般用户组)。默认权限不允许成员修改操作系统的设置或其他用户的数据。

(4) Guests(来宾用户组)。权限很小，默认没有启用。

Windows 中还有其他一些内置组，这里不再做介绍。

1.4.2　NTFS 文件系统

1. NTFS 文件系统概述

操作系统中负责管理和存储文件信息的软件机构称为文件管理系统，简称文件系统。文件系统由三部分组成：与文件管理有关的软件、被管理的文件以及实施文件管理所需的数据结构。从系统角度来看，文件系统是对文件存储器空间进行组织和分配，负责文件的存储并对存入的文件进行保护和检索的系统。具体地说，它负责为用户建立文件，存入、读出、修改、转储文件，控制文件的存取，当用户不再使用时撤销文件等。NTFS (New Technology File System)是 Windows NT 操作环境和 Windows NT 高级服务器网络操作系统环境的文件系统，是微软公司为 NT 内核的操作系统所开发的一种高安全性的文件系统，在后来的微软 Windows XP、Windows Vista、Windows 7 等桌面操作系统以及 Windows Server 2000、Windows Server 2003、Windows Server 2008 等服务器操作系统中均使用了 NTFS 文件格式。

重点：NTFS 下的文件访问控制。

2. NTFS 下的文件访问控制

在传统的 FAT 和 FAT32 文件系统下，只要能够登录操作系统，不管什么样的账号都能对分区的任何数据进行完全访问，带来了很大的安全隐患。而 NTFS 文件系统可以针对同一目录或文件给不同的账号分配不同的访问权限，这种安全控制体现在两个层次上：一是谁可以访问；二是可以进行怎样的访问(如读取、写入、修改还是完全控制)。

例如，计算机中有两个账号 zjj 和 zs，若某 NTFS 分区下有一个目录是属于 zjj 用户私有的，不允许 zjj 之外的任何用户访问(无论是本地登录还是远程登录)，则系统管理员可以设置访问控制列表，操作如下：右击目录，选择“属性”命令，进入“隐私属性”对话框，切换到“安全”选项卡，如图 1-11 所示，可以看到与该目录有关的所有账号和组的列表，将不相关的账号和组删除，添加 zjj，并选中将要赋予 zjj 的具体权限，单击“应用”按钮。这样设置之后，只有 zjj 账号可以访问，且只能读取，而不能修改和删除。

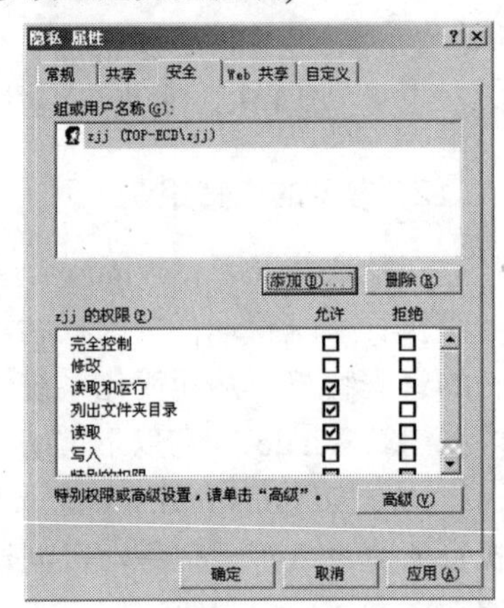

图 1-11　NTFS 下的文件访问控制

3. NTFS 下的加密技术

EFS(Encrypting File System，加密文件系统)是微软公司开发的用于 NTFS 文件系统中保护数据机密性的一种技术。对于 NTFS 卷上的文件和数据，都可以直接加密保存，在很大程度上提高了数据的安全性。EFS 的功能特征主要体现在以下几个方面。

(1) 保护数据的机密性，即使硬盘被盗或者操作系统被恶意重新安装，仍能受到加密保护，即能够提供脱离于操作系统的安全性。

(2) 只有具有EFS证书的人才能对被加密的文件进行读取和操作(如复制、移动、修改)，否则不能对加密文件进行复制和读取，但是可以重命名和删除文件。

(3) 文件所有者对加密文件操作是透明的。

由于文件所有者具有访问权限，在对加密文件进行访问时，和访问没有经过加密的文件没有区别(虽然解密的过程很复杂，但是用户感觉不到这种区别)，不需要输入密码或者产生其他的多余操作。

加密文件的操作如下：右击文件夹，选择“属性”命令，打开“隐私属性”对话框，切换到“常规”选项卡，单击“高级”按钮，打开“高级属性”对话框，选中“加密内容以便保护数据”复选框，如图 1-12 所示。

提醒： 对文件加密之后，最好能对 EFS 证书进行备份，否则重装系统之后会导致私钥丢失，使文件无法访问而作废。

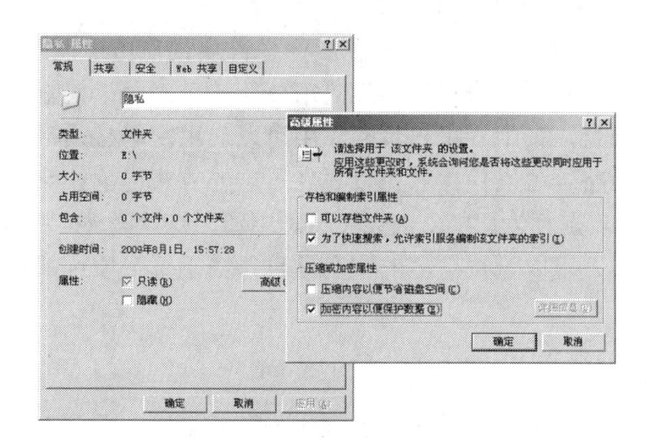

图 1-12　EFS 加密操作

1.4.3　Windows 安全设置

Windows 作为目前最常用的操作系统，不仅仅用于家庭和办公领域，也广泛用于搭建各种服务器，所以 Windows 经常成为黑客攻击的首要目标。作为 Windows 用户，应该通过合理设置操作系统来达到安全防范的目的。下面给出几个提高 Windows 安全性的措施，主要适用的操作系统包括 Windows 2000 专业版和服务器版、Windows XP 专业版、Windows Sever 2003 标准版和企业版、Windows Server 2008 各版本等。

1. 合理设定组策略

组策略给用户提供了一个自定义操作系统的手段，虽然修改组策略事实上和修改注册表项的效果差不多，但是组策略使用了更完善的管理组织方法，可以对各种对象中的设置进行管理和配置，远比手工修改注册表方便、灵活，功能也更加强大。

打开组策略编辑器的方法是：依次选择“开始”|“运行”命令，在“运行”对话框中输入 gpedit.msc，按 Enter 键即可看到如图 1-13 所示的“组策略编辑器”窗口。

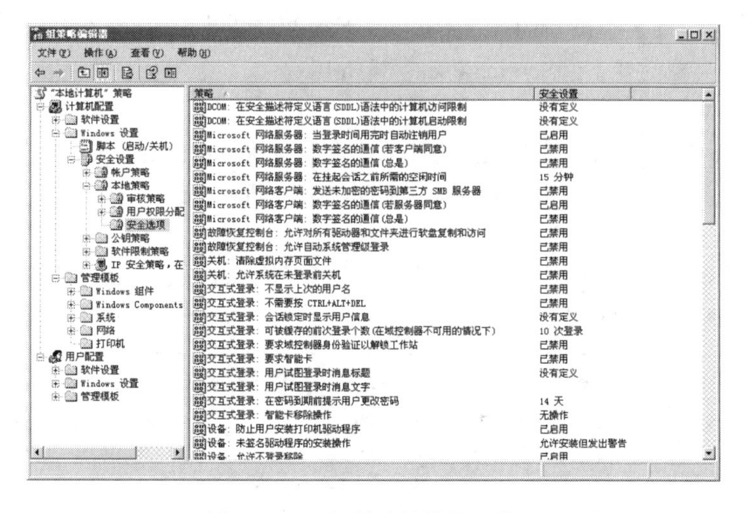

图 1-13　“组策略编辑器”窗口

在组策略编辑器中，以层次方式列出了多种设置项目，通过展开“Windows 设置”|“安全设置”项目，可以看到“账户策略”“审核策略”“用户权限分配”“安全选项”等和网络安全相关的项目，其中“账户策略”中可以启用密码必须符合安全性要求、账户锁定等内容；“审核策略”可以使计算机以事件日志的方式记录计算机的启动和运行的相关信息，即使是黑客的攻击行为，往往也会在日志中留下蛛丝马迹，相当于是计算机的“黑匣子”；“安全选项”下可以设置众多的安全项目，由于每个项目都有详细的阐述，这里不再一一介绍。

2. 取消默认共享

在 Windows 2000/2003/2008 系统中，逻辑分区与 Windows 目录默认为共享状态，这是为管理员方便管理服务器设置的，但却成为别有用心之徒乘虚而入的安全漏洞。如果是个人计算机，建议将默认共享删除，这可以提高硬盘数据的安全性。删除默认共享可以采用命令实现，如 NET SHARE C$ /DELETE 表示删除 C 盘的默认共享。类似地，删除其他盘的默认共享也采用相同的命令。可以用批处理来实现对多个分区默认共享的删除，建立好批处理文件后，将该批处理文件放入系统的“启动”文件夹下，则可以保证计算机运行时，默认共享被关闭。

技巧： 取消默认共享还可以通过修改注册表(运行 regedit)的键值来实现：在 HKEY_LOCAL_MACHINE\SYSTEM\CurrentControlSet\Services\lanmanserver\parameters 里新增或修改 AutoShareServer 键的键值为 0 (类型为 DWORD)。

3. 采用 NTFS 文件系统

如前所述，NTFS 文件系统是 Windows 系统迄今为止最为先进和安全的文件系统，可以实现对文件和文件夹进行访问控制、加密、访问审核等很多高级功能。

4. 安装最新的系统补丁(Service Pack)与更新(Hotfix)程序

大量系统入侵事件是因为用户没有及时地安装系统的补丁。管理员重要的任务之一是更新系统，保证系统安装了最新的补丁。应及时下载并安装补丁包，修补系统漏洞。Microsoft 公司提供了两种类型的补丁：Service Pack 和 Hotfix。

1) Service Pack

Service Pack 是一系列系统漏洞的补丁程序包，最新版本的 Service Pack 包括以前发布的所有 Hotfix。微软公司建议用户安装最新版本的 Service Pack。

2) Hotfix

Hotfix 通常用于修补某个特定的安全问题，一般比 Service Pack 的发布更为频繁。微软采用安全通知服务来发布安全公告。

提醒： Automatic Updates(自动更新)服务是一种有预见性的“拉”服务，可以自动下载和安装 Windows 升级补丁，例如重要的操作系统修补和 Windows 安全性升级补丁。

5. 安装性能良好的杀毒软件

用户对于病毒和木马的防范主要还是依靠杀毒软件来实现。装好杀毒软件之后要注意实时监控功能是否能正常工作，否则基本上起不到保护作用，此外要定期更新杀毒软件。

6. 安装并正确设置防火墙

防火墙不仅能防范黑客的攻击，也可以阻止蠕虫病毒的传播。

7. 即时备份操作系统

由于使用计算机的过程中，会经常遇到病毒或者黑客的攻击，导致计算机操作系统受损而不能正常使用，为了能在出现故障后迅速恢复系统，需要将系统备份，即在系统正常的时候对其制作一个副本存放于其他分区，待系统受损后利用副本快速地还原系统。对系统进行备份推荐使用美国赛门铁克公司所开发的 Ghost。

本 章 小 结

本章概要性地介绍了网络安全的基本理论知识，主要内容包括计算机病毒及防范、防火墙技术、现代信息认证技术、操作系统安全四大部分；通过相对独立的四部分阐述，希望读者能够对网络安全的知识体系有一个概要性的认识。除此之外，读者通过本章的学习应能学会病毒防护软件和防火墙的安装与配置等，借助这些工具来提高计算机的安全性。

第 2 章　网络访问控制技术

教学目标

以各实训任务的内容和需求为背景，以完成企业园区网的各种网络访问控制技术为实训目标，通过任务方式由浅入深地模拟网络访问控制技术的典型应用和实施过程，以帮助学生理解网络访问控制技术的典型应用，具备企业园区网网络访问控制的实施和灵活应用能力。

教学要求

任务要点	能力要求	关联知识
企业网基本访问控制	(1)掌握交换机基础配置 (2)掌握 VLAN 基础配置 (3)掌握单臂路由配置 (4)掌握基本访问控制列表配置 (5)掌握 FTP 服务器配置	(1)交换机基础及配置命令 (2)VLAN 的划分与配置命令 (3)单臂路由基础及配置命令 (4)访问控制列表技术基础 (5)基本访问控制列表基础及配置命令
企业网高级访问控制	(1)掌握高级访问控制列表技术 (2)掌握 WWW 站点搭建 (3)通过高级访问控制列表技术实现网络资源精细化控制	(1)高级访问控制列表基础及配置命令

重点难点

- 交换机基础配置。
- 交换机 VLAN 技术。
- 单臂路由配置。
- 基本访问控制列表配置。
- 高级访问控制列表配置。
- 访问控制列表配置注意事项与原则。

2.1　任务 1：企业网基本访问控制

2.1.1　基本 ACL 任务描述

某公司有两个部门：市场部和产品部。该公司构建了一台文件服务器，该文件服务器上存储了大量的市场相关信息，非常重要，只允许该公司的市场部员工访问，而产品部员工不能访问，并要求两个部门之间能相互通信，请你规划并实施网络。该公司的组织结构如图 2-1 所示。

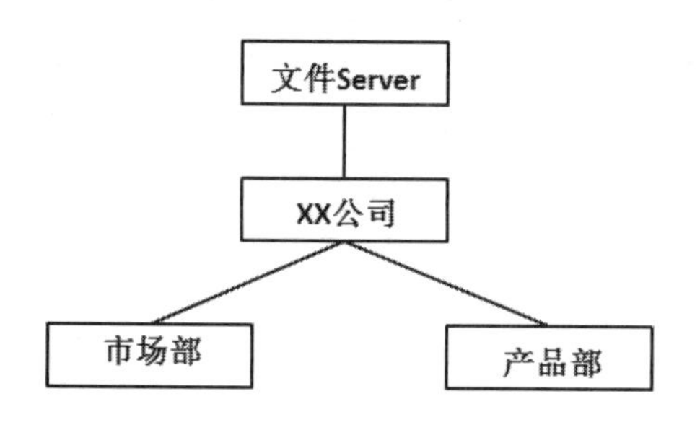

图 2-1　公司的组织结构

2.1.2　基本 ACL 任务目标与目的

1. 任务目标

针对该公司的网络需求，设置基本的网络访问控制，以实现对网络资源的访问控制。

2. 任务目的

通过本任务进行路由器的基本配置、基本访问控制列表(ACL)配置，以帮助读者深入了解路由器的配置方法、基本 ACL 配置方法，具备灵活运用基本 ACL 技术提高网络安全性的能力。

2.1.3　基本 ACL 任务需求与分析

1. 任务需求

该公司办公区共有两个部门：市场部和产品部。每个部门配置不同数量的计算机。网络须满足几个需求：采用当前主流技术构建网络，部门内部能实现相互通信，要求网络具有较高的可管理性、安全性；部门之间都能实现相互访问；并要求只有市场部员工能访问 FTP 服务器，而产品部员工不能访问 FTP 服务器。公司办公区具体的计算机分布如表 2-1 所示。

表 2-1　公司办公区具体的计算机分布表

部　门	计算机数量	部门	计算机数量
市场部	40	产品部	110
服务器	1		

2. 需求分析

需求 1：采用当前主流技术构建网络，部门内部能实现相互通信，具有较高的可管理性、安全性。

分析 1：采用交换式以太网技术构建网络，利用 VLAN 技术将相同部门划入相同的 VLAN，不同部门划分为不同的 VLAN。

需求 2：不同部门之间能相互通信。

分析 2：利用路由器单臂路由技术实现部门之间相互通信。

需求 3：市场部能够访问文件服务器，产品部不能访问文件服务器 FTP。

分析 3：利用基本访问控制技术拒绝产品部员工访问文件服务器 FTP。

根据任务需求和需求分析，组建公司办公区的网络结构，如图 2-2 所示，每个部门以一台计算机表示。

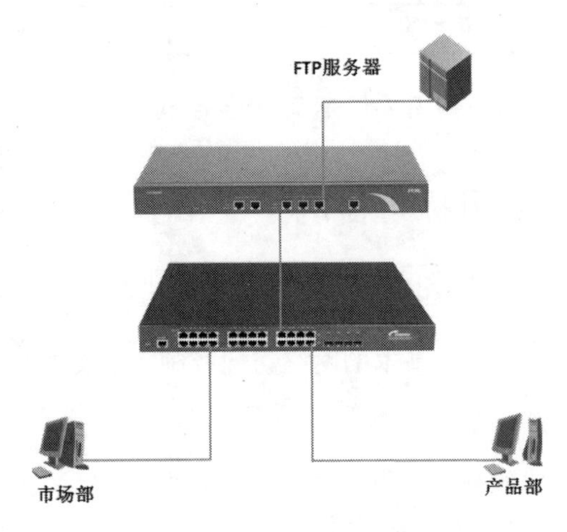

图 2-2　公司办公区的网络结构

2.1.4　基本 ACL 知识链接

1. 交换技术

局域网交换技术是在传统的以太网技术的基础上发展而来的。随着局域网范围的扩大和网络通信技术的发展，目前在企业网络中以太网交换技术是网络发展中非常活跃的部分，交换技术在局域网中处于非常重要的地位。

局域网交换技术是 OSI 参考模型中的第二层——数据链路层(Data Link Layer)上的技术，所谓“交换”，实际上就是指转发数据帧(frame)。实现交换技术的网络设备就是以太网交换机(Switch)。

2. 虚拟局域网

VLAN(Virtual Local Area Network)，即虚拟局域网，是一种通过将局域网内的设备逻辑地而不是物理地划分成一个个网段从而实现虚拟工作组的技术，这些网段内的机器有着共同的需求并与物理位置无关，如图 2-3 所示。IEEE 于 1999 年颁布了用以标准化 VLAN 实现方案的 802.1Q 协议标准草案。

VLAN 是为解决以太网的广播问题和安全性而提出的一种协议，它在以太网帧的基础上增加了 VLAN 头，用 VLAN ID 把用户划分为更小的工作组，每一个 VLAN 都有一个明确的标识符即 VLAN ID 号，限制不同工作组间的用户二层互访，每个工作组就是一个虚拟局域网。虚拟局域网的好处是可以限制广播范围，并能够形成虚拟工作组，动态管理网络，并能进一步结合 IP 技术实现三层交换功能。

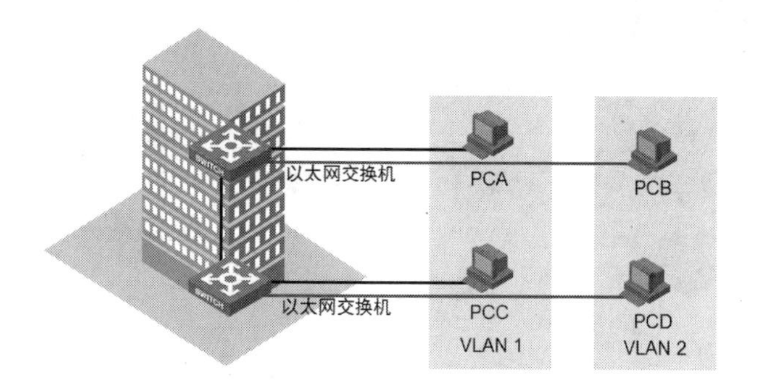

图 2-3　VLAN 结构示意

VLAN 其实只是局域网给用户提供的一种服务，对用户而言是透明的，并不是一种新型的局域网。

VLAN 可以根据具体的网络结构选择合适的 VLAN 类型来构造虚拟局域网，在划分方法和功能上这些类型也有所差别。

1)　基于端口的 VLAN

顾名思义，基于端口的 VLAN 就是明确指定各端口属于哪个 VLAN 的设定方法。基于端口的 VLAN 的划分简单、有效，但其缺点是当用户从一个端口移动到另一个端口时，网络管理员必须对 VLAN 成员进行重新配置。这是最常应用的一种 VLAN 划分方法，目前绝大多数 VLAN 协议的交换机都提供这种 VLAN 配置和划分方法，如图 2-4 所示。

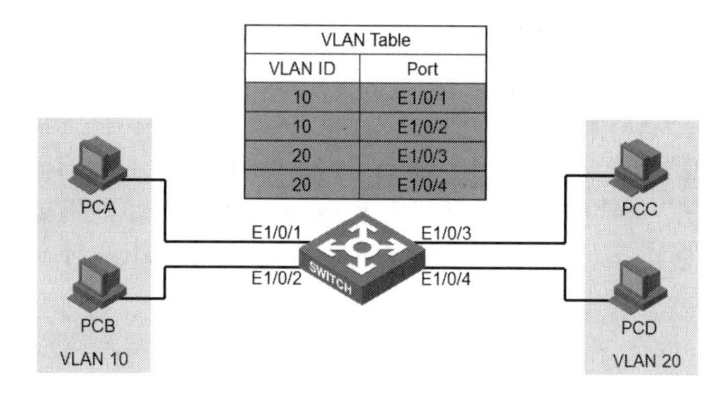

图 2-4　基于端口的 VLAN

2)　基于 MAC 的 VLAN

这种划分 VLAN 的方法是根据每个主机的 MAC 地址来划分，将特定 MAC 地址划分相应 VLAN，它实现的机制就是每一块网卡都对应唯一的 MAC 地址，VLAN 交换机跟踪属于 VLAN MAC 的地址。这种方式的 VLAN 允许网络用户从一个物理位置移动到另一个物理位置时，自动保留其所属 VLAN 的成员身份，如图 2-5 所示。

3)　基于子网的 VLAN

根据主机所属的 IP 子网来划分 VLAN，即对每个 IP 子网的主机都配置属于哪个组，无论节点处于哪一个物理网段，都可以以它们的 IP 地址为基础或根据报文协议的不同来划分子网，如图 2-6 所示，这使网络管理和应用变得更加方便。

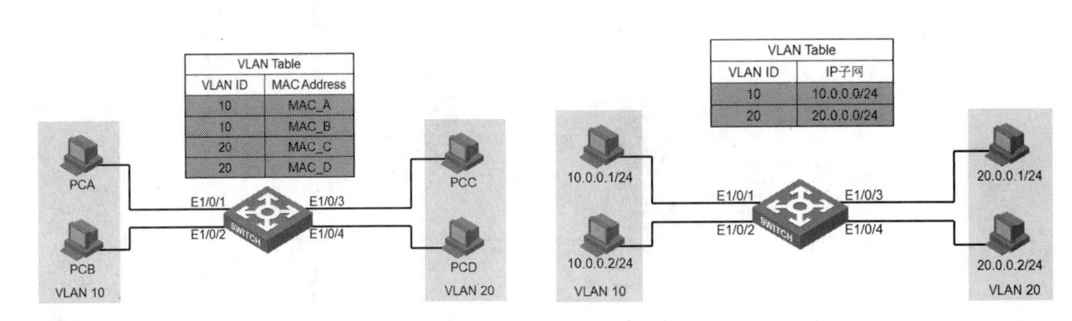

图 2-5　基于 MAC 的 VLAN　　　　图 2-6　基于子网的 VLAN

4)　基于协议的 VLAN

VLAN 按网络层协议来划分，可以分为 IP、IPX、DECnet、AppleTalk、Banyan 等 VLAN 网络。这种按网络层协议来组成的 VLAN，可使广播域跨越多个 VLAN 交换机。这种方法的优点是若用户的物理位置改变了，不需要重新配置所属的 VLAN，而且可以根据协议类型来划分 VLAN，这对网络管理者来说很重要。还有，这种方法不需要附加帧标签来识别 VLAN，这样可以减少网络的通信量。这种方法的缺点是效率低，因为检查每一个数据包的网络层地址都需要消耗处理时间。

3. 单臂路由

单臂路由(router-on-a-stick)是指在路由器的一个接口上通过配置子接口(或“逻辑接口”，并不存在真正的物理接口)的方式，实现原来相互隔离的不同 VLAN(虚拟局域网)之间的互联互通。

VLAN 能有效分割局域网，实现各网络区域之间的访问控制。但现实中，往往需要配置某些 VLAN 之间的互联互通。例如，将公司划分为领导层、销售部、财务部、人力部、科技部、审计部，并为不同部门配置不同的 VLAN，部门之间不能相互访问，从而有效地保证了各部门的信息安全。但领导层经常需要跨越 VLAN 访问其他各个部门，这个功能就由单臂路由来实现。

单臂路由的优点是：实现不同 VLAN 之间的通信，有助于理解、学习 VLAN 原理和子接口概念。其缺点是：容易成为网络单点故障，配置稍显复杂，只适合小型企业网络。

4. 访问控制列表(ACL)技术

1)　访问控制列表的基本概念

访问控制是网络安全防范和保护的主要策略，其主要任务是保证网络资源不被非法使用和访问。它是保证网络安全重要的核心策略之一。访问控制涉及的技术也比较广，包括入网访问控制、网络权限控制、目录级控制以及属性控制等多种手段。

ACL 技术是一种基于包过滤的流控制技术，在路由器中被广泛采用。标准访问控制列表把源地址、目的地址及端口号作为检查数据包的基本元素，并可以规定符合条件的数据包是否允许通过。ACL 通常应用在企业的出口控制上，通过实施 ACL 可以有效地部署企业网络出口策略。随着局域网内部网络资源的增加，一些企业已经开始使用 ACL 来控制对局域网内部资源的访问能力，进而来保障这些资源的安全性。

ACL 是应用在路由器接口的指令列表。这些指令列表用来告诉路由器哪些数据包可以收、哪些数据包需要拒绝。至于数据包是被接收还是被拒绝，可以由类似于源地址、目的地址、端口号等的特定指示条件来决定。访问控制列表从概念上来讲并不复杂，复杂的是对它的配置和使用。

使用 ACL 可以实现对数据报文的过滤、策略路由以及特殊流量的控制。一个 ACL 中可以包含一条或多条针对特定类型数据包的规则(ACE)，这些规则告诉路由器，对于与规则中规定的选择标准相匹配的数据包是允许还是拒绝通过。访问控制规则 ACE 是根据以太网报文的某些字段来标识以太网报文的，这些字段包括如下内容。

二层字段(Layer 2 fields)：48 位的源 MAC 地址、48 位的目的 MAC 地址。

三层字段(Layer 3 fields)：源 IP 地址字段(可以定义源 IP 地址或对应的子网)、目的 IP 地址字段(可以定义目的 IP 地址或对应的子网)。

四层字段(Layer 4 fields)：可以定义 TCP 的源端口、目的端口，以及 UDP 的源端口、目的端口。

2) 访问控制列表的分类

访问控制列表的类型主要有以下几种。

(1) 标准 IP 访问控制列表，也称基本访问控制列表。一个标准 IP 访问控制列表匹配 IP 包中的源地址或源地址中的一部分，可以对匹配的包采取拒绝或允许两个操作。编号范围从 1 到 99 的访问控制列表，是标准 IP 访问控制列表。

(2) 扩展 IP 访问控制列表，也称高级访问控制列表。扩展 IP 访问控制列表比标准 IP 访问控制列表具有更多的匹配项，包括协议类型、源地址、目的地址、源端口、目的端口、建立连接的类型和 IP 优先级等。编号范围从 100 到 199 的访问控制列表，是扩展 IP 访问控制列表。

(3) 命名的 IP 访问控制列表，也称用户自定义的访问控制列表，其以列表名代替列表编号来定义 IP 访问控制列表，同样包括标准和扩展两种列表，定义过滤的语句与编号方式相似。

H3C 网络设备对于访问控制列表的分类如图 2-7 所示。

访问控制列表的分类	数字序号的范围
基本访问控制列表	2000～2999
扩展访问控制列表	3000～3999
基于二层的访问控制列表	4000～4999
用户自定义的访问控制列表	5000～5999

图 2-7 H3C 网络设备对于访问控制列表的分类

3) 访问控制列表的原理

访问控制列表，由一系列规则构成，通过规则对进出的数据包逐个过滤。ACL 部署应用实例如图 2-8 所示。

通过 ACL 过滤的数据包，将交由路由器去处理：或丢弃，或允许通过。ACL 必须应用于接口上，可以在每个接口的出入双向过滤(Inbound、Outbound)，仅当数据包经过一个接口时，才能被此接口的此方向的 ACL 过滤。通过的数据包，交给路由转发进程进行转发。ACL 入站包过滤工作流程如图 2-9 所示。

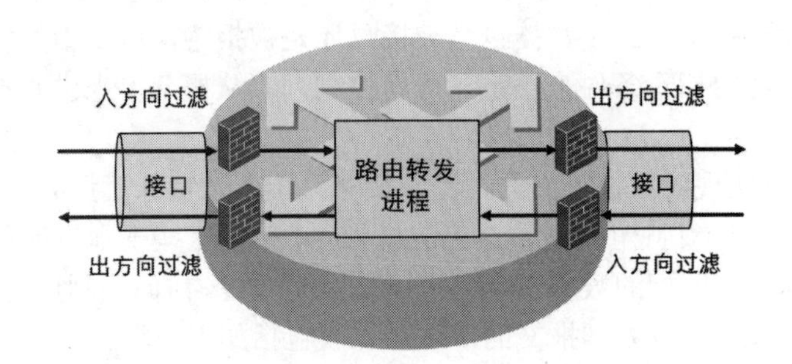

图 2-8　ACL 部署应用实例

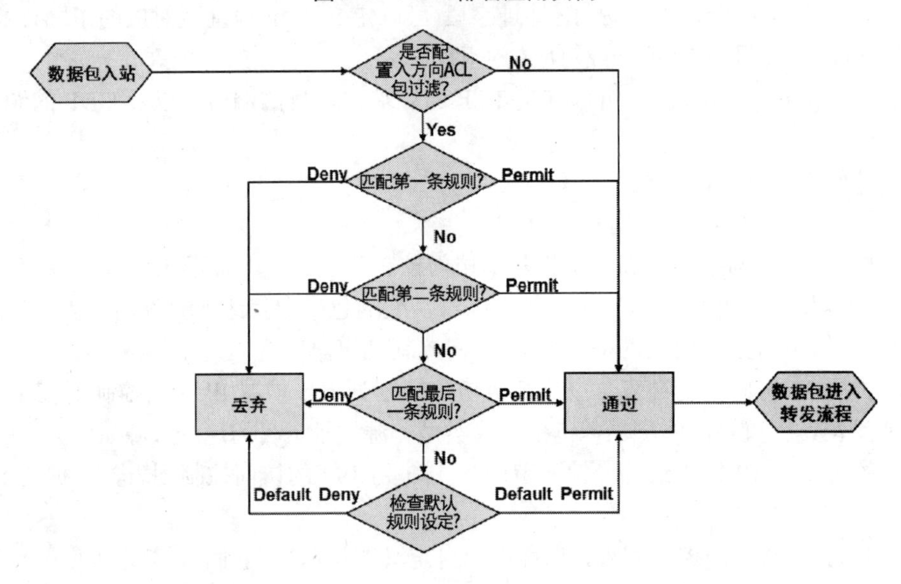

图 2-9　ACL 入站包过滤工作流程

ACL 出站包过滤工作流程如图 2-10 所示。

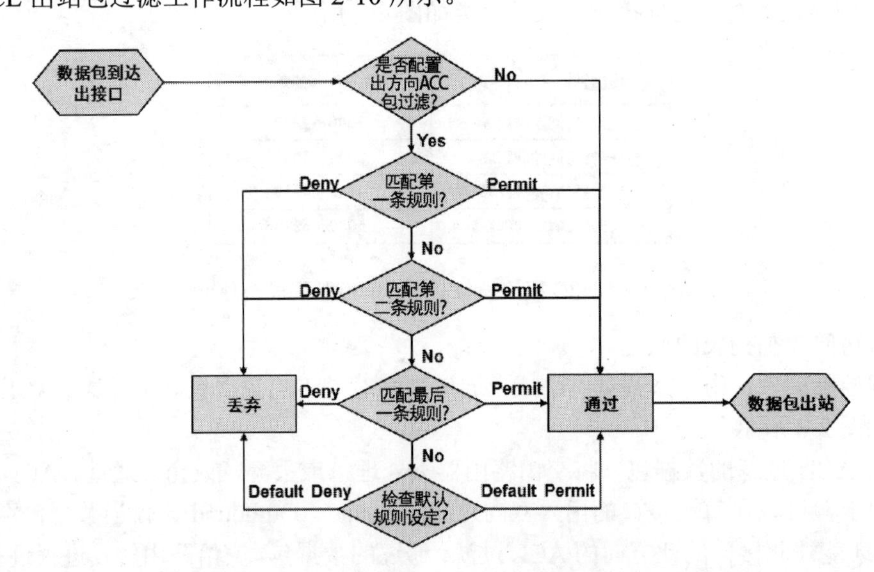

图 2-10　ACL 出站包过滤工作流程

4) 基本访问控制列表的原理

基本 ACL 只能根据 IP 数据包里的源 IP 地址对数据实施过滤。基本 ACL 的工作原理如图 2-11 所示。

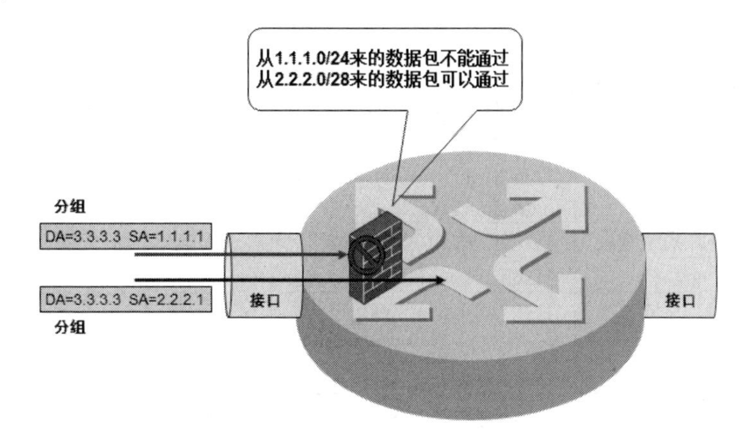

图 2-11 基本 ACL 的工作原理

5) ACL 部署原则

(1) 每个接口、每个协议、每个方向只允许配置一个访问列表。这意味着如果创建了 IP 访问列表，每个接口只能有一个入口访问列表和一个出口访问列表。

(2) 任何时候在访问列表中添加新条目时，路由器都把新添加的条目放置在列表的最末尾。强烈推荐用文本编辑器先编辑好访问列表，然后将访问列表复制到命令行。

(3) 不能删除访问列表中的部分内容。如果尝试这样做，将删除整个列表。使用命名访问列表时例外。

(4) 除非在访问列表末尾有 permit any 命令，否则所有和列表测试条件不符合的数据包将被丢弃。

(5) 先创建访问列表，然后将列表应用到某个接口。

(6) 将标准的访问列表尽可能地放置在靠近目的地址的位置。

(7) 将扩展的访问列表尽可能地放置在靠近源地址的位置。

(8) 访问列表设计是为了过滤通过路由器的流量，但不过滤路由器自身产生的流量。

5. 配置命令

路由器的基本管理方式和配置模式与交换机类似，请参照第 3 章交换机的配置模式和配置命令。在 H3C 系列和 Cisco 系列路由器上配置单臂路由和基本 ACL 协议的相关命令，如表 2-2 所示。

表 2-2 单臂路由和基本 ACL 配置命令

功 能	H3C 系列设备		Cisco 系列设备	
	配置视图	基本命令	配置模式	基本命令
划分子接口	系统视图	[H3C]interface GigabitEthernet 0/0.1	全局配置模式	Cisco(config)#interface fastEthernet 0/1.1
封装 802.1q 协议，并与特定 vlan 关联	具体视图	[H3C-GigabitEthernet0/0.1] vlan-typ dot1q vid 10	具体配置模式	Cisco(config-subif)#encapsulation dot1Q 10

续表

功　能	H3C 系列设备		Cisco 系列设备	
	配置视图	基本命令	配置模式	基本命令
子接口 IP 参数配置	具体视图	[H3C-GigabitEthernet0/0.1] ip address 192.168.10.254 255.255.255.0	具体配置模式	Cisco(config-subif)#ip address 192.168.10.254 255.255.255.0
关闭子接口	具体视图	[H3C-GigabitEthernet0/0.1] shutdown	具体配置模式	Cisco(config-subif)#shutdown
重启子接口	具体视图	[H3C-GigabitEthernet0/0.1] undo shutdown	具体配置模式	Cisco(config-subif)#no shutdown
使能防火墙功能	系统视图	[H3C]firewall enable		
创建基本 ACL	系统视图	[H3C]acl number 2000		
创建规则	具体视图	[H3C-acl-basic-2000]rule 0 deny source 192.168.20.0 0.0.0.255	全局配置模式	Cisco(config)#access-list 1 deny 192.168.10.0 0.0.0.255
进入接口视图	系统视图	[H3C]interface Ethernet 0/1	全局配置模式	Cisco(config)#interface fastEthernet 0/1
将 ACL 应用到接口出方向	具体视图	[H3C-Ethernet0/1]firewall packet-filter 2000 outbound	具体配置模式	Cisco(config-if)#ip access-group 1 out

2.1.5　基本 ACL 任务实施

1. 实施规划

1)　实训拓扑结构

根据任务的需求与分析，实训的拓扑结构及网络参数如图 2-12 所示，以 PC1、PC2、Server 分别模拟公司的市场部、产品部和 FTP 服务器。

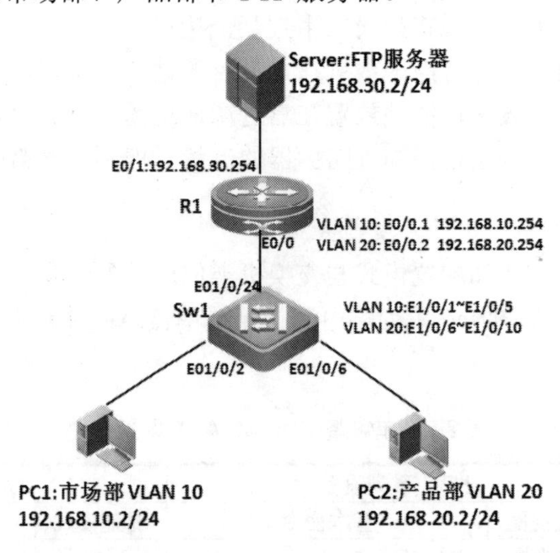

图 2-12　实训任务拓扑

2) 实训设备

根据任务的需求和实训拓扑，每个实训小组的实训设备配置清单如表 2-3 所示。

表 2-3 实训设备配置清单

设备类型	设备型号	数 量
路由器	H3C MSR20-40	1
交换机	H3C E126A	1
计算机	Windows 2003/Windows 7	3
双绞线	RJ-45	若干

3) IP 地址规划

根据需求分析本任务的 IP 地址规划，如表 2-4 所示。

表 2-4 IP 地址规划

设 备	接 口	IP 地址	网 关
PC1		192.168.10.2/24	192.168.10.254
PC2		192.168.20.2/24	192.168.20.254
Server		192.168.30.2/24	192.168.30.254
R1	Ethernet 0/0.10	192.168.10.254/24	
	Ethernet 0/0.20	192.168.20.254/24	
	Ethernet 0/1	192.168.30.254/24	

4) VLAN 规划

根据需求分析本任务的 VLAN 规划，如表 2-5 所示。

表 2-5 VLAN 规划

部门名称	主 机	Vlan	端 口
市场部	PC1	10	E 1/0/1 to E 1/0/5
产品部	PC2	20	E 1/0/6 to E 1/0/10

2. 实施步骤

任务的实施步骤如下。

(1) 根据实训拓扑图进行交换机、计算机的线缆连接，配置 PC1、PC2、PC3 的 IP 地址、子网掩码、默认网关等相关 IP 参数。

(2) 使用计算机 Windows 操作系统的“超级终端”组件程序通过串口连接到交换机的配置界面，其中，超级终端串口的属性设置还原为默认值(每秒位数 9600、数据位 8、奇偶校验无、数据流控制无)。

(3) 超级终端登录到路由器，进行任务的相关配置。

(4) Sw1 主要配置清单如下。

```
一、vlan 配置：
<H3C>system-view
[H3C]sysname sw1
```

```
[sw1]vlan 10
[sw1-vlan10]port  Ethernet  1/0/1 to  Ethernet  1/0/5
[sw1-vlan10]vlan 20
[sw1-vlan20]port  Ethernet 1/0/6 to  Ethernet  1/0/10
二、上联端口为 trunk
[sw1-vlan20]quit
[sw1]interface  Ethernet  1/0/24
[sw1-Ethernet1/0/24]port link-type  trunk
[sw1-Ethernet1/0/24]port trunk  permit  vlan  all
```

(5) R 1 主要配置清单如下。

```
一、配置单臂路由
<H3C>system-view
[H3C]sysname r1
[r1]interface  Ethernet  0/0.10
[r1-Ethernet0/0.10]ip address  192.168.10.254 24
[r1-Ethernet0/0.10]vlan-type  dot1q  vid  10
[r1-Ethernet0/0.10]quit
[r1]interface  Ethernet  0/0.20
[r1-Ethernet0/0.20]ip address  192.168.20.254 24
[r1-Ethernet0/0.20]vlan-type  dot1q  vid  20
[r1-Ethernet0/0.20]quit
[r1]interface  Ethernet  0/1
[r1-Ethernet0/1]ip address  192.168.30.254 24
二、基本访问控制列表配置
1. 使能防火墙功能
[r1]firewall  enable
2. 创建 ACL
[r1]acl number 2000
3. 创建规则
[r1-acl-basic-2000]rule  0 deny source 192.168.20.0 0.0.0.255    /*拒绝来自 192.168.20.0/24 网段的数据通过
4. 将 ACL 应用到具体的接口
[r1-acl-basic-2000]quit
[r1]interface  Ethernet  0/1
[r1-Ethernet0/1]firewall  packet-filter  2000 outbound /*将访问控制列表 2000 应用到 e0/1 接口出方向
```

(6) FTP 服务器搭建。

FTP 服务器搭建，参考其他相关资料，此处略。

2.1.6 基本 ACL 任务验收

1. 设备验收

根据实训拓扑图检查验收路由器、计算机的线缆连接，检查 PC1、PC2、文件 Server 的 IP 地址。

2. 配置验收

查看访问控制列表：

```
r[r1]display  acl  all
Basic ACL  2000, named -none-, 1 rule,
ACL's step is 5
 rule 0 deny source 192.168.20.0 0.0.0.255 (19 times matched)
```

3. 功能验收

功能验收的步骤如下。

(1)　在 PC1 上通过浏览器输入 ftp://192.168.30.2，可以正常访问，如图 2-13 所示。

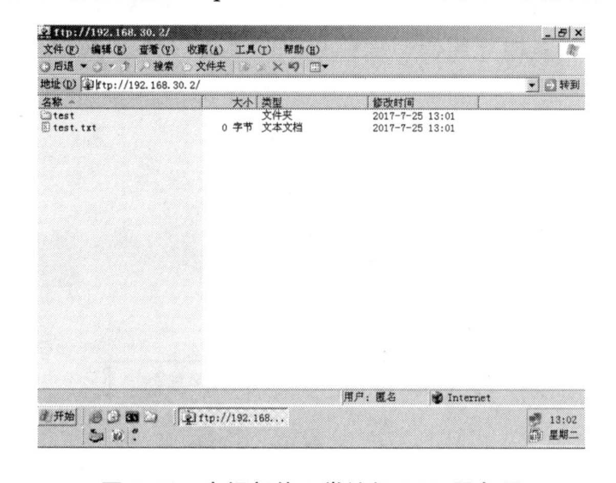

图 2-13　市场部能正常访问 FTP 服务器

(2)　在 PC2 上通过浏览器输入 ftp://192.168.30.2，则不能正常访问，如图 2-14 所示。

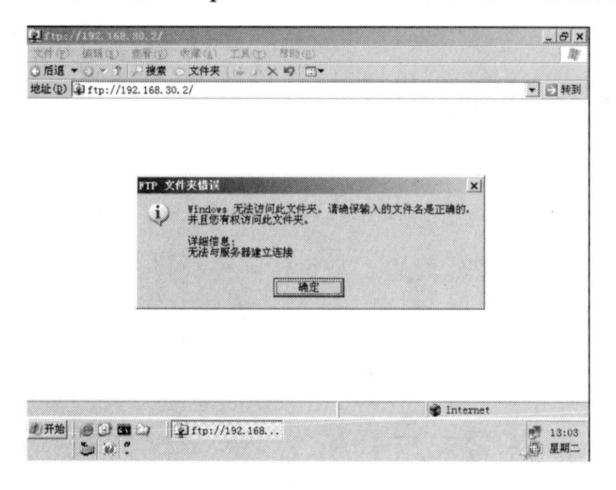

图 2-14　产品部无法正常访问 FTP 服务器

2.1.7　基本 ACL 任务总结

针对某公司办公区网络改造任务的内容和目标，根据需求分析进行了实训的规划和实施，通过本任务进行了路由器基本访问控制列表 ACL 的配置实训。

2.2 任务 2：企业网高级访问控制

2.2.1 高级 ACL 任务描述

某公司有两个部门：市场部和产品部。该公司购买了一台服务器，在网络中部署两个应用服务：WWW 服务和 FTP 服务。从安全和可管理角度考虑，要求市场部能够访问 FTP 服务器，不能够访问 WWW 服务器；产品部能够访问 WWW 服务器，不能访问 FTP 服务器；并要求两个部门之间能相互通信。请你规划并实施网络。该公司的组织结构如图 2-15 所示。

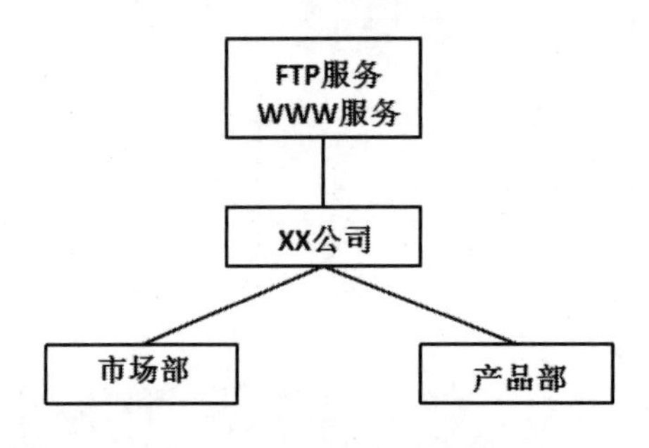

图 2-15 公司的组织结构

2.2.2 高级 ACL 任务目标与目的

1. 任务目标

针对该公司的网络需求，设置高级的网络访问控制，实现对网络资源更精细的访问控制。

2. 任务目的

通过本任务进行路由器的基本配置、高级访问控制列表(ACL)配置，以帮助读者深入了解路由器的配置方法、高级 ACL 配置方法，具备灵活运用高级 ACL 技术对网络进行更精细化的控制以保证网络安全的能力。

2.2.3 高级 ACL 任务需求与分析

1. 任务需求

该公司办公区共有两个部门：市场部和产品部。每个部门配置不同数量的计算机。网络须满足几个需求：采用当前主流技术构建网络，部门内部能实现相互通信，要求网络具有较高的可管理性、安全性；部门之间都能实现相互访问；网络中部署 WWW、FTP 两种网络应用服务；要求市场部能够访问 FTP 服务器，不能够访问 WWW 服务器；产品部能够访问 WWW 服务器，不能访问 FTP 服务器。公司办公区具体计算机分布如表 2-6 所示。

表 2-6　公司办公区具体计算机分布表

部　门	计算机数量	服务器数量
市场部	40	1
产品部	110	0

2. 需求分析

需求 1：采用当前主流技术构建网络，部门内部能实现相互通信，具有较高的可管理性、安全性。

分析 1：采用交换式以太网技术构建网络，利用 VLAN 技术将相同部门划入相同的 VLAN，不同部门划分为不同的 VLAN。

需求 2：不同部门之间能相互通信。

分析 2：利用路由器单臂路由技术实现部门之间相互通信。

需求 3：市场部能够访问 FTP 服务器，不能够访问 WWW 服务器；产品部能够访问 WWW 服务器，不能访问 FTP 服务器。

分析 3：利用高级访问控制列表技术对网络资源实现精细化的访问控制。

根据任务需求和需求分析，组建公司办公区的网络结构，如图 2-16 所示，每个部门用一台计算机表示。

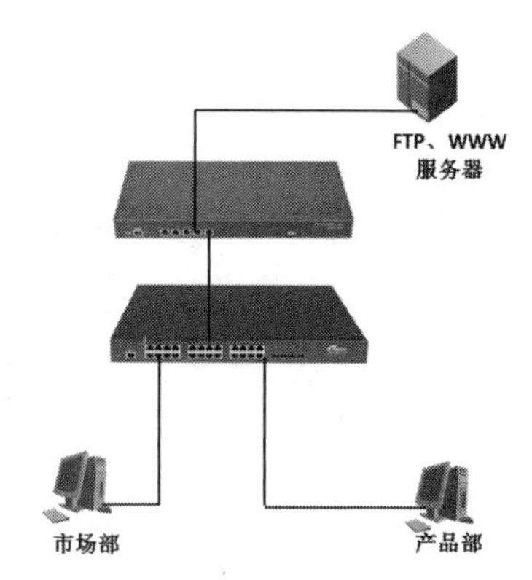

图 2-16　公司办公区的网络结构

2.2.4　高级 ACL 知识链接

1. 高级访问控制列表(ACL)技术

1)　访问控制列表的基本概念

访问控制列表，由一系列有顺序的规则组成。这些规则根据数据包的源地址、目的地址、端口号等来定义匹配条件，执行 permit 或 deny 操作。ACL 实质上是报文识别技术，广泛用于需要识别报文，对报文进行分类的场合。访问控制列表技术一般应用场合如下。

(1)　包过滤防火墙功能：用以实现对访问的限制。

(2)　NAT 技术：用于制定规则，确定哪些数据包需要转换，哪些不需要。

(3)　QoS 技术：用于实现对数据分类，不同类型的数据提供不同的优先级服务。

(4)　路由策略和过滤：利用 ACL 规则匹配路由信息中的相关参数，以实现路由过滤。

(5)　按需拨号：利用 ACL 对数据进行分类，实现只有相应种类的数据能触发路由器进行 PSTN/ISDN 的拨号连接。

2)　高级访问控制列表的原理

高级访问控制列表根据报文的源 IP 地址、目的 IP 地址、IP 承载的协议类型、协议特性等三、四层信息制定规则。高级访问控制列表的实现原理如图 2-17 所示。

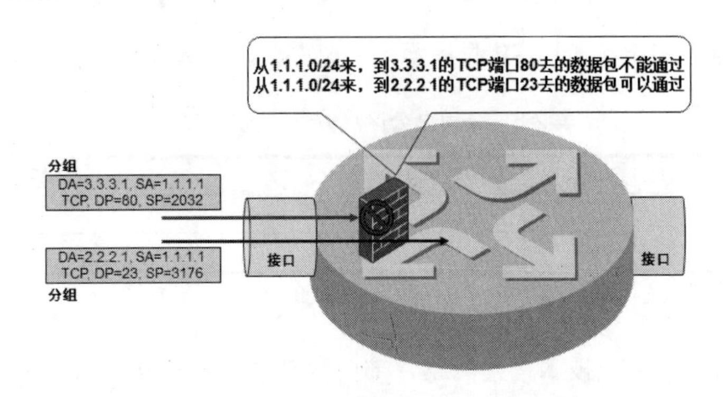

图 2-17　高级访问控制列表的实现原理

2. 配置命令

路由器的基本管理方式和配置模式与交换机类似，请参照第 3 章交换机的配置模式和配置命令。H3C 系列和 Cisco 系列路由器上高级 ACL 协议的相关命令如表 2-7 所示。

表 2-7　高级 ACL 配置命令

功　能	H3C 系列设备		Cisco 系列设备	
	配置视图	基本命令	配置模式	基本命令
使能防火墙功能	系统视图	[H3C]firewall　enable		
创建高级(扩展) ACL	系统视图	[H3C]acl　advanced 3000		
创建规则	具体视图	[H3C-acl-adv-3000]rule 0 deny　tcp　destination 192.168.30.2 0.0.0.0 destination-port eq www source 192.168.10.0 0.0.0.255		Cisco(config)#access-list 100 deny tcp 192.168.10.0 0.0.0.255 192.168.30.2 0.0.0.0 eq www
进入接口视图	系统视图	[H3C]interface Ethernet 0/1	全局配置模式	Cisco(config)#interface fastEthernet 0/1
将 ACL 应用到接口上的入方向	具体视图	[H3C-Ethernet0/0.2]firewall packet-filter　3000 inbound	具体配置模式	Cisco(config-if)#ip access-group 1 in

2.2.5　高级 ACL 任务实施

1. 实施规划

1)　实训拓扑结构

根据任务的需求与分析，实训的拓扑结构及网络参数如图 2-18 所示，用 PC1、PC2、Server 分别模拟公司的市场部、产品部、FTP 和 WWW 服务器。

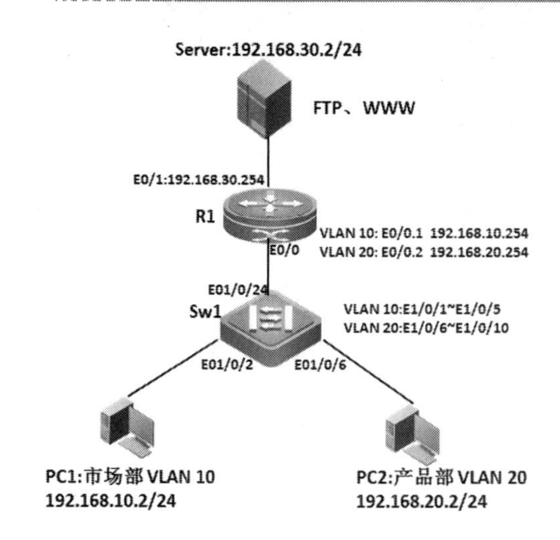

图 2-18 实训的拓扑结构及网络参数

2) 实训设备

根据任务的需求和实训拓扑，每个实训小组的实训设备配置清单如表 2-8 所示。

表 2-8 实训设备配置清单

设备类型	设备型号	数 量
路由器	H3C MSR20-40	1
交换机	H3C E126A	1
计算机	Windows 2003/Windows 7	3
双绞线	RJ-45	若干

3) IP 地址规划

根据需求分析本任务的 IP 地址规划，如表 2-9 所示。

表 2-9 IP 地址规划

设 备	接 口	IP 地址	网 关
PC1		192.168.10.2/24	192.168.10.254
PC2		192.168.20.2/24	192.168.20.254
Server		192.168.30.2/24	192.168.30.254
Router1	Ethernet 0/0.10	192.168.10.254/24	
	Ethernet 0/0.20	192.168.20.254/24	
	Ethernet 0/1	192.168.30.254/24	

4) VLAN 规划

根据需求分析本任务的 VLAN 规划，如表 2-10 所示。

表 2-10 VLAN 规划

部门名称	主 机	VLAN	端 口
市场部	PC1	10	E 1/0/1 to E 1/0/5
产品部	PC2	20	E 1/0/6 to E 1/0/10

2. 实施步骤

(1) 根据实训拓扑图进行交换机、计算机的线缆连接，配置 PC1、PC2、PC3 的 IP 地址、子网掩码、默认网关等相关 IP 参数。

(2) 使用计算机 Windows 操作系统的“超级终端”组件程序通过串口连接到交换机的配置界面，其中超级终端串口的属性设置还原为默认值(每秒位数 9600、数据位 8、奇偶校验无、数据流控制无)。

(3) 超级终端登录到路由器，进行任务的相关配置。

(4) Sw1 主要配置清单如下。

```
一、vlan 配置
<H3C>system-view
[H3C]sysname sw1
[sw1]vlan 10
[sw1-vlan10]port   Ethernet   1/0/1 to   Ethernet   1/0/5
[sw1-vlan10]vlan 20
[sw1-vlan20]port   Ethernet 1/0/6 to   Ethernet   1/0/10
二、上联端口为 trunk
[sw1-vlan20]quit
[sw1]interface   Ethernet   1/0/24
[sw1-Ethernet1/0/24]port link-type   trunk
[sw1-Ethernet1/0/24]port trunk   permit   vlan   all
```

(5) Router 1 主要配置清单如下。

```
一、配置单臂路由
<H3C>system-view
[H3C]sysname r1
[r1]interface   Ethernet   0/0.10
[r1-Ethernet0/0.10]ip address   192.168.10.254 24
[r1-Ethernet0/0.10]vlan-type   dot1q   vid   10
[r1-Ethernet0/0.10]quit
[r1]interface   Ethernet   0/0.20
[r1-Ethernet0/0.20]ip address   192.168.20.254 24
[r1-Ethernet0/0.20]vlan-type   dot1q   vid   20
二、配置接口 IP 参数
[r1]interface   Ethernet   0/1
[r1-Ethernet0/1]ip address   192.168.30.254 24
三、高级访问控制列表配置
[r1]firewall enable
[r1]acl   number   3000
[r1-acl-adv-3000]rule   0 deny   tcp   destination 192.168.30.2 0.0.0.0 destination-port eq www
source 192.168.10.0 0.0.0.255      /*拒绝来自于 190.168.10.0/24 网段的主机，去访问 IP 地址为
192.168.30.2 的服务器的 www 服务
[r1-acl-adv-3000]rule   1 deny   tcp   destination 192.168.30.2 0.0.0.0 destination-port eq   ftp
source 192.168.20.0 0.0.0.255     /*拒绝来自于 190.168.30.0/24 网段的主机去访问 IP 地址为
192.168.30.2 的服务器的 ftp 服务
```

```
四、将 ACL 应用到具体的接口
[r1-acl-adv-3000]quit
[r1]interface  Ethernet  0/0.10
[r1-Ethernet0/0.10]firewall  packet-filter  3000 inbound
[r1-Ethernet0/0.10]quit
[r1]interface  Ethernet  0/0.20
[r1-Ethernet0/0.20]firewall  packet-filter  3000 inbound
```

(6) WWW、FTP 服务器搭建。

WWW、FTP 服务器搭建参考其他相关资料，此处略。

2.2.6　高级 ACL 任务验收

1. 设备验收

根据实训拓扑图检查验收路由器、计算机的线缆连接，检查 PC1、PC2、服务器的 IP 地址。

2. 配置验收

查看访问控制列表：

```
[r1]display  acl  3000
Advanced ACL  3000, named -none-, 2 rules,
ACL's step is 5
 rule 0 deny tcp source 192.168.10.0 0.0.0.255 destination 192.168.30.2 0
destination-port eq www (4 times matched)
 rule 1 deny tcp source 192.168.20.0 0.0.0.255 destination 192.168.30.2 0
destination-port eq ftp (21 times matched)
```

3. 功能验收

功能验收如下。

(1) 在 PC1(市场部)上通过浏览器输入 ftp://192.168.30.2，可以正常访问，如图 2-19 所示；输入 http://192.168.30.2 则不能访问，如图 2-20 所示。

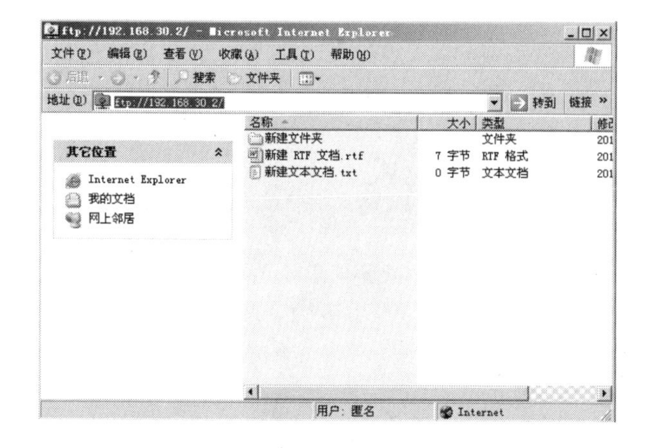

图 2-19　PC1 可以访问 FTP 服务

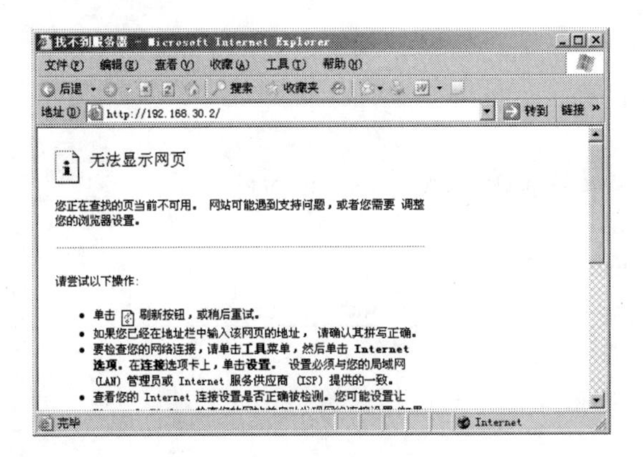

图 2-20　PC1 不能访问 WWW 服务

(2) 在 PC2(产品部)上通过浏览器输入 http://192.168.30.2，可以正常访问，如图 2-21 所示；输入 ftp://192.168.30.2，则不能正常访问，如图 2-22 所示。

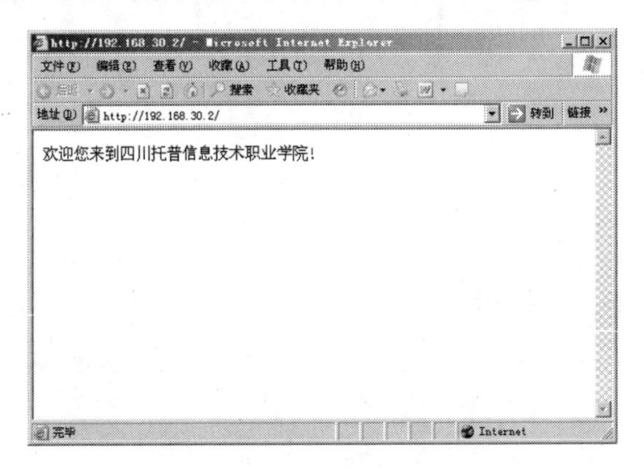

图 2-21　PC2 可以访问 WWW 服务

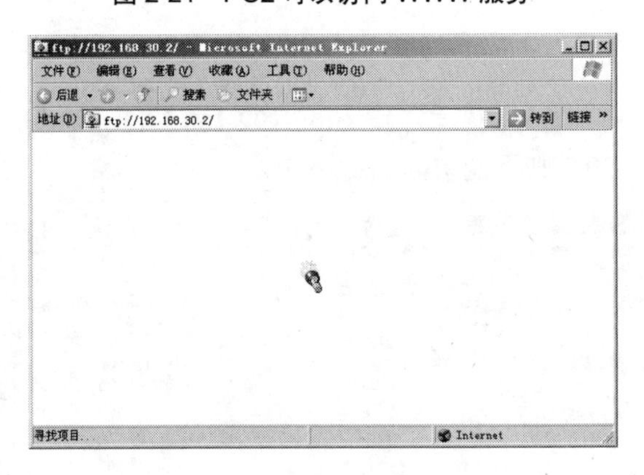

图 2-22　PC2 不能正常访问 FTP 服务

2.2.7　高级 ACL 任务总结

针对某公司办公区网络改造任务的内容和目标，根据需求分析进行了实训的规划和实施，通过本任务进行了路由器高级访问控制列表 ACL 的配置实训。

第 3 章　局域网安全技术

教学目标

通过对校园网、企业网等局域网络进行网络安全的各种案例实施，以各实训任务的内容和需求为背景，以完成企业园区网的各种局域网安全技术为实训目标，通过任务方式由浅入深地模拟局域网安全技术的典型应用和实施过程，以帮助学生理解局域网安全技术的典型应用，具备企业园区网网络安全的实施和灵活应用能力。

教学要求

任务要点	能力要求	关联知识
公司局域网接入认证服务	(1)掌握交换机基础配置 (2)掌握交换机 IEEE 802.1x 基础配置 (3)掌握第三方开发 IEEE 802.1x 客户端安装及配置基础 (4)掌握 Windows 系列操作系统 IEEE 802.1x 客户端安装及配置基础	(1)交换机基础及配置命令 (2)IEEE 802.1x 基础及配置命令 (3)第三方开发 IEEE 802.1x 客户端 8021XClientV220-0231-windows 安装及配置方法 (4)Windows 系列操作系统 IEEE 802.1x 客户端安装及配置方法
公司局域网端口隔离	(1)掌握交换机端口隔离技术 (2)掌握 FTP 服务搭建	(1)交换机端口隔离基础及配置命令 (2)FTP 服务搭建方法
公司局域网端口绑定	掌握交换机端口绑定技术	(1)交换机端口绑定技术及配置命令 (2)查看交换机端口绑定表命令
企业网 IP 地址安全管理	(1)掌握 DHCP 服务器安装及配置 (2)掌握 DHCP 客户端配置 (3)掌握 DHCP 客户端相关命令 (4)掌握 DHCP Snooping 基础配置	(1)DHCP 基本概念及原理 (2)DHCP 客户端配置及常用命令 (3)DHCP Snooping 基本概念、原理及配置命令

重点难点

- 交换机基础配置。
- 交换机 IEEE 802.1x 基础配置。
- IEEE 802.1x 客户端安装及配置。
- 交换机端口隔离基础配置。
- FTP 服务搭建。
- 交换机端口绑定配置。
- DHCP 基本概念及原理。
- DHCP 服务器安装及配置。
- DHCP 客户端配置及常用命令。
- DHCP Snooping 基本概念及原理。
- DHCP Snooping 配置。

3.1 任务 1：公司局域网接入认证服务

3.1.1 IEEE 802.1x 任务描述

某公司构建自己的内部企业网，每个员工都有一台办公电脑，主机规模近 100 台，内部可以实现通信和资源共享。公司的网络管理员为了方便管理网络，并提高网络安全性，希望只有合法用户才能接入网络，非法用户拒绝接入网络。请你规划并实施网络。

3.1.2 IEEE 802.1x 任务目标与目的

1. 任务目标

针对该公司网络需求，进行网络规划设计，通过 IEEE 802.1x 技术实现对接入网络的用户进行身份验证，保证只有合法用户才能接入网络，非法用户拒绝接入网络。

2. 任务目的

通过本任务进行交换机的 IEEE 802.1x 配置，以帮助读者在深入了解交换机 IEEE 802.1x 配置的基础上，能够利用 IEEE 802.1x 技术对接入网络用户进行身份验证，以提高网络的安全性，方便进行网络管理，并具备灵活运用的能力。

3.1.3 IEEE 802.1x 技术任务需求与分析

1. 任务需求

某公司构建了自己的内部网络，主机规模近 100 台。从网络安全和方便管理的角度考虑，希望对接入网络的用户进行身份验证，保证只有合法用户才能接入网络，非法用户不能接入网络。

2. 需求分析

需求 1：公司的每台电脑在接入网络时都需要输入正确的账户名和密码，通过身份验证才能接入网络。

分析 1：通过在接入层交换机部署 IEEE 802.1x 技术，对网络用户进行身份验证。

根据任务需求和需求分析，组建公司办公区的网络结构，如图 3-1 所示。

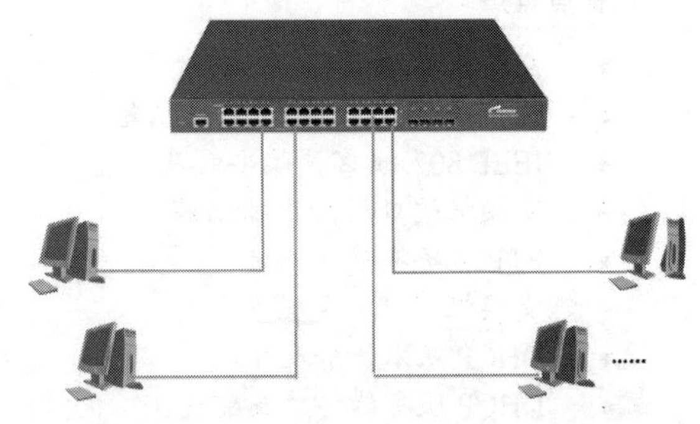

图 3-1　公司办公区的网络结构

3.1.4 IEEE 802.1x 技术知识链接

1. IEEE 802.1x 身份认证

IEEE 802 LAN/WAN 委员会为解决无线局域网网络安全问题，提出了 IEEE 802.1x 协议。后来，IEEE 802.1x 协议作为局域网端口的一个普通接入控制机制应用于以太网中，主要解决以太网内认证和安全方面的问题。IEEE 802.1x 协议是一种基于端口的网络接入控制(Port-based Network Access Control)协议。“基于端口的网络接入控制”是指在局域网接入设备的端口这一级对所接入的设备进行认证和控制。连接在端口上的用户设备如果能通过认证，就可以访问局域网中的资源；如果不能通过认证，则无法访问局域网中的资源。

IEEE 802.1x 协议起源于 IEEE 802.11 协议，后者是 IEEE 的无线局域网协议，制定 IEEE 802.1x 协议的初衷是为了解决无线局域网用户的接入认证问题。IEEE 802 LAN 协议定义的局域网并不提供接入认证，只要用户能接入局域网控制设备(如 LAN Switch)就可以访问局域网中的设备或资源。这在早期企业网有线 LAN 应用环境下并不存在明显的安全隐患。但是随着移动办公及驻地网运营等应用的大规模发展，服务提供者需要对用户的接入进行控制和配置。尤其是 WLAN 的应用和 LAN 接入在电信网上大规模开展，有必要对端口加以控制以实现用户级的接入控制。IEEE 802.lx 就是 IEEE 为了解决基于端口的接入控制(Port-based Network Access Control)而定义的一个标准。

2. IEEE 802.1x 体系结构

使用 IEEE 802.1x 的系统为典型的 Client/Server 体系结构，包括三个实体，分别为 Supplicant System(客户端)、Authenticator System(设备端)和 Authentication Server System(认证服务器)，如图 3-2 所示。

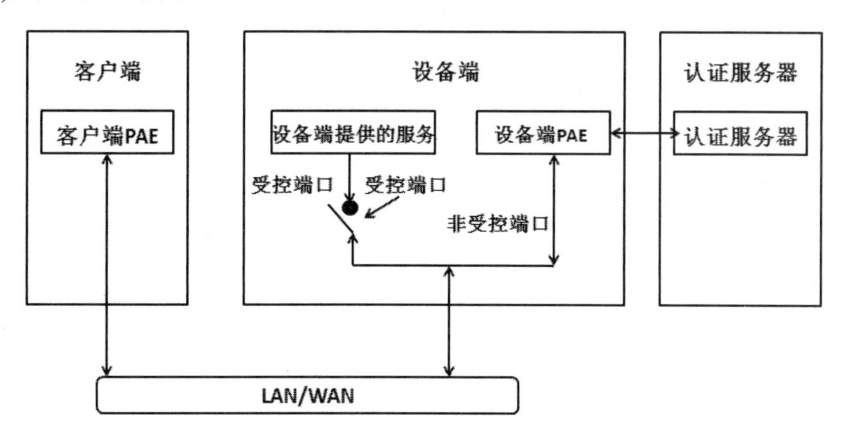

图 3-2 IEEE 802.1x 体系结构

1) 客户端

客户端是位于局域网段一端的一个实体，由该链路另一端的设备端对其进行认证。客户端一般为用户终端设备，用户通过启动客户端软件发起 IEEE 802.1x 认证。客户端软件必须支持 EAPOL(Extensible Authentication Protocol over LAN，局域网上的可扩展认证协议)

协议。

2) 设备端

设备端是位于局域网段一端的另一个实体，用于对所连接的客户端进行认证。设备端通常为支持 IEEE 802.1x 协议的网络设备(如 H3C 系列交换机)，它为客户端提供接入局域网的端口，该端口可以是物理端口，也可以是逻辑端口。

3) 认证服务器

认证服务器是为设备端提供认证服务的实体。认证服务器用于实现用户的认证、授权和计费，通常为 RADIUS 服务器。该服务器可以存储用户的相关信息，如用户的账号、密码以及用户所属的 VLAN、优先级、用户的访问控制列表等。

3. IEEE 802.1x 工作原理

IEEE 802.1x 体系结构中的三个实体涉及四个基本概念：PAE、受控端口、受控方向和端口受控方式。

1) PAE

PAE(Port Access Entity，端口访问实体)是认证机制中负责执行算法和协议操作的实体。设备端 PAE 利用认证服务器对需要接入局域网的客户端执行认证，并根据认证结果相应地对受控端口的授权/非授权状态进行控制。客户端 PAE 负责响应设备端的认证请求，向设备端提交用户的认证信息。客户端 PAE 也可以主动向设备端发送认证请求和下线请求。

2) 受控端口

设备端为客户端提供接入局域网的端口，这个端口被划分为两个虚端口：受控端口和非受控端口。非受控端口始终处于双向连通状态，主要用来传递 EAPOL 协议帧，保证客户端始终能够发出或接受认证。受控端口在授权状态下处于连通状态，用于传递业务报文；在非授权状态下处于断开状态，禁止传递任何报文。受控端口和非受控端口是同一端口的两个部分；任何到达该端口的帧，在受控端口与非受控端口均可见。

3) 受控方向

在非授权状态下，受控端口可以被设置成单向受控：实行单向受控时，禁止从客户端接收帧，但允许向客户端发送帧。在默认情况下，受控端口实行单向受控。

4) 端口受控方式

H3C 系列交换机支持以下两种端口受控方式。

(1) 基于端口的认证：只要该物理端口下的第一个用户认证成功，其他接入用户无须认证就可使用网络资源，当第一个用户下线后，其他用户也会被拒绝使用网络。在默认情况下，H3C 交换机为基于端口的认证。

(2) 基于 MAC 地址认证：该物理端口下的所有接入用户都需要单独认证，当某个用户下线时，只有该用户无法使用网络，不会影响其他用户使用网络资源。

4. IEEE 802.1x 工作机制

IEEE 802.1x 认证系统利用 EAPOL(Extensible Authentication Protocol，可扩展认证协议)，在客户端和认证服务器之间交换认证信息。IEEE 802.1x 系统认证工作机制如图 3-3 所示。

(1) 在客户端 PAE 与设备端 PAE 之间，EAP 协议报文使用 EAPOL 封装格式，直接应用于 LAN 环境中。

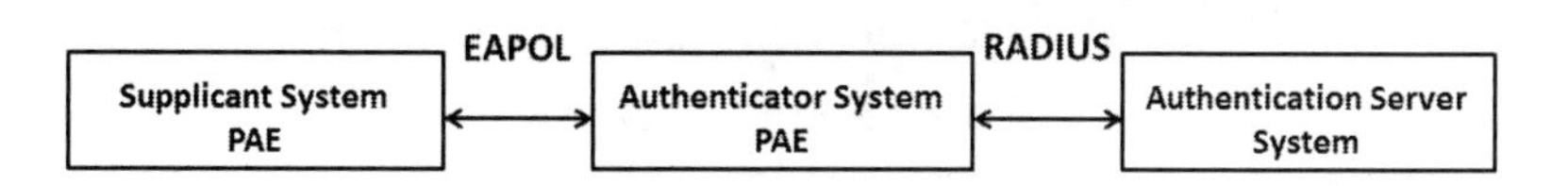

图 3-3 IEEE 802.1x 系统认证工作机制

(2) 在设备端 PAE 与 RADIUS 服务器之间，EAP 协议报文可以使用 EAPOR(EAP over RADIUS)封装格式，应用于 RADIUS 协议中；也可以由设备端 PAE 进行终结，而在设备端 PAE 与 RADIUS 服务器之间传送 PAP 协议报文或 CHAP 协议报文。

(3) 当用户通过认证后，认证服务器会把用户的相关信息传递给设备端，设备端 PAE 根据 RADIUS 服务器的指示(Accept 或 Reject)决定受控端口的授权/非授权状态。

5. 配置命令

H3C 系列和 Cisco 系列交换机上配置 IEEE 802.1x 协议的相关命令如表 3-1 所示。

表 3-1 IEEE 802.1x 配置命令

功　能	H3C 系列设备		Cisco 系列设备	
	配置视图	基本命令	配置模式	基本命令
使能 IEEE 802.1x 全局功能	系统视图	[H3C]dot1x	具体配置模式	Cisco(config-if)#dot1x port-control auto
使能端口 IEEE 802.1x 功能	系统视图	[H3C]dot1x interface Ethernet 1/0/1		
设置端口接入控制模式	系统视图	[H3C] dot1x port-method macbased interface GigabitEthernet 1/0/1		
创建账户	系统视图	[H3C]local-user zhangsan		Cisco(config)#username zhangsan password 123
设置口令	具体视图	[H3C-luser-zhangsan] password cipher 123		
将本地账户更改为IEEE 802.1x账户	具体视图	[H3C-luser-zhangsan] service-type lan-access		

3.1.5 IEEE 802.1x 技术任务实施

1. 实施规划

1) 实训拓扑结构

根据任务的需求与分析，实训的拓扑结构及网络参数如图 3-4 所示，以 PC1、PC2 模仿公司员工的计算机。

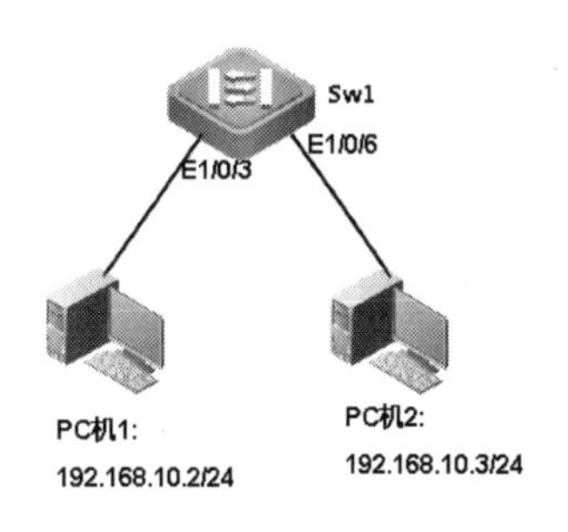

图 3-4 实训的拓扑结构及网络参数

2) 实训设备

根据任务的需求和实训拓扑，每个实训小组的实训设备配置清单如表 3-2 所示。

表 3-2　实训设备配置清单

设备类型	设备型号	数　量
交换机	S3610-28TP	1
计算机	Windows 2003/Windows 7	2
IEEE 802.1x 客户端	8021XClientV220-0231-windows	
双绞线	RJ-45	若干

3)　IP 地址规划

根据需求分析本任务的 IP 地址规划，如表 3-3 所示。

表 3-3　IP 地址规划

设　备	接　口	IP 地址	网　关
PC1		192.168.10.2/24	
PC2		192.168.10.3/24	

2. 实施步骤

(1)　根据实训拓扑图进行交换机、计算机的线缆连接，配置 PC1、PC2 的 IP 地址。

(2)　使用计算机 Windows 操作系统的“超级终端”组件程序通过串口连接到交换机的配置界面，其中超级终端串口的属性设置还原为默认值(每秒位数 9600、数据位 8、奇偶校验无、数据流控制无)。

(3)　超级终端登录路由器，进行任务的相关配置。

(4)　Sw1 主要配置清单如下。

```
一、sw1 的配置
1.sw1 初始化配置
<H3C>system-view
[H3C]sysname   sw1
2.802.1x 的配置
(1)全局开启 IEEE 802.1x  功能：
[sw1]dot1x
(2)开启端口 IEEE 802.1x 功能：
[sw1]dot1x   interface   Ethernet   1/0/3 to   Ethernet   1/0/10
(3)配置 IEEE 802.1x 账户：
[sw1]local-user   zhangsan
[sw1-luser-zhangsan]password cipher   123
[sw1-luser-zhangsan]service-type   lan-access      /*将本地账户 zhangsan 改为 IEEE 802.1x 账户
```

(5)　IEEE 802.1x 客户端设置。

IEEE 802.1x 客户端的设置可以采用两种方式：一是采用操作系统自带的 IEEE 802.1x 客户端软件(Windows 系列操作系统默认安装)；二是采用第三方开发的 IEEE 802.1x 客户端软件。本处先采用第三方开发的 IEEE 802.1x 客户端软件，然后再演示操作系统自带的 IEEE 802.1x 客户端软件的使用。

① 第三方开发的 IEEE 802.1x 客户端软件设置。

双击 8021XClientV220-0231-window 客户端软件安装程序，打开程序安装向导，如图 3-5 所示。

单击“下一步”按钮，打开“许可证协议”对话框，选中“我接受许可证协议中的条款”单选按钮，如图 3-6 所示。

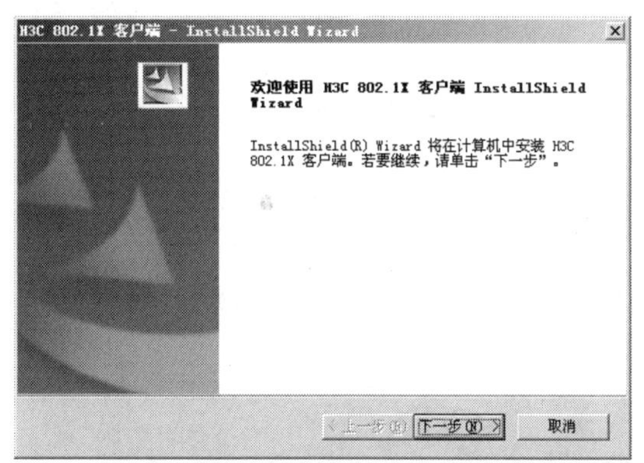

图 3-5　8021XClientV220-0231-window 安装向导

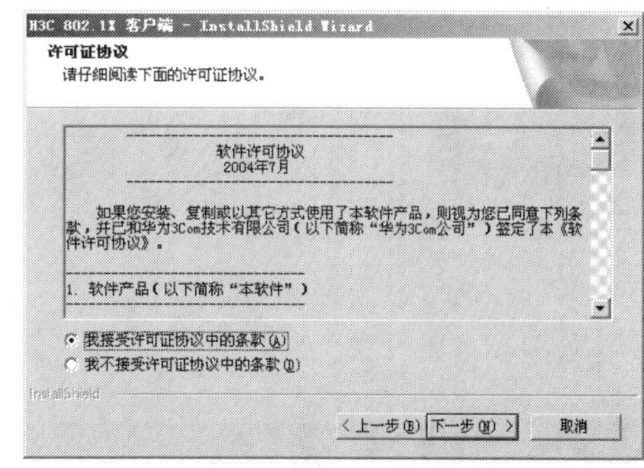

图 3-6　“许可证协议”对话框

单击“下一步”按钮，打开“客户信息”对话框，如图 3-7 所示。设置客户信息，此处我们保持默认设置。

单击“下一步”按钮，打开“安装类型”对话框。选择安装类型，此处我们安装类型选择为“全部”，如图 3-8 所示。

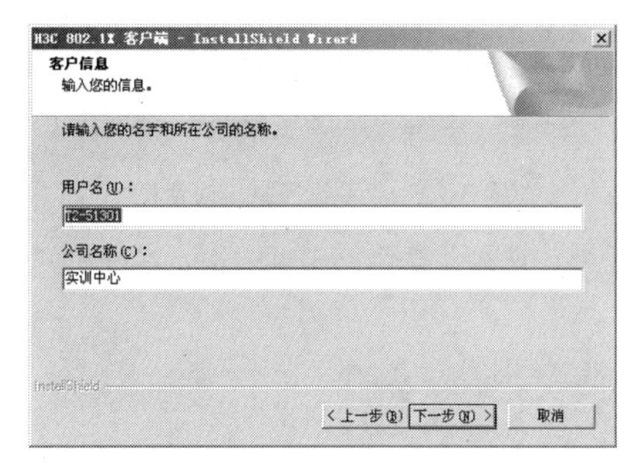

图 3-7　“客户信息”对话框

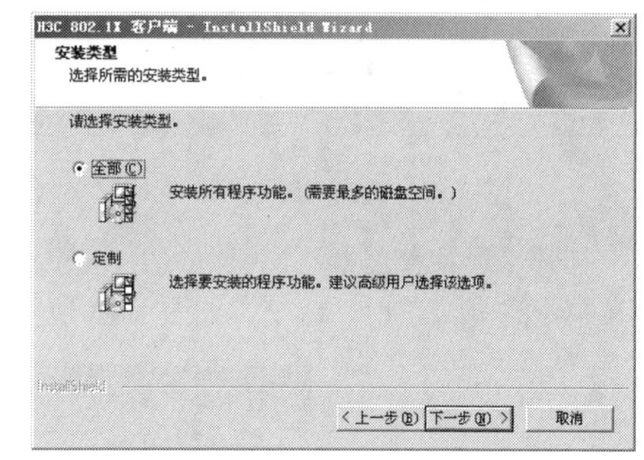

图 3-8　“安装类型”对话框

单击“下一步”按钮，再单击“完成”按钮即可完成程序安装，如图 3-9 所示。

程序安装完成后，需要重启操作系统，进行初始化配置，程序才能正常使用。此时系统会弹出要求用户重启计算机的对话框，如图 3-10 所示。当然为了节约时间，也可以不重启操作系统，通过将主机网卡禁用再启用可以达到同样的效果。此处，我们选择禁用再启用网卡的方法。

禁用再重启网卡的方法为：在电脑桌面右击“我的电脑”，在弹出的快捷菜单中选择“属性”命令，如图 3-11 所示。

打开“系统属性”对话框，切换到“硬件”选项卡，然后单击“设备管理器”按钮，如图 3-12 所示。

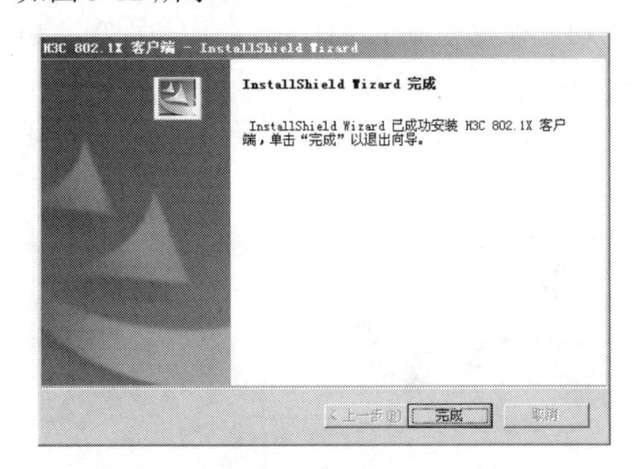

图 3-9 完成程序安装

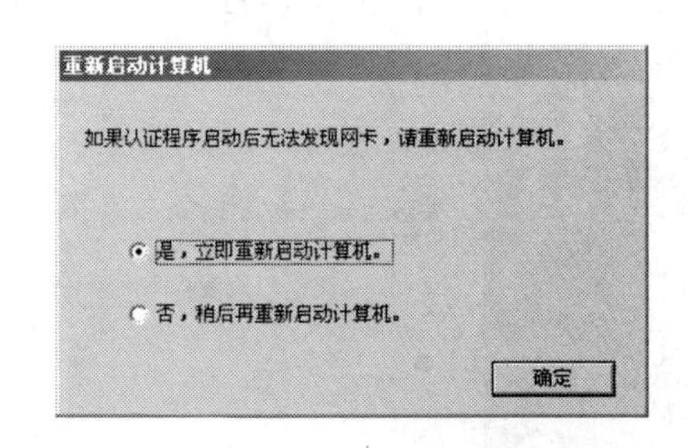

图 3-10 "重新启动计算机"对话框

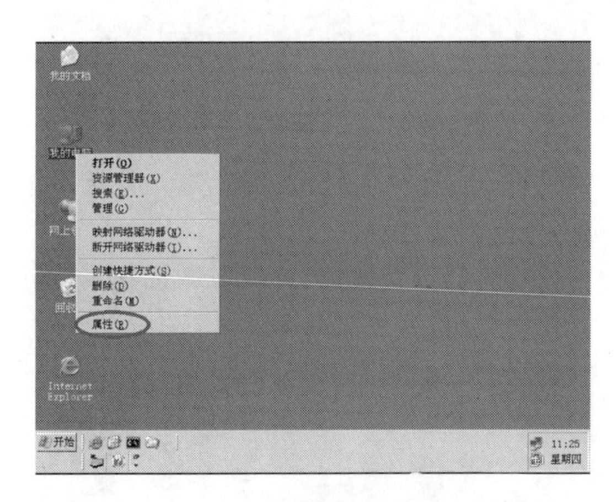

图 3-11 选择"属性"命令

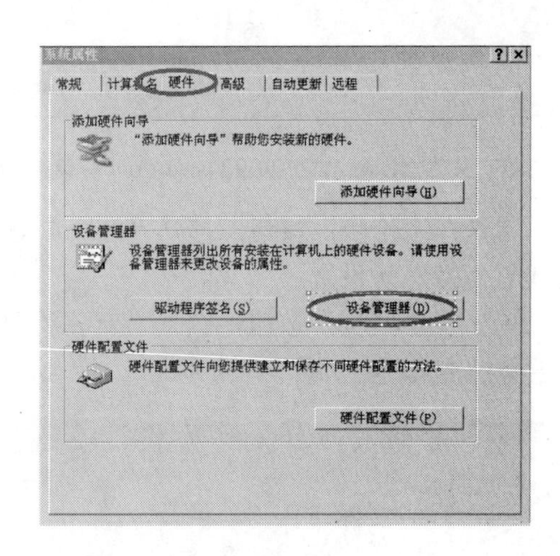

图 3-12 "系统属性"对话框

打开"设备管理器"窗口，展开"网络适配器"选项，选中网卡并右击，在弹出的快捷菜单中选择"禁用"命令，如图 3-13 所示。

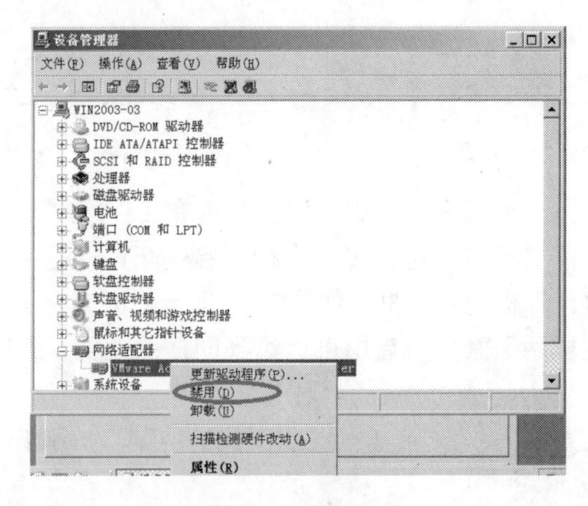

图 3-13 禁用网卡

随后在打开的警告对话框中单击“是”按钮，如图 3-14 所示。

禁用网卡后，再右击网卡，选择“启用”命令，如图 3-15 所示。

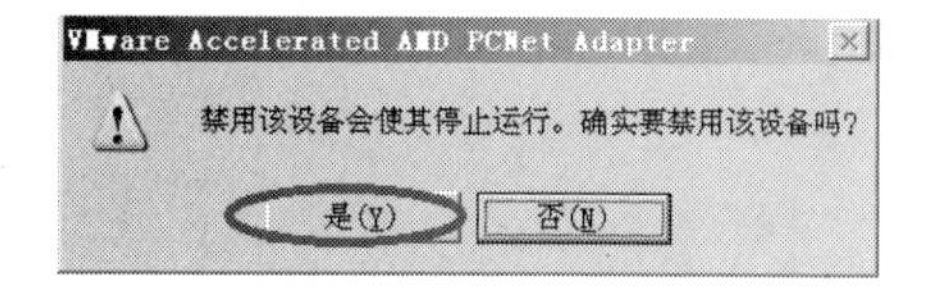

图 3-14 确认禁用网卡

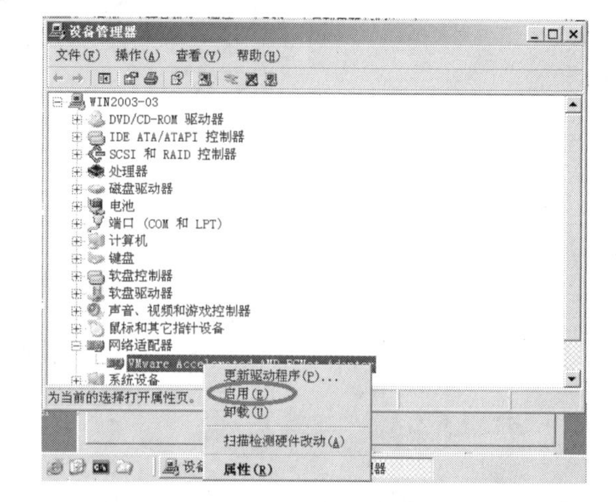

图 3-15 启用网卡

至此，IEEE 802.1x 客户端已完成安装并成功进行了设置。但由于我们采用的 IEEE 802.1x 不是 Windows 的客户端，必须要将操作系统自身的 IEEE 802.1x 客户端功能关闭。关闭操作系统的 IEEE 802.1x 客户端功能的方法为：右击“我的电脑”，在弹出的快捷菜单中选择“管理”命令，如图 3-16 所示。

图 3-16 选择“管理”命令

打开“计算机管理”窗口，依次展开“服务和应用程序”“服务”选项，如图 3-17 所示。

在右边服务列表中找到 Wireless Configuration 服务，双击打开，然后单击“停止”按钮，即可停止 IEEE 802.1x 服务，如图 3-18 所示。

此时在客户端桌面上将生成 IEEE 802.1x 快捷方式，双击打开，输入账户和密码，即可通过 IEEE 802.1x 客户端登录，如图 3-19 所示。

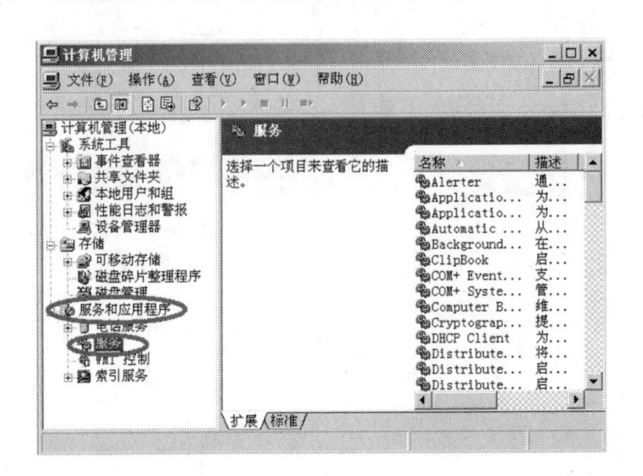

图 3-17 “服务”选项窗口

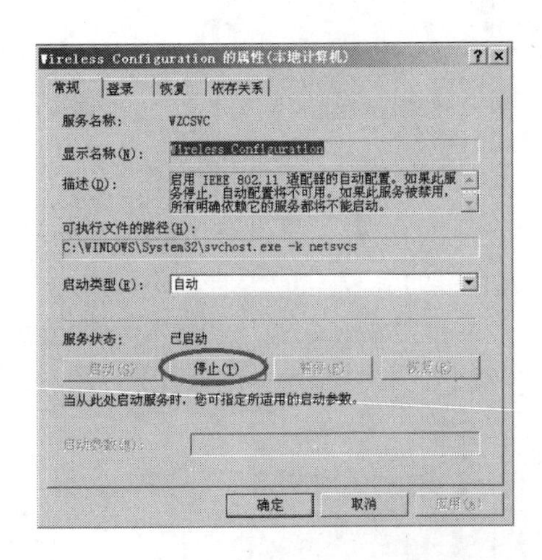

图 3-18 停止 Wireless Configuration 服务

图 3-19 IEEE 802.1x 客户端登录

② Windows 系列操作系统自身 IEEE 802.1x 客户端设置。

在默认情况下，Windows 操作系统自身已经安装并启用了 IEEE 802.1x 客户端，即上面提到的 Wireless Configuration 服务。如果没有启用，通过上面的方法，将其启动。然后在桌面上右击“网上邻居”，在弹出的快捷菜单中选择“属性”命令，如图 3-20 所示。

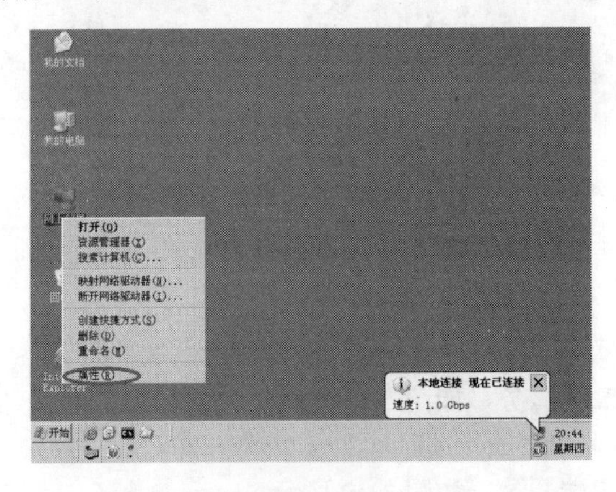

图 3-20 选择“属性”命令

打开“网络连接”窗口，右击“本地连接”选项，在随后弹出的快捷菜单中选择“属性”命令，如图3-21所示。

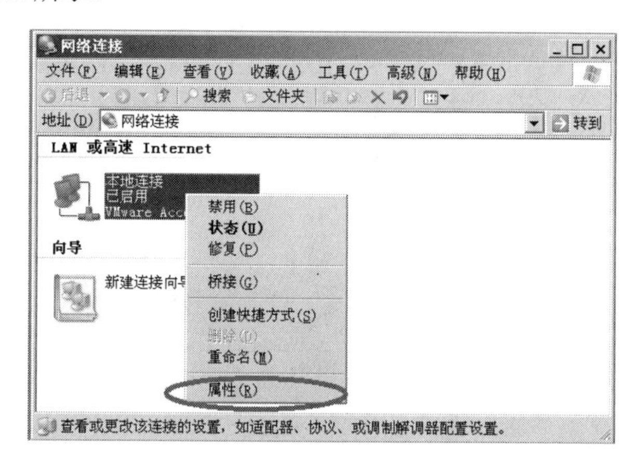

图3-21 选择“属性”命令

在“本地连接 属性”对话框中，切换到“身份验证”选项卡，如图3-22所示。

选中“为此网络启用IEEE 802.1X身份验证(E)”复选框，在“EAP类型”下拉列表框中选择“MD5-质询”选项，然后单击“确定”按钮，即可完成Windows系列操作系统自带的IEEE 802.1x客户端的设置，如图3-23所示。

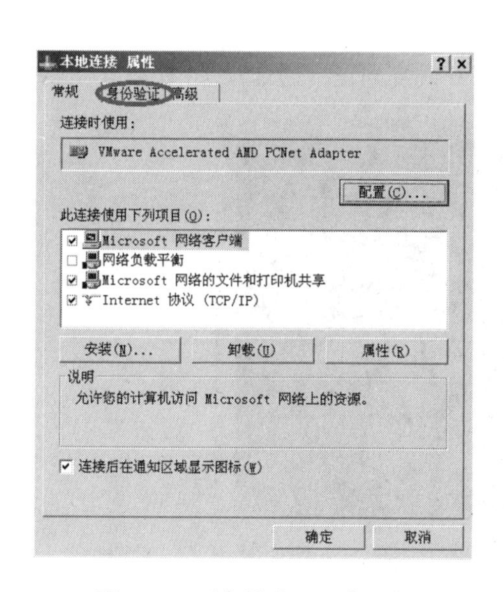

图3-22 “身份验证”选项卡

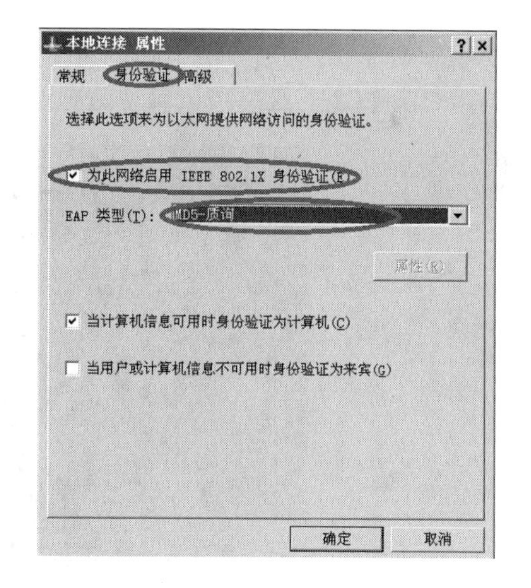

图3-23 Windows操作系统自带IEEE 802.1x客户端设置

3.1.6 任务验收

1. 设备验收

根据实训拓扑图检查验收路由器、计算机的线缆连接，检查PC1、PC2的IP地址。

2. 配置验收

查看 802.1x 配置列表：

```
[sw1]display dot1x interface Ethernet 1/0/3 to Ethernet 1/0/10
 Equipment 802.1X protocol is enabled
 CHAP authentication is enabled
 Proxy trap checker is disabled
 Proxy logoff checker is disabled
 EAD quick deploy is disabled

 Configuration: Transmit Period   30 s,  Handshake Period      15 s
             Quiet Period      60 s,  Quiet Period Timer is disabled
             Supp Timeout      30 s,  Server Timeout        100 s
                  The maximal retransmitting times    2
      EAD quick deploy configuration:
                  EAD timeout:   30 m

      The maximum 802.1X user resource number is 1024 per slot
      Total current used 802.1X resource number is 1

      Ethernet1/0/3  is link-up
        802.1X protocol is enabled
        Proxy trap checker is   disabled
        Proxy logoff checker is disabled
        Handshake is enabled
        The port is an authenticator
```

3. 功能验收

在 PC1、PC2 上通过 Ping 命令进行通信(从断开恢复到正常通信)，如图 3-24 所示。

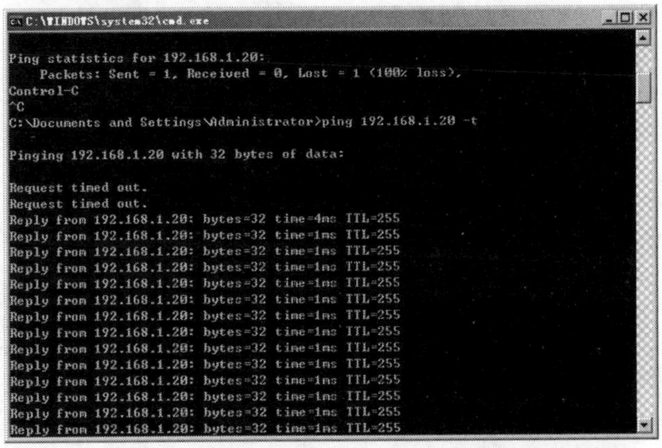

```
C:\WINDOWS\system32\cmd.exe

Ping statistics for 192.168.1.20:
    Packets: Sent = 1, Received = 0, Lost = 1 (100% loss),
Control-C
^C
C:\Documents and Settings\Administrator>ping 192.168.1.20 -t

Pinging 192.168.1.20 with 32 bytes of data:

Request timed out.
Request timed out.
Reply from 192.168.1.20: bytes=32 time=4ms TTL=255
Reply from 192.168.1.20: bytes=32 time=1ms TTL=255
Reply from 192.168.1.20: bytes=32 time=1ms TTL=255
Reply from 192.168.1.20: bytes=32 time=1ms TTL=255
Reply from 192.168.1.20: bytes=32 time=1ms TTL=255
Reply from 192.168.1.20: bytes=32 time=1ms TTL=255
Reply from 192.168.1.20: bytes=32 time=1ms TTL=255
Reply from 192.168.1.20: bytes=32 time=1ms TTL=255
Reply from 192.168.1.20: bytes=32 time=1ms TTL=255
Reply from 192.168.1.20: bytes=32 time=1ms TTL=255
Reply from 192.168.1.20: bytes=32 time=1ms TTL=255
Reply from 192.168.1.20: bytes=32 time=1ms TTL=255
Reply from 192.168.1.20: bytes=32 time=1ms TTL=255
Reply from 192.168.1.20: bytes=32 time=1ms TTL=255
```

图 3-24　在 PC1、PC2 上通过 Ping 命令进行通信

3.1.7　任务总结

针对某公司办公区网络改造任务的内容和目标，根据需求分析进行了实训的规划和实施，通过本任务进行了交换机的 IEEE 802.1x 配置。通过 IEEE 802.1x 进行验证可以实现只有合法用户登录网络，而非法用户被拒之门外，从而提高了网络的安全性，也方便了网络管理。

3.2 任务 2：公司局域网端口隔离

3.2.1 局域网端口隔离任务描述

某公司有普通办公区和技术部两个部门，构建了自己的内部企业网，每位员工都有一台办公电脑，主机规模近 100 台，内部可以实现通信。为了办公需要，公司在技术部部署了一台 FTP 服务器，实现公司内部的资源共享。从网络安全与管理的角度考虑，网络管理员希望内部普通办公区员工的主机之间不能相互通信，但员工电脑均可正常访问公司的 FTP 服务器。请你规划并实施网络。该公司的组织结构如图 3-25 所示。

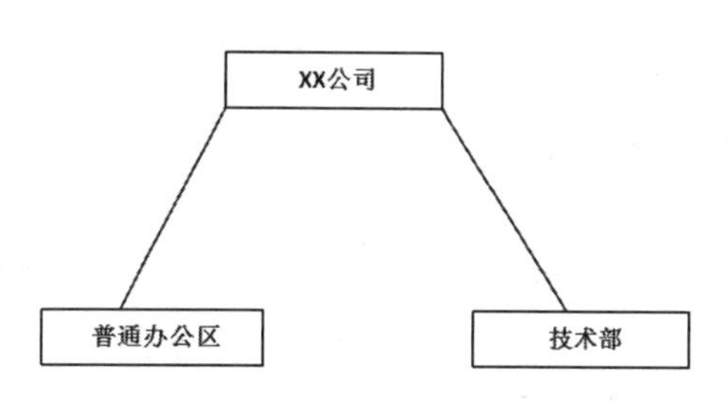

图 3-25 公司的组织结构

3.2.2 局域网端口隔离任务目标和目的

1. 任务目标

针对该公司的网络需求，通过局域网端口隔离技术，实现对局域网内部主机之间通信的相互隔离。

2. 任务目的

通过本任务进行交换机的端口隔离配置，以帮助读者在深入了解交换机的基础上，能够利用端口隔离技术提高网络性能和数据转发安全性，并具备灵活运用的能力。

3.2.3 局域网端口隔离任务需求与分析

1. 任务需求

公司在内部部署了一台 FTP 服务器，实现公司内部的资源共享。从网络安全与管理的角度考虑，网络管理员希望普通办公区员工主机之间不能相互通信，但员工电脑均可正常访问公司的 FTP 服务器。部门与计算机、服务器对应数量，如表 3-4 所示。

表 3-4 部门与计算机、服务器对应表

部　门	计算机数量	部　门	服务器数量
普通办公区	100	技术部	1

根据任务需求和需求分析，组建公司的网络结构，如图 3-26 所示。

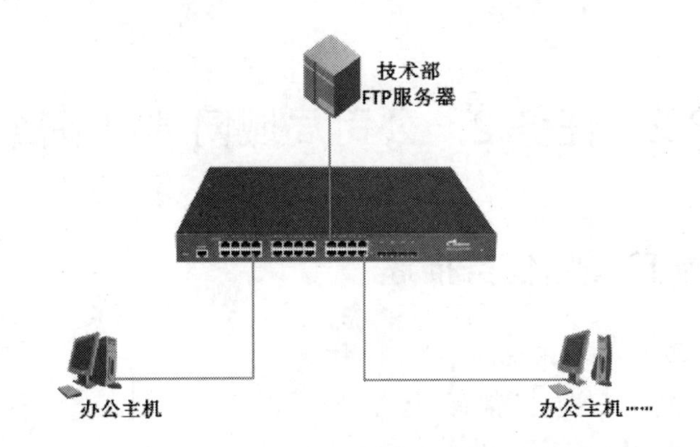

图 3-26　公司的网络结构

2. 需求分析

需求 1：从安全和可管理的角度考虑，普通办公区的电脑之间不能相互通信。

分析 1：通过交换机端口隔离技术，实现普通办公区主机之间通信的隔离。

需求 2：普通办公区的员工主机均可正常访问技术部的 FTP 服务器。

分析 2：通过端口隔离的 uplink 端口技术，实现普通办公区的员工主机均可访问技术部的 FTP 服务器。

3.2.4　端口隔离知识链接

1. 端口隔离的基本概念

端口隔离是为了实现报文之间的二层隔离，以提升网络安全性。一般而言，要实现二层报文隔离人们首先想到的是 VLAN 技术，即可以将不同的端口加入不同的 VLAN，如图 3-27 所示。

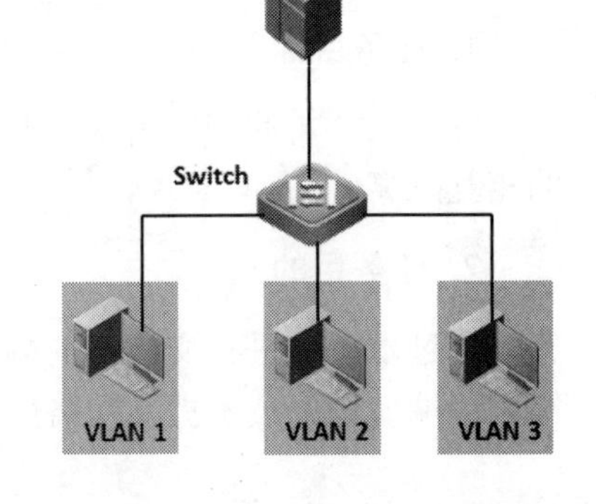

图 3-27　采用 VLAN 技术实现二层报文隔离

但采用 VLAN 技术实现二层报文隔离，将带来以下两个严重问题。

1)　浪费有限的 VLAN 资源

从理论上讲，VLAN ID 的编号可以从 1～4095，但一般而言，一台二层交换机一般可以划分 255 个 VLAN。如果采用 VLAN 技术实现二层报文隔离，需要为每台主机都规划一个 VLAN，这严重浪费了有限的 VLAN ID 资源，并且当网络规模较大时(主机数超过 255)，VLAN 技术就显得无能为力了。

2)　导致 VLAN 数过多，浪费大量的三层接口，导致管理不便

一般而言，二层有多少个 VLAN，三层就需要与之对应地提供多少个三层接口(当然，也可以采用其他一些技术，比如 super vlan 等技术解决)。如果采用 VLAN 隔离二层报文，将导致二层 VLAN 数量急剧增加，也会导致三层接口严重浪费，给网络管理带来诸多不便。

综上所述，采用传统 VLAN 技术实现二层报文隔离，不是最佳选择。

采用端口隔离特性，可以实现同一 VLAN 内端口之间的隔离。用户只需要将端口加入

隔离组中，就可以实现隔离组内端口之间二层数据的隔离。端口隔离功能为用户提供了更安全、更灵活的组网方案。

2. 端口隔离的原理

实现同一 VLAN 内端口之间的隔离，隔离组内的主机之间无法通信，因此更安全、灵活和方便。交换机的所有端口属于一个隔离组，隔离组内的端口类型划分为以下两种。

1) 普通端口

普通端口被二层隔离，连接在普通端口下的主机之间是无法相互通信的，通信被隔离。

2) 上行端口(uplink 端口)

上行端口可以和所有普通端口进行通信。

如图 3-28 所示为端口隔离典型应用案例。在隔离组(Port-isolate Group)内的主机之间不能通信，但它们均可以和连接在上行端口(Uplink-port)之下的服务器进行通信。

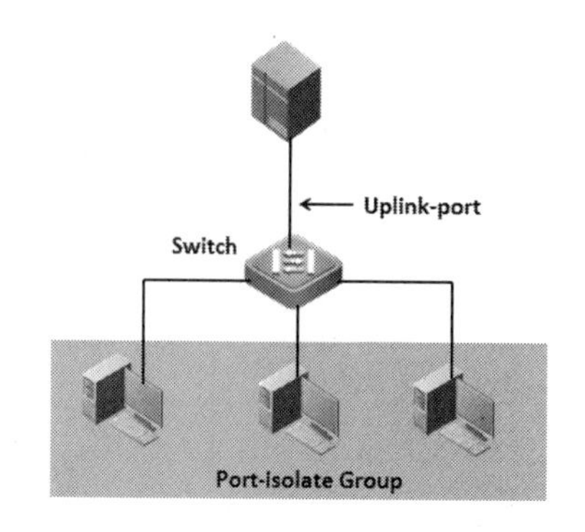

图 3-28　端口隔离典型应用案例

3. 配置命令

H3C 系列和 Cisco 系列交换机上配置端口隔离协议的相关命令如表 3-5 所示。

表 3-5　端口隔离配置命令

功　能	H3C 系列设备		Cisco 系列设备	
	配置视图	基本命令	配置模式	基本命令
创建端口隔离组	系统视图	[H3C]port-isolate group 1		
将端口加入隔离组	具体视图	[H3C-Ethernet1/0/2]port-isolate enable	具体配置模式	[Cisco-Ethernet1/0/2] port isolate
设置 uplink 端口	具体视图	[H3C-Ethernet1/0/24]port-isolate uplink-port	具体配置模式	Cisco(config-if)#switchport mode trunk

3.2.5　端口隔离任务实施

1. 实施规划

1) 实训拓扑结构

根据任务的需求与分析，实训的拓扑结构及网络参数如图 3-29 所示，以 PC1、PC2 模拟公司普通办公区的员工电脑，PC3 模拟公司的文件(FTP)服务器。

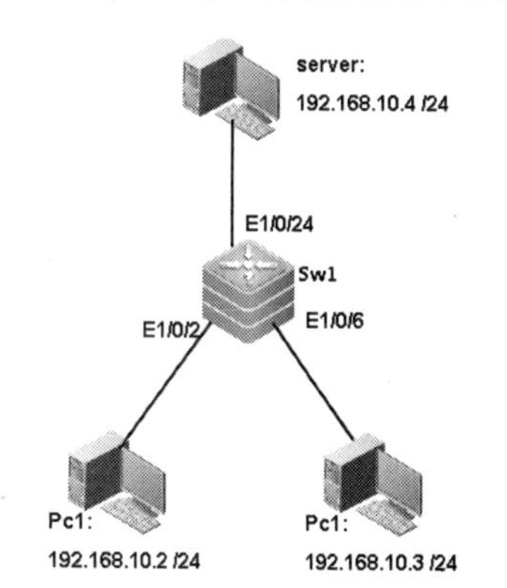

图 3-29　实训的拓扑结构及网络参数

2) 实训设备

根据任务的需求和实训拓扑，每个实训小组的实训设备配置清单如表 3-6 所示。

表 3-6 实训设备配置清单

设备类型	设备型号	数 量
交换机	S3610-28TP	1
计算机	Windows 2003/Windows 7	3
双绞线	RJ-45	若干

3) IP 地址规划

根据需求分析本任务的 IP 地址规划，如表 3-7 所示。

表 3-7 IP 地址规划

设 备	接 口	IP 地址	网 关
PC1		192.168.10.2/24	
PC2		192.168.10.3/24	
Server		192.168.10.4/24	

2. 实施步骤

任务实施的步骤如下。

(1) 根据实训拓扑图进行交换机、计算机的线缆连接，配置 PC1、PC2、PC3 的 IP 地址。

(2) 使用计算机 Windows 操作系统的“超级终端”组件程序通过串口连接到交换机的配置界面，其中超级终端串口的属性设置还原为默认值(每秒位数 9600、数据位 8、奇偶校验无、数据流控制无)。

(3) 超级终端登录路由器，进行任务的相关配置。

(4) Sw 1 主要配置清单如下。

```
一、初始化配置
<H3C>system-view
[H3C]sysname  sw1
二、配置端口隔离
1. 将端口加入隔离组
[sw1]interface  Ethernet  1/0/2
[sw1-Ethernet1/0/2]port-isolate enable              /*将端口加入隔离组
[sw1]interface  Ethernet  1/0/6
[sw1-Ethernet1/0/6]port-isolate enable
2. 设置上联端口为 uplink
[sw1-Ethernet1/0/2]quit
[sw1]interface  Ethernet  1/0/24
[sw1-Ethernet1/0/24]port-isolate  uplink-port    /*将端口设置为 uplink 类型
```

3.2.6 端口隔离任务验收

1. 设备验收

根据实训拓扑图检查验收路由器、计算机的线缆连接，检查 PC1、PC2、Server 的 IP

地址。

2. 配置验收

查看端口隔离配置信息：

```
<sw1>display isolate  port           /*查看隔离组中的端口
Isolated port(s) on UNIT 1:
Ethernet1/0/2, Ethernet1/0/6, Ethernet1/0/24
```

3. 功能验收

1) 隔离组内主机通信测试

在隔离组内，在 PC1 上运行 Ping 命令，测试其与 PC2 的通信情况，显示为无法通信，如图 3-30 所示。

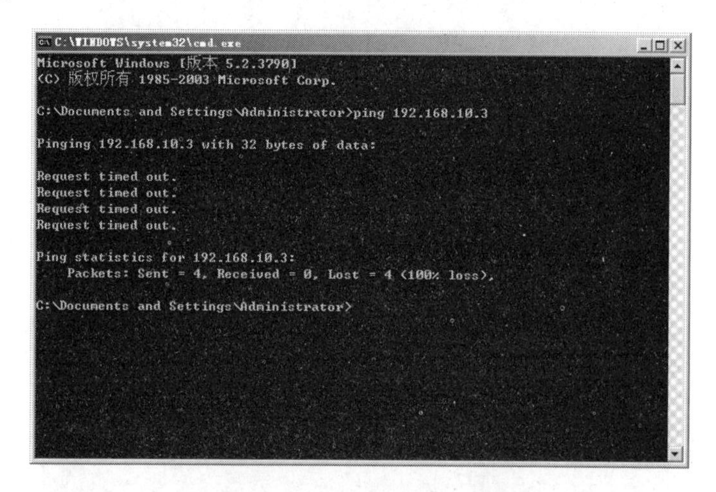

图 3-30 PC1 与 PC2 无法通信

同样在隔离组内，在 PC2 上运行 Ping 命令，测试其与 PC1 的通信情况，显示为无法通信，如图 3-31 所示。

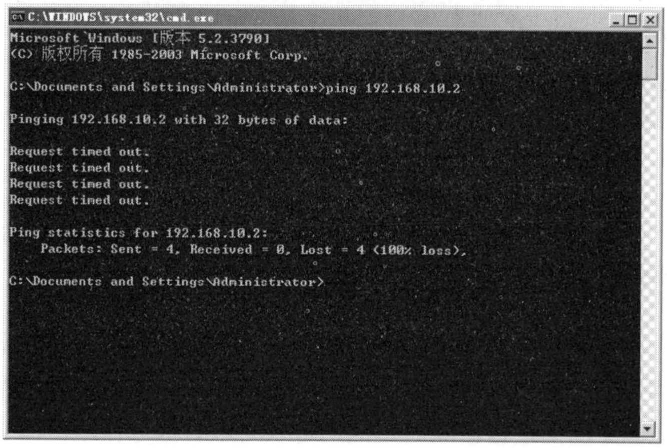

```
C:\WINDOWS\system32\cmd.exe
Microsoft Windows [版本 5.2.3790]
(C) 版权所有 1985-2003 Microsoft Corp.

C:\Documents and Settings\Administrator>ping 192.168.10.2

Pinging 192.168.10.2 with 32 bytes of data:

Request timed out.
Request timed out.
Request timed out.
Request timed out.

Ping statistics for 192.168.10.2:
    Packets: Sent = 4, Received = 0, Lost = 4 (100% loss),

C:\Documents and Settings\Administrator>
```

图 3-31 PC2 与 PC1 无法通信

2) 隔离组内主机与 Uplink 端口服务器通信测试

在隔离组内的 PC1 上运行 Ping 命令，测试其与 Uplink 端口的 Server 之间的通信情况，显示为连通状态，如图 3-32 所示。

```
C:\WINDOWS\system32\cmd.exe
Microsoft Windows [版本 5.2.3790]
(C) 版权所有 1985-2003 Microsoft Corp.

C:\Documents and Settings\Administrator>ping 192.168.10.4

Pinging 192.168.10.4 with 32 bytes of data:

Reply from 192.168.10.4: bytes=32 time<1ms TTL=64
Reply from 192.168.10.4: bytes=32 time<1ms TTL=64
Reply from 192.168.10.4: bytes=32 time<1ms TTL=64

Ping statistics for 192.168.10.4:
    Packets: Sent = 3, Received = 3, Lost = 0 (0% loss),
Approximate round trip times in milli-seconds:
    Minimum = 0ms, Maximum = 0ms, Average = 0ms
Control-C
^C
C:\Documents and Settings\Administrator>
```

图 3-32　PC1 与 Server 之间处于连通状态

在隔离组内的 PC2 上运行 Ping 命令，测试其与 Uplink 端口的 Server 之间的通信情况，显示为连通状态，如图 3-33 所示。

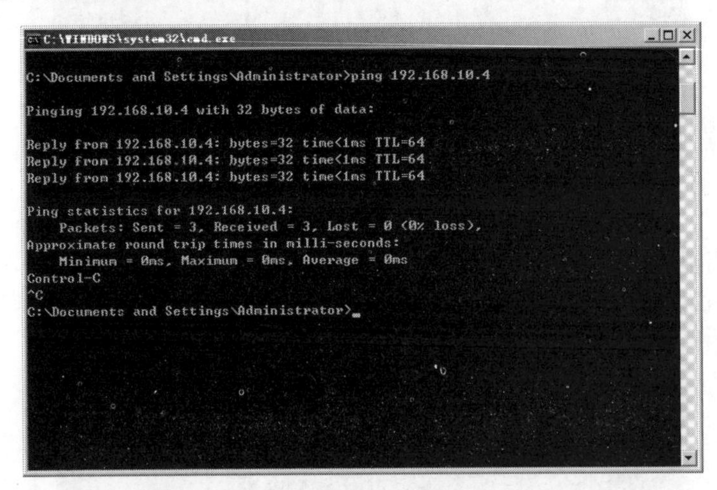

图 3-33　PC2 与 Server 之间处于连通状态

3.2.7　端口隔离任务总结

针对某公司办公区网络改造任务的内容和目标，根据需求分析进行了实训的规划和实施，通过本任务进行了交换机的端口隔离技术配置交换机的服务。通过端口隔离技术，使公司普通办公区电脑之间的通信被隔离，但均可以与服务器进行通信，实现了资源共享，提高了网络的安全性，也方便了网络管理员进行网络管理。

3.3　任务 3：公司局域网端口绑定

3.3.1　局域网端口绑定任务描述

某公司构建自己的内部企业网，每个员工都有一台办公电脑，主机规模近 100 台，内部可以实现通信和资源共享。公司的网络管理员为了方便管理网络，并提高网络安全性，希望公司中的每一个员工都分配固定的 IP 地址和固定的位置。一旦员工擅自修改电脑的位置和 IP 地址，将不能上网，也不能与内部员工进行通信，以方便网络工程师管理和维护公司网络，同时提高网络的安全性和可靠性。请你规划并实施网络。

3.3.2　局域网端口绑定任务目标与目的

1. 任务目标

针对该公司的网络需求，进行网络规划设计，通过端口绑定技术实现对接入网络的用户主机进行 IP 地址、接入端口等参数的绑定，降低网络用户的自由度。一旦员工擅自修改电脑的位置和 IP 地址，将不能上网，也不能与内部员工进行通信，以方便网络工程师管理和维护公司网络，同时提高网络的安全性和可靠性。

2. 任务目的

通过本任务进行交换机的端口绑定配置，以帮助读者在深入了解交换机的基础上，具备利用端口绑定技术实现网络用户绑定，降低网络用户的自由度，提高网络安全性，方便网络管理的能力。

3.3.3　局域网端口绑定任务需求与分析

1. 任务需求

某公司构建了自己的内部网络，主机规模近 100 台。从网络安全和方便管理的角度考虑，网络工程师为每位员工分配了固定的 IP 地址，要求员工只能在自己的电脑上使用指定的 IP 地址才能够接入网络，一旦修改了 IP 地址，或者将 IP 地址借用给其他员工将无法接入网络。

2. 需求分析

需求 1：公司的每台电脑只能使用指定的 IP 地址才能上网，一旦修改了地址，或把 IP 地址借给其他员工使用，都无法上网。

分析 1：通过端口绑定技术对网络用户进行严格控制，降低其自由度，实现每个网络用户只能使用自己的 PC 及固定的 IP 地址才能接入公司网络，从而提高网络的安全性，也方便网络管理员对网络进行管理和控制。

根据任务需求和需求分析，组建公司办公区的网络结构，如图 3-34 所示。

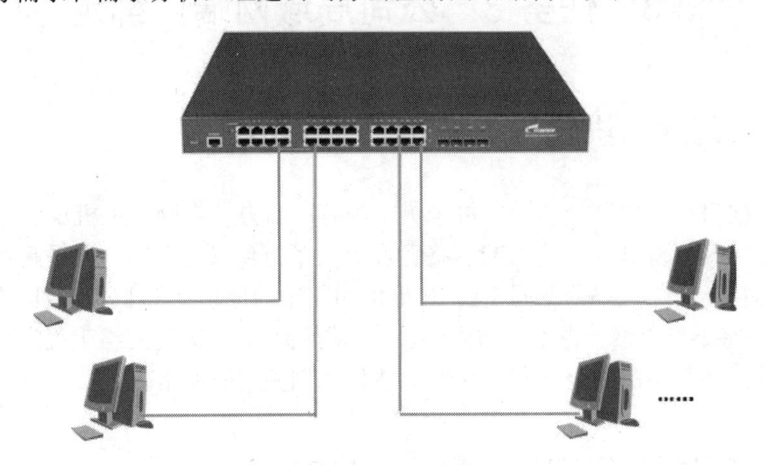

图 3-34　公司办公区的网络结构

3.3.4　端口绑定知识链接

1. 端口绑定的基本概念

端口绑定技术，即将主机 MAC 地址、主机 IP 地址和交换机的端口等三个要素进行绑定，实现对设备转发报文进行过滤，提高安全性。通俗地讲，交换机的端口绑定，就是把交换机的某一个端口和下面所连接的电脑的 MAC 地址绑定，这样即使有别的电脑偷偷地连接到这个端口也是不能使用的，或者是用户私自更改 IP 地址也无法接入网络。

2. 端口绑定实现原理

端口绑定技术一般是网络工程师通过手工方式在交换机内部配置“MAC+IP+端口”的绑定表。交换机收到报文后，检测报文源 MAC、源 IP 地址与交换机内部的绑定表是否一致。如果一致，交换机的端口将转发该报文；如果不一致，交换机的端口将丢弃该报文。端口绑定实现原理如图 3-35 所示。

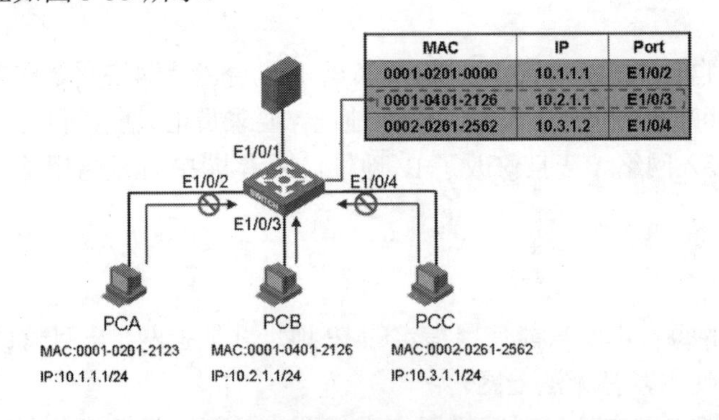

图 3-35　端口绑定实现原理

如图 3-35 所示，在交换机内部已经通过手工方式生成了一个“MAC+IP+端口”的绑定表。交换机检测每个端口收到的报文的源 MAC 地址、源 IP 地址等参数。检测结果分析如下。

1) E1/0/2 端口

从 E1/0/2 端口收到的报文，交换机检测其源 MAC 地址、源 IP 地址，发现虽然源 IP 地址与该端口绑定的 IP 地址一致，但源 MAC 地址与该端口绑定的 MAC 地址不一致。因此，交换机将丢弃该报文，即 PCA 不能接入网络。

2) E1/0/3 端口

从 E1/0/3 端口收到的报文，交换机检测其源 MAC 地址、源 IP 地址，发现两者均和该端口绑定的 MAC 地址、IP 地址一致。因此，交换机将转发该报文，即 PCB 被允许接入网络。

3) E1/0/4 端口

从 E1/0/4 端口收到的报文，交换机检测其源 MAC 地址、源 IP 地址，发现虽然源 MAC 地址与该端口绑定的 MAC 地址一致，但源 IP 地址与该端口绑定的 IP 地址不一致。因此，交换机将丢弃该报文，即 PCC 被拒绝接入网络。

3. 端口绑定配置命令

H3C 系列和 Cisco 系列交换机上配置端口绑定协议的相关命令如表 3-8 所示。

表 3-8 端口绑定配置命令

功　能	H3C 系列设备		Cisco 系列设备	
	配置视图	基本命令	配置模式	基本命令
配置端口安全模式	系统视图		具体配置模式	Switch(config-if)#switchport port-security
端口绑定	具体视图	[sw1-Ethernet1/0/2]user-bind ip-address 192.168.10.2 mac-address E069-9529-ED5D	具体配置模式	Switch(config-if)#switchport port-security mac-address E069.9529.ED5D

3.3.5 端口绑定任务实施

1. 实施规划

1) 实训拓扑结构

根据任务的需求与分析，端口绑定实训的拓扑结构及网络参数如图 3-36 所示，以 PC1、PC2 模拟公司的员工电脑。

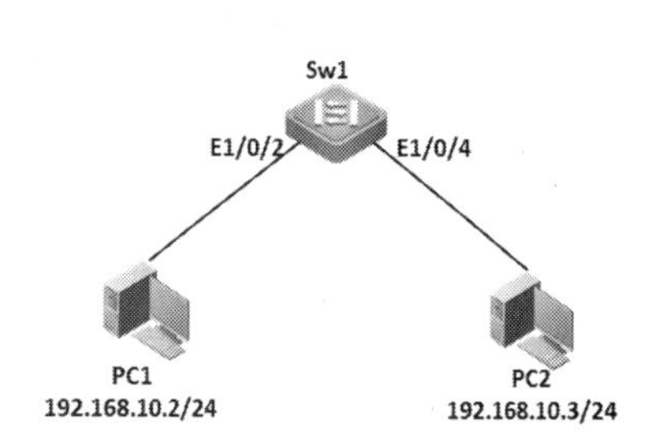

图 3-36 端口绑定实训的拓扑结构及网络参数

2) 实训设备

根据任务的需求和实训拓扑，每个实训小组的实训设备配置清单如表 3-9 所示。

表 3-9　实训设备配置清单

设备类型	设备型号	数　量
交换机	H3C S3610-28TP	1
计算机	Windows 2003/Windows 7	2
双绞线	RJ-45	若干

3)　IP 地址规划

根据需求分析本任务的 IP 地址规划及每台主机的 MAC 地址，如表 3-10 所示。

表 3-10　IP 地址规划及每台主机的 MAC 地址

设　备	接　口	IP 地址	MAC 地址
PC1		192.168.10.2/24	E069-9529-ED5D
PC2		192.168.10.3/24	7071-BCF7-AE97

2. 实施步骤

任务的实施步骤如下。

(1)　根据实训拓扑图进行交换机、计算机的线缆连接，配置 PC1、PC2 的 IP 地址。

(2)　使用计算机 Windows 操作系统的“超级终端”组件程序通过串口连接到交换机的配置界面，其中超级终端串口的属性设置还原为默认值(每秒位数 9600、数据位 8、奇偶校验无、数据流控制无)。

(3)　超级终端登录路由器，进行任务的相关配置。

(4)　Sw 1 主要配置清单如下。

```
一、初始化配置
<H3C>system-view
[H3C]sysname sw1
二、端口绑定配置
[sw1]interface Ethernet 1/0/2
[sw1-Ethernet1/0/2]user-bind ip-address 192.168.10.2 mac-address E069-9529-ED5D
[sw1-Ethernet1/0/2]quit
[sw1]interface   Ethernet   1/0/4
[sw1-Ethernet1/0/4]user-bind ip-address 192.168.10.3 mac-address 7071-bcf7-ae97
```

3.3.6　端口绑定任务验收

1. 设备验收

根据实训拓扑图检查验收路由器、计算机的线缆连接，检查 PC1、PC2 的 IP 地址。

2. 配置验收

查看端口绑定配置列表：

```
<H3C> display am user-bind
Following User address bind have been configured:
Mac IP Port
00e0-fc00-5101 10.153.1.1 Ethernet1/0/2
00e0-fc00-5102 10.153.1.2 Ethernet1/0/4
Unit 1:Total 2 found, 2 listed.
Total: 2 found.
```

3. 功能验收

在 PC1 上通过 Ping 命令与 PC2 通信，二者处于通信状态。如果任意更改一台主机的 IP 地址，通信状态则变为断开，如图 3-37 所示。

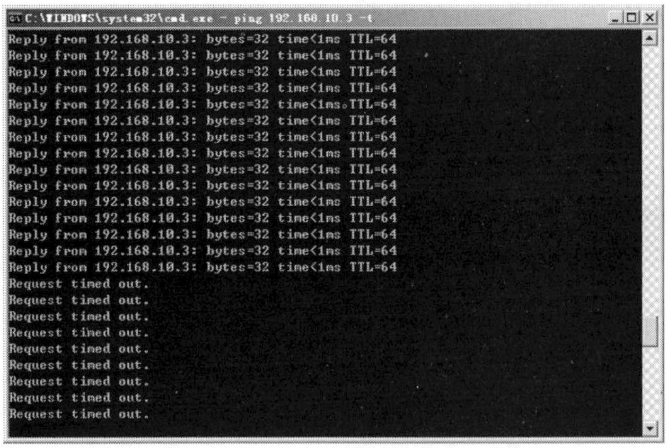

```
C:\WINDOWS\system32\cmd.exe - ping 192.168.10.3 -t
Reply from 192.168.10.3: bytes=32 time<1ms TTL=64
Reply from 192.168.10.3: bytes=32 time<1ms TTL=64
Reply from 192.168.10.3: bytes=32 time<1ms TTL=64
Reply from 192.168.10.3: bytes=32 time<1ms TTL=64
Reply from 192.168.10.3: bytes=32 time<1ms TTL=64
Reply from 192.168.10.3: bytes=32 time<1ms TTL=64
Reply from 192.168.10.3: bytes=32 time<1ms TTL=64
Reply from 192.168.10.3: bytes=32 time<1ms TTL=64
Reply from 192.168.10.3: bytes=32 time<1ms TTL=64
Reply from 192.168.10.3: bytes=32 time<1ms TTL=64
Reply from 192.168.10.3: bytes=32 time<1ms TTL=64
Reply from 192.168.10.3: bytes=32 time<1ms TTL=64
Reply from 192.168.10.3: bytes=32 time<1ms TTL=64
Reply from 192.168.10.3: bytes=32 time<1ms TTL=64
Reply from 192.168.10.3: bytes=32 time<1ms TTL=64
Request timed out.
Request timed out.
Request timed out.
Request timed out.
Request timed out.
Request timed out.
Request timed out.
Request timed out.
Request timed out.
```

图 3-37 修改 IP 地址前后的网络测试对比

在 PC2 上通过 Ping 命令与 PC1 通信，二者处于通信状态，如果任意更改一台主机所连的交换机的端口，通信状态则变为断开，如图 3-38 所示。

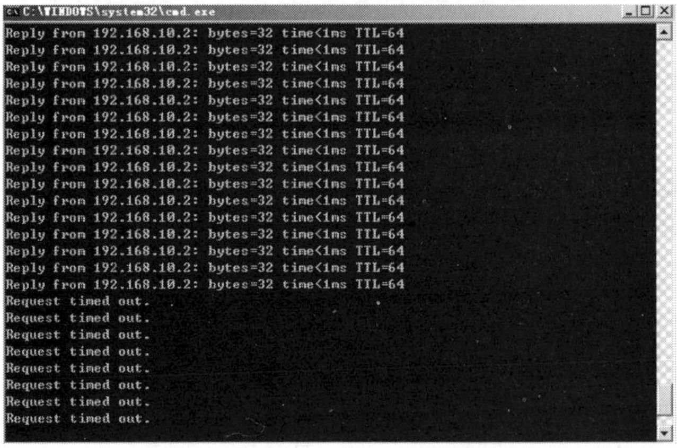

```
C:\WINDOWS\system32\cmd.exe
Reply from 192.168.10.2: bytes=32 time<1ms TTL=64
Reply from 192.168.10.2: bytes=32 time<1ms TTL=64
Reply from 192.168.10.2: bytes=32 time<1ms TTL=64
Reply from 192.168.10.2: bytes=32 time<1ms TTL=64
Reply from 192.168.10.2: bytes=32 time<1ms TTL=64
Reply from 192.168.10.2: bytes=32 time<1ms TTL=64
Reply from 192.168.10.2: bytes=32 time<1ms TTL=64
Reply from 192.168.10.2: bytes=32 time<1ms TTL=64
Reply from 192.168.10.2: bytes=32 time<1ms TTL=64
Reply from 192.168.10.2: bytes=32 time<1ms TTL=64
Reply from 192.168.10.2: bytes=32 time<1ms TTL=64
Reply from 192.168.10.2: bytes=32 time<1ms TTL=64
Reply from 192.168.10.2: bytes=32 time<1ms TTL=64
Reply from 192.168.10.2: bytes=32 time<1ms TTL=64
Reply from 192.168.10.2: bytes=32 time<1ms TTL=64
Reply from 192.168.10.2: bytes=32 time<1ms TTL=64
Request timed out.
Request timed out.
Request timed out.
Request timed out.
Request timed out.
Request timed out.
Request timed out.
Request timed out.
```

图 3-38 修改主机所连交换机端口前后的网络测试对比

3.3.7 端口绑定任务总结

针对某公司办公区网络改造任务的内容和目标，根据需求分析进行了实训的规划和实施，通过本任务进行了交换机的端口绑定技术配置。通过端口绑定技术，使得一旦员工擅自修改自己计算机的位置或IP地址，将不能上网，也不能与内部员工进行通信。可以最大程度降低网络用户的自由度，方便网络工程师进行网络管理和维护，在一定程度上也提高了网络的安全性和可靠性。

3.4　任务4：企业网IP地址安全管理

3.4.1　IP地址安全管理任务描述

某公司采用当前主流的交换技术，构建了自己的内部企业网，每位员工都有一台办公计算机，主机规模近100台，内部可以实现通信和资源共享。为了方便网络管理，公司网络工程师希望能通过自动方式为网络中的主机分配IP地址，并提供一定的安全保障机制。请规划并实施网络。

3.4.2　IP地址安全管理任务目标和目的

1. 任务目标

针对该公司的网络需求，进行网络规划设计，通过DHCP、DHCP Snooping等技术为该公司提供安全的IP地址管理手段。

2. 任务目的

通过本任务进行DHCP、DHCP Snooping的配置，以帮助读者在深入了解服务器DHCP、交换机DHCP Snooping配置的基础上，能够利用DHCP、DHCP Snooping等技术管理公司网络的IP地址，在方便网络管理的同时也提高网络的安全性，并具备灵活运用的能力。

3.4.3　IP地址安全管理任务需求与分析

1. 任务需求

某公司采用当前主流的交换技术，构建了自己的内部企业网，每个员工都有一台办公计算机，主机规模近100台。从安全和方便管理的角度考虑，网络管理员希望能为公司网络提供安全的IP地址分配和管理手段。即希望公司网络既能实现自动的IP地址分配管理，又能杜绝自动分配IP地址安全性薄弱的问题，具备较好的安全性。

2. 需求分析

需求1：公司网络具备IP地址的自动分配和管理功能，以提高网络管理效率，降低网络管理员的工作负担。

分析1：通过DHCP协议实现IP地址的自动分配和管理。即在网络中部署一台DHCP

服务器，控制整个公司网络的 IP 地址资源，只要网络中的主机开机，即可自动从 DHCP 服务器租赁一个地址。

需求 2：要求公司网络自动分配和管理 IP 地址具备较好的安全性。

分析 2：DHCP 协议虽然实现了 IP 地址的自动分配和管理，提高了管理效率，但本身缺乏身份验证机制，无法识别合法和非法的 DHCP 报文，因此安全性较差。采用 DHCP Snooping 可以有效识别网络中合法和非法的 DHCP 报文，保证网络中的主机只会从合法的 DHCP 服务器租赁 IP 地址，从而保证了网络 IP 地址的安全。

根据任务需求和需求分析，组建公司办公区的网络结构，如图 3-39 所示。

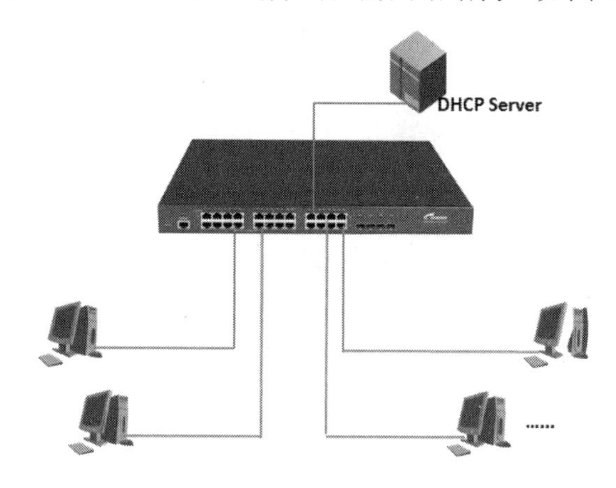

图 3-39　公司办公区的网络结构

3.4.4　知识链接

1. DHCP 协议

1)　DHCP 基本概念

DHCP(Dynamic Host Configuration Protocol，动态主机配置协议)，是 TCP/IP 协议簇中的一种，主要用于网络中的主机请求 IP 地址、默认网关、DNS 服务器地址并将其分配给主机的协议。DHCP 是一种 C/S 协议，该协议简化了客户机 IP 地址的配置和管理工作以及其他 TCP/IP 参数的分配。网络中的 DHCP 服务器为运行 DHCP 的客户机自动分配 IP 地址和与 TCP/IP 相关的网络配置信息。

在较大型的本地网络中，或者在用户经常变更的网络中，可以使用 DHCP 为用户计算机提供 IP 地址。与由网络管理员为每台工作站手工分配 IP 地址的做法相比，采用 DHCP 自动分配 IP 地址的方法更有效。DHCP 协议允许主机在连入网络时动态获取 IP 地址。主机连入网络时，联系 DHCP 服务器并请求 IP 地址。DHCP 服务器从已配置地址范围(也称为“地址池”)中选择一条地址，并将其临时“租”给主机一段时间。DHCP 的工作模型如图 3-40 所示。

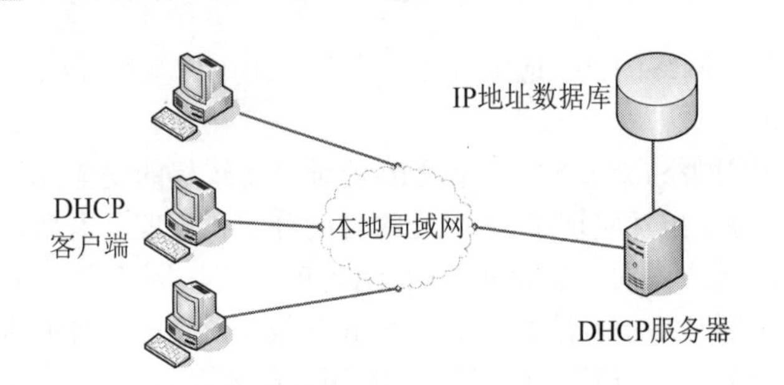

图 3-40 DHCP 的工作模型

2) DHCP 的优点

DHCP 具有如下优点。

(1) 减少错误。可以减少手工配置 IP 地址导致的错误，例如将已分配的 IP 地址再次分配给另一设备引起的地址冲突。

(2) 减少网络管理。TCP/IP 配置是集中化和自动完成的，不需要手工配置，可以集中定义全局和特定子网的 TCP/IP 配置。大部分路由器能转发 DHCP 配置请求，这就可以避免在每个子网设置 DHCP 服务器。客户机配置的地址必须经常更新，而 DHCP 能高效且自动地进行配置。

3) DHCP 系统的构成

一个完整的 DHCP 系统由三大要素构成：DHCP 客户端、DHCP 服务器和 DHCP 中继代理。DHCP 系统的构成如图 3-41 所示。

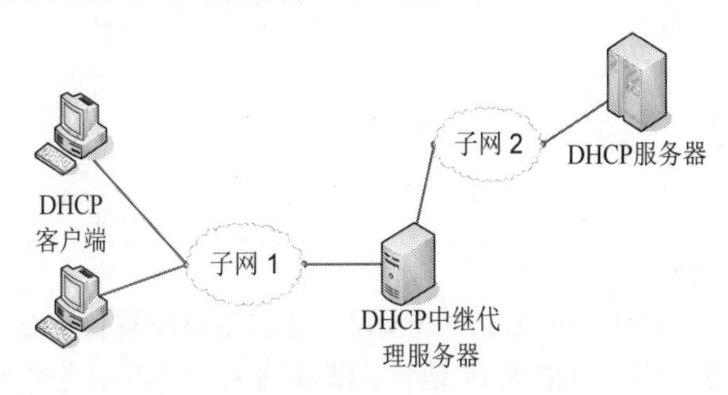

图 3-41 DHCP 系统的构成

(1) DHCP 客户端。DHCP 客户端通过 DHCP 来获得网络 IP 配置参数。在一个网络中，一台 PC 只要将 IP 地址的设置方式设置为“自动获取 IP 参数”，该台 PC 就是一台 DHCP 客户端。

(2) DHCP 服务器。DHCP 服务器提供网络设置参数给 DHCP 客户。DHCP 服务器往往控制了整个网络中的 IP 地址资源，它本质上是一个 IP 地址数据库，存储当前网络中可以分配的所有 IP 地址资源。整个网络 IP 地址的管理、分配、维护等工作就由 DHCP 服务器承担。

(3) DHCP 中继代理。一般是在 DHCP 客户和服务器之间转发 DHCP 消息的主机或路由器。只有 DHCP 客户端和 DHCP 服务器，只能实现同一网段内部的 IP 地址分配，而现实中的网络往往被划分为若干个逻辑网段，要想实现跨网段的 IP 地址分配，就需要 DHCP 中继代理的支持。

4) DHCP 的工作原理

随着网络规模的不断扩大和网络复杂度的提高，计算机的数量经常超过可供分配的 IP 地址数量。同时随着便携机及无线网络的广泛使用，计算机的位置经常变化，相应的 IP 地址也必须经常更新，从而导致网络配置越来越复杂。DHCP 就是为解决这些问题而发展起来的。

DHCP 是基于“客户/服务器”模式的，由一台指定的主机分配网络地址、传送网络配置参数给需要的网络设备或主机。提供 DHCP 服务的主机一般称为 DHCP 服务器(DHCP Server)，接收信息的主机称为 DHCP 客户端(DHCP Client)。同时，DHCP 还为客户端提供了一种可从与客户机位于不同子网的服务器获取信息的机制，称为 DHCP 中继代理(DHCP Relay)功能。

> **提示：** 服务器版操作系统、三层交换机、路由器都可作为 DHCP 服务器提供 DHCP 服务。

为了获取并使用一个合法的动态 IP 地址，在不同的阶段，DHCP 客户端需要与服务器之间交互不同的信息。以客户端第一次登录网络，通过 DHCP 获取 IP 地址为例，客户端与服务器的交互包括四个阶段，如图 3-42 所示。在 DHCP 的工作过程中，客户端与服务器之间通过 DHCP 报文的交互进行地址或其他配置信息的请求和确认。

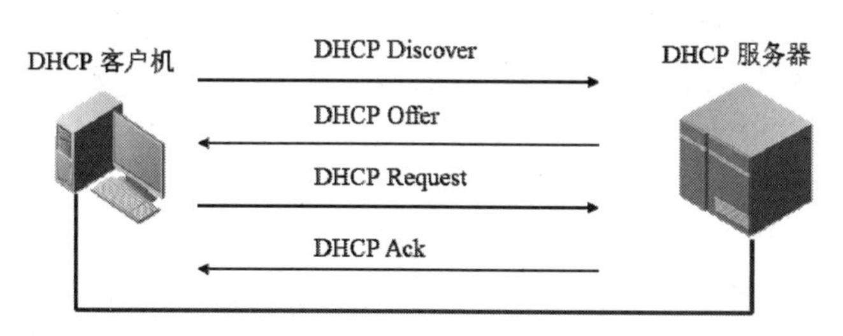

图 3-42 DHCP 的工作过程

(1) 发现阶段(DHCP Discover)。即 DHCP 客户机寻找 DHCP 服务器的阶段。当客户机第一次启动时，没有 IP 地址，也不知道 DHCP 服务器的地址。此时发送以 0.0.0.0 为源地址，255.255.255.255 为目标地址的 DHCP Discover 信息。DHCP Discover 信息中包含客户机的网卡地址和计算机名称，以便让 DHCP 服务器清楚是哪个客户机在发送。

(2) 提供阶段(DHCP Offer)。即 DHCP 服务器提供 IP 地址的阶段。收到 DHCP Discover 信息的 DHCP 服务器随即发送 DHCP Offer 信息，表示可以提供 IP 租赁。此时的客户机没有 IP 地址。因此，这条消息也是以广播形式发布。DHCP Offer 中包含客户机的网卡地址、提供的 IP 地址、子网掩码和 DHCP 服务器的标识等信息。

(3) 选择阶段(DHCP Request)。即 DHCP 客户机选择某台 DHCP 服务器提供的 IP 地址的阶段。客户机从收到的第一条 DHCP Offer 中选择 IP 地址，然后向所有 DHCP 服务器广播 DHCP Request 信息，表明接受此 DHCP Offer 信息。其他的 DHCP 服务器则撤销提供，并释放保留的 IP 地址，以便使其可以提供给下一个地址租用。

(4) 确认阶段(DHCP Ack)。即 DHCP 服务器确认所提供的 IP 地址的阶段。当 DHCP 服务器收到 DHCP 客户机回答的 DHCP Request 信息后，它便向 DHCP 客户机发送一个包含它所提供的IP地址和其他设置的DHCP Ack信息，告诉DHCP客户机可以使用它所提供的IP地址。然后DHCP客户机便将获取的IP地址与网卡绑定。另外，除DHCP客户机选中的服务器外，其他DHCP服务器都将收回曾提供的IP地址。

采用动态地址分配策略时，DHCP服务器分配给客户端的IP地址有一定的租借期限，当租借期满后服务器会收回该IP地址。如果DHCP客户端希望延长使用该地址的期限，需要更新IP地址租约。

在DHCP客户端的IP地址租约期限达到一半时间时，DHCP客户端会向为它分配IP地址的DHCP服务器单播发送DHCP Request报文，以进行IP租约的更新。如果客户端可以继续使用此IP地址，则DHCP服务器回应DHCP Ack报文，通知DHCP客户端已经获得新的IP租约；如果此IP地址不可以再分配给该客户端，则DHCP服务器回应DHCP Nak报文，通知DHCP客户端不能获得新的租约。如果在租约的一半时间进行的续约操作失败，DHCP客户端会在租约期限达到7/8时，广播发送DHCP Request报文进行续约。

5) DHCP作用域

DHCP作用域是DHCP服务器为客户端计算机分配IP地址的重要功能，主要用于设置分配的IP地址范围、需要排除的IP地址、IP地址租约期限等信息。必须创建作用域才能让DHCP服务器分配IP地址给DHCP客户端。

DHCP服务器会根据接收到DHCP客户端租约请求的网络接口来决定哪个DHCP作用域为DHCP客户端分配IP地址租约，决定的方式如下：DHCP服务器将接收到租约请求的网络接口的主IP地址和DHCP作用域的子网掩码相与，如果得到的网络ID和DHCP作用域的网络ID一致，则使用此DHCP作用域为DHCP客户端分配IP地址租约，如果没有匹配的DHCP作用域，则不对DHCP客户端的租约请求进行应答。

DHCP作用域定义的IP地址范围是连续的，并且每个子网只能有一个作用域。如果想要使用单个子网内不连续的IP地址范围，则必须先定义作用域，然后设置所需的排除范围。DHCP作用域中为DHCP客户端分配的IP地址不能被其他主机所占用，否则必须对DHCP作用域设置排除选项，将已被其他主机使用的IP地址排除在此DHCP作用域之外。

作用域具有以下属性。

(1) 租用给DHCP客户端的IP地址范围；可在其中设置排除选项，设置为排除的IP地址将不分配给DHCP客户端使用。

(2) 子网掩码，用于确定给定IP地址的子网；此选项创建作用域后无法修改。

(3) 创建作用域时指定的名称。

(4) 租约期限值，即分配给DHCP客户端的IP地址的使用期限。当客户机使用的IP地址时间超过了租期，服务器将收回分配给客户机的IP地址。

(5) DHCP作用域选项，如DNS服务器、路由器IP地址和WINS服务器地址等。

(6) 保留(可选)，用于确保某个确定MAC地址的DHCP客户端总是能从此DHCP服务器获得相同的IP地址。

6) DHCP中继代理

由于在IP地址动态获取过程中采用广播方式发送报文，而路由器会隔离广播，因此DHCP只适用于DHCP客户端和服务器处于同一个子网的情况。在默认情况下，一个物理子网中的DHCP服务器无法为其他物理子网中的DHCP客户端分配IP地址，如果要为多个网段进行动态主机配置，需要在所有网段上都设置一个 DHCP 服务器，这显然是很不经济和实用的。为了使网络中所有的 DHCP 客户端都能获得 IP 地址租约，可以采用 DHCP 中继代理(DHCP Relay Agent)，这样不用在每个物理网段都设置 DHCP 服务器，它可以将客户机的消息传递到不在同一个物理子网的 DHCP 服务器，也可以将服务器的消息传回给不在同一个物理子网的 DHCP 客户机。跨子网的 DHCP 中继代理的典型应用如图 3-43 所示。

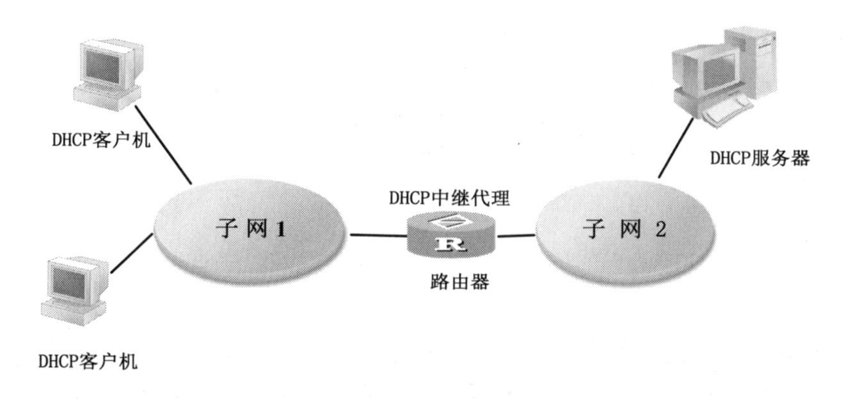

图 3-43　跨子网的 DHCP 中继代理的典型应用

DHCP 中继代理的工作过程是修改 DHCP 消息中的相应字段，把 DHCP 的广播包改成单播包，并负责在服务器与客户机之间转换。DHCP 中继代理的具体工作过程如图 3-44 所示。

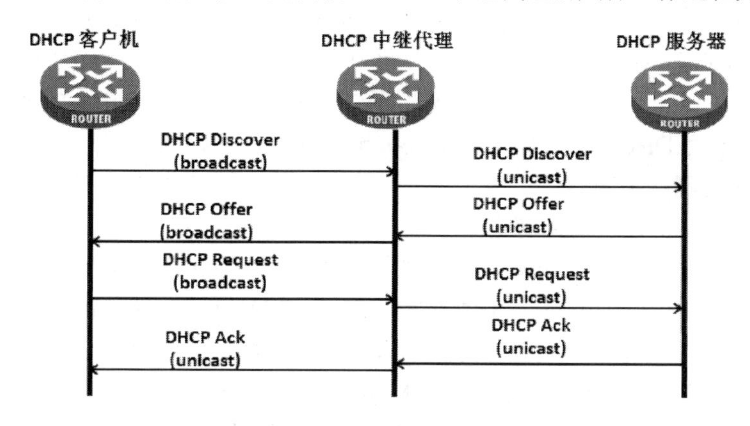

图 3-44　DHCP 中继代理的工作过程

具有 DHCP 中继功能的网络设备(通常是路由器)收到 DHCP 客户端以广播方式发送的 DHCP DISCOVER 或 DHCP REQUEST 报文后，将报文中的 giaddr 字段填充为 DHCP 中继的 IP 地址，并根据配置将报文单播转发给指定的 DHCP 服务器。

DHCP 服务器根据 giaddr 字段为客户端分配 IP 地址等参数，并通过 DHCP 中继将配置信息转发给客户端，完成对客户端的动态配置。

7)　DHCP 报文

DHCP 客户端、DHCP 服务器和 DHCP 中继代理三大要素要完成 IP 地址的租赁、回收、续租、地址释放等功能，主要是通过交换若干报文来实现。具体而言，DHCP 系统中主要有七大报文，具体介绍如图 3-45 所示。

协议报文	报文方向	作用	报文类型
DHCP Discover	Client到Server	客户端发现服务器	广播
DHCP Offer	Server到Client	服务器对DHCP Discover报文的回应	广播或单播
DHCP Request	Client到Server	服务器选择及租期更新	单播或广播
DHCP Release	Client到Server	请求释放已经获得的IP地址资源或取消租期	单播
DHCP Ack/Nak	Server到Client	服务器对收到的请求报文的最终的确认	单播
DHCP Decline	Client到Server	拒绝所获得的IP地址	广播
DHCP Inform	Client到Server	向DHCP服务器索要其他的配置参数	单播

图 3-45　DHCP 报文

2. DHCP Snooping

1)　DHCP 协议漏洞

DHCP 是在网络中提供动态地址分配服务的协议，采用 DHCP Server 可以自动为用户设置网络 IP 地址、掩码、网关、DNS 等网络参数，简化了用户网络设置，提高了管理效率。但由于 DHCP 自身的协议和运作机制，通常服务器和客户端没有认证机制，因此会被攻击者利用，产生网络安全问题。攻击者可以在网络中私自架设非法的 DHCP 服务器，客户端将有可能从非法的 DHCP 服务器获取网络参数，导致客户端不能正常访问网络资源。网络上如果存在多台 DHCP 服务器将会给网络造成混乱，这种现象被称为 DHCP 欺骗或 Rogue(无赖)DHCP 攻击。另外一种利用 DHCP 攻击的攻击类型是 DHCP Dos(Denial of Service，拒绝服务)攻击。攻击者通过发送大量的欺骗 DHCP Discover 报文向 DHCP 服务器请求 IP 地址，导致 DHCP 服务器中的地址被迅速耗尽，使得其无法正常为客户端分配 IP 参数，造成客户端网络中断。

2)　DHCP Snooping 的基本概念

DHCP 监听(DHCP Snooping)是交换机的一种安全特性，它能通过过滤网络中接入的非法 DHCP 服务器发送的 DHCP 报文增强网络安全性。DHCP 监听还可以检查 DHCP 客户端发送的 DHCP 报文的合法性，防止 DHCP Dos 攻击。交换机通过开启 DHCP 监听特性，从 DHCP 报文中提取关键信息(包括 IP 地址、MAC 地址、vlan 号、端口号、租期等)，并把这些信息保存到 DHCP 监听绑定表中。DHCP 监听只将交换机连接到合法 DHCP 服务器的端口设置为信任端口，其他端口设置为非信任端口，限制用户端口(非信任端口)只能够发送 DHCP 请求，丢弃来自用户端口的所有其他 DHCP 报文，如 DHCP Offer 报文等。而且，并非所有来自用户端口的 DHCP 请求都被允许通过，交换机还会比较 DHCP 请求报文里的源 MAC 地址和报文内容里的 DHCP 客户机的硬件地址，只有这两者相同的请求报文才会被转发，否则将被丢弃。

3)　DHCP Snooping 的作用

DHCP Snooping 是 DHCP 的一种安全特性，具有如下功能。

(1)　保证客户端从合法的服务器获取 IP 地址。

网络中如果存在私自架设的伪 DHCP 服务器，则可能导致 DHCP 客户端获取错误的 IP 地址和网络配置参数，无法正常通信。

(2) 记录DHCP客户端IP地址与MAC地址的对应关系。

DHCP Snooping通过监听DHCP Request和信任端口收到的DHCP Ack广播报文，记录DHCP Snooping表项，其中包括客户端的MAC地址、获取到的IP地址、与DHCP客户端连接的端口及该端口所属的VLAN等信息。利用这些信息可以实现以下内容。

① ARP Detection：根据DHCP Snooping表项来判断发送ARP报文的用户是否合法，从而防止非法用户的ARP攻击。

② IP Source Guard：通过动态获取DHCP Snooping表项对端口转发的报文进行过滤，防止非法报文通过该端口。

4) DHCP Snooping实现原理

为了使DHCP客户端通过合法的DHCP服务器获取IP地址，DHCP Snooping安全机制允许将端口设置为信任端口和不信任端口。

(1) 信任端口：正常转发接收到的DHCP报文。

(2) 不信任端口：接收到DHCP服务器响应的DHCP Ack和DHCP Offer报文后，丢弃该报文。

连接DHCP服务器和其他DHCP Snooping设备的端口需要设置为信任端口，其他端口设置为不信任端口，从而保证DHCP客户端只能从合法的DHCP服务器获取IP地址，私自架设的伪DHCP服务器无法为DHCP客户端分配IP地址。DHCP Snooping信任端口典型的应用场景如图3-46所示。

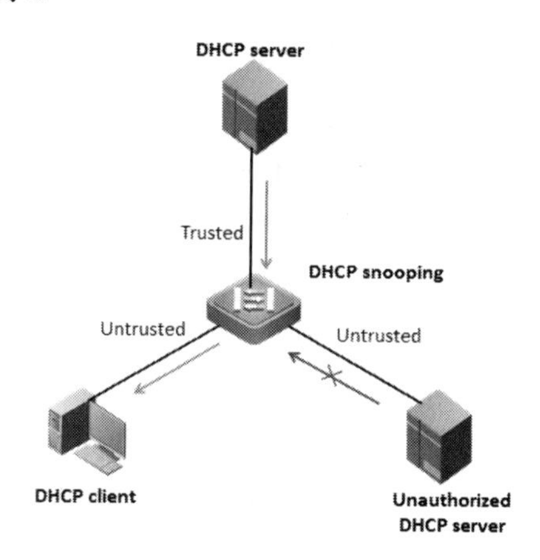

图3-46 DHCP Snooping信任端口典型的应用场景

如图3-46所示，连接DHCP服务器的端口需要配置为信任端口，以便DHCP Snooping设备正常转发DHCP服务器的应答报文，保证DHCP客户端能够从合法的DHCP服务器获取IP地址。

5) DHCP Snooping级联网络

在多个DHCP Snooping设备级联的网络中，与其他DHCP Snooping设备相连的端口需要配置为信任端口。

在这种网络环境中，为了节省系统资源，不需要每台DHCP Snooping设备都记录所有DHCP客户端的IP地址和MAC地址绑定，只需要在与客户端直接相连的DHCP Snooping设备上记录绑定信息。通过将间接与DHCP客户端相连的信任端口配置为不记录IP地址和

MAC 地址绑定，可以实现该功能。如果 DHCP 客户端发送的请求报文从此类信任端口到达 DHCP Snooping 设备，DHCP Snooping 设备不会记录客户端 IP 地址和 MAC 地址的绑定。DHCP Snooping 级联组网如图 3-47 所示。

图 3-47 中设备各端口的角色如表 3-11 所示。

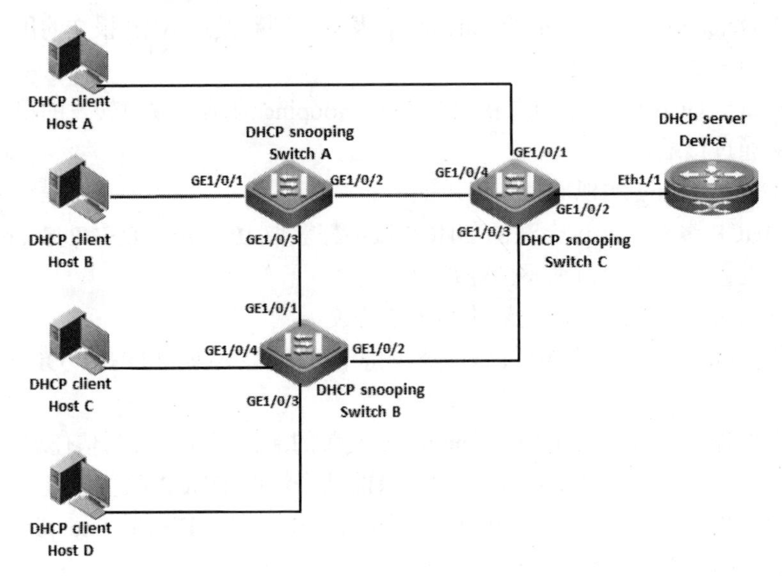

图 3-47　DHCP Snooping 级联组网

表 3-11　图 3-47 中设备各端口的角色

设　备	不信任端口	不记录绑定信息的信任端口	记录绑定信息的信任端口
Switch A	GigabitEthernet1/0/1	GigabitEthernet1/0/3	GigabitEthernet1/0/2
Switch B	GigabitEthernet1/0/3 和 GigabitEthernet1/0/4	GigabitEthernet1/0/1	GigabitEthernet1/0/2
Switch C	GigabitEthernet1/0/1	GigabitEthernet1/0/3 和 GigabitEthernet1/0/4	GigabitEthernet1/0/2

3. 配置命令

H3C 系列和 Cisco 系列交换机上配置 DHCP Snooping 协议的相关命令如表 3-12 所示。

表 3-12　DHCP Snooping 配置命令

功　能	H3C 系列设备		Cisco 系列设备	
	配置视图	基本命令	配置模式	基本命令
启用 DHCP Snooping	系统视图	[H3C] dhcp-snooping	全局配置模式	Cisco (config)#ipdhcp snooping
设置信任端口	具体视图	[H3C-Ethernet1/0/1] dhcp-snooping trust	具体配置模式	Cisco (config-if)#ipdhcp snooping trust
DHCP Snooping MAC 验证	具体视图	[H3C-Ethernet1/0/1]ip check source ip-address mac-address	具体配置模式	Cisco (config)#ipdhcp snooping verify mac-addess

3.4.5　任务实施

1. 实施规划

1)　实训拓扑结构

根据任务的需求与分析，实训的拓扑结构及网络参数如图 3-48 所示，以 PC1 模拟公司员工电脑，PC2 模拟公司非法 DHCP 服务器，DHCP Server 模拟公司合法 DHCP 服务器。

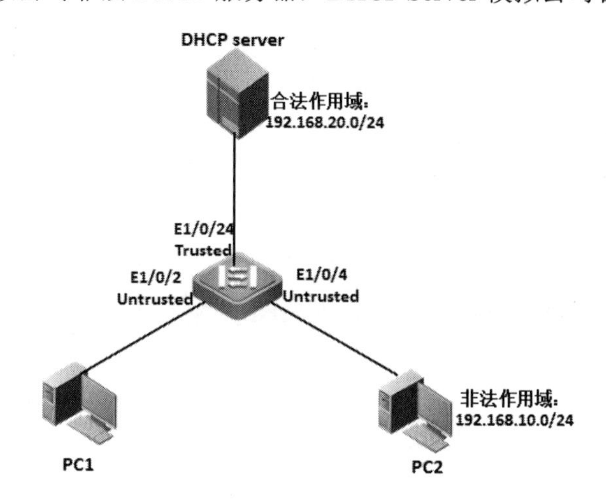

图 3-48　实训的拓扑结构及网络参数

2)　实训设备

根据任务的需求和实训拓扑，每个实训小组的实训设备配置清单如表 3-13 所示。

表 3-13　实训设备配置清单

设备类型	设备型号	数　量
交换机	H3C S3610-28TP	1
PC1	Windows 2003/Windows 7	1
PC2(非法 DHCP)	Win 2008	1
DHCP Server	Win 2008	1
双绞线	RJ-45	若干

3)　IP 地址规划

根据需求分析本任务的 IP 地址规划，如表 3-14 所示。

表 3-14　IP 地址规划

设　备	接　口	IP 地址	网　关
PC1		自动获取	
PC2		192.168.10.2/24	
Server		192.168.20.2/24	

2. 实施步骤

任务的实施步骤如下。

1) 根据实训拓扑图进行交换机、计算机的线缆连接，配置 PC2、DHCP Server 的 IP 地址

2) 部署合法 DHCP 服务器

(1) 安装 DHCP 服务组件。

首先为合法 DHCP 服务器设置 IP 地址，然后开始安装 DHCP 服务组件。在桌面左下角单击“服务器管理器”图标，打开“服务器管理器”窗口，如图 3-49 所示。

双击“角色”选项，打开“角色”窗口，此时可以看到该台主机所安装的服务种类，单击“添加角色”按钮，如图 3-50 所示，即可打开“添加角色向导”对话框。

单击“下一步”按钮，打开“选择服务器角色”对话框，选中“DHCP 服务器”复选框，如图 3-51 所示。

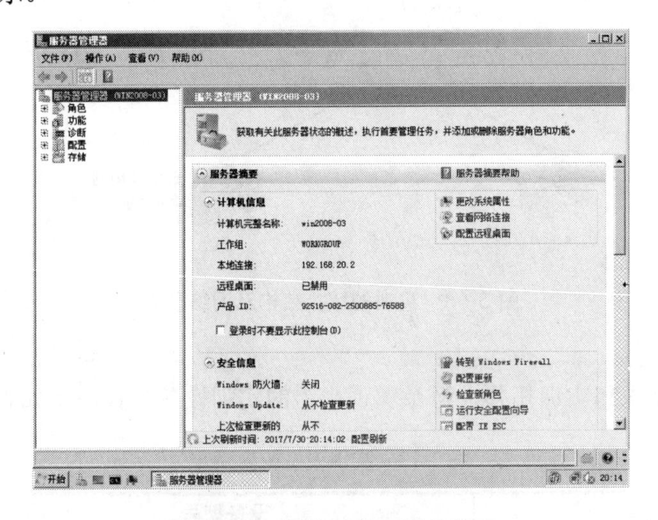

图 3-49 “服务器管理器”窗口

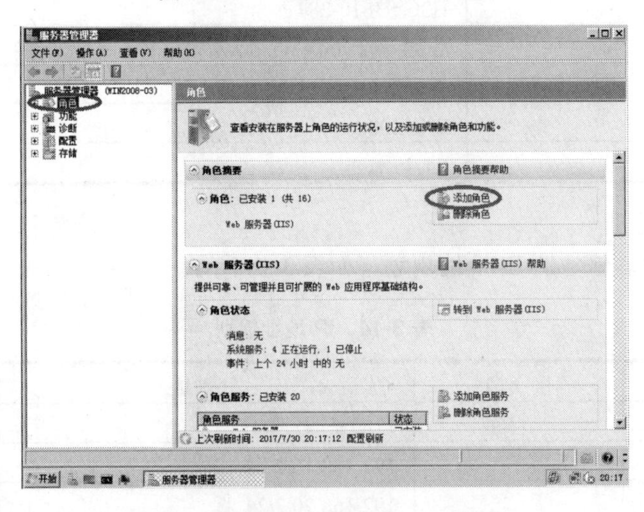

图 3-50 单击“添加角色”按钮

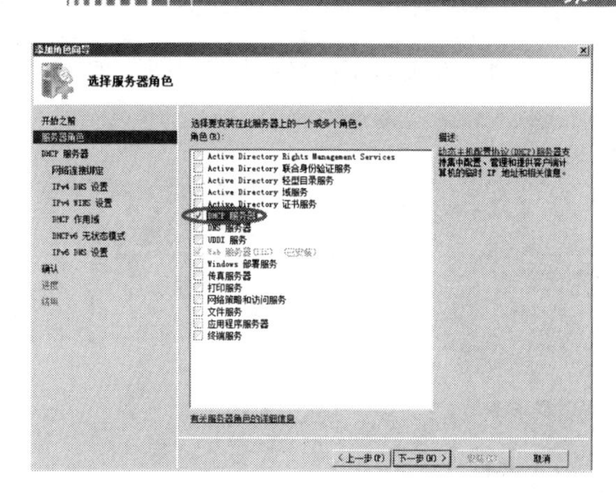

图 3-51　选择“DHCP 服务器”角色类型

连续单击“下一步”按钮，在打开的若干个对话框中，均采用空白设置(主要有设置 IP 地址范围、DNS 服务器地址、网关等，这些可以在后面创建作用域时设置)。最后单击“安装”按钮，即可开始安装 DHCP 组件，如图 3-52 所示。

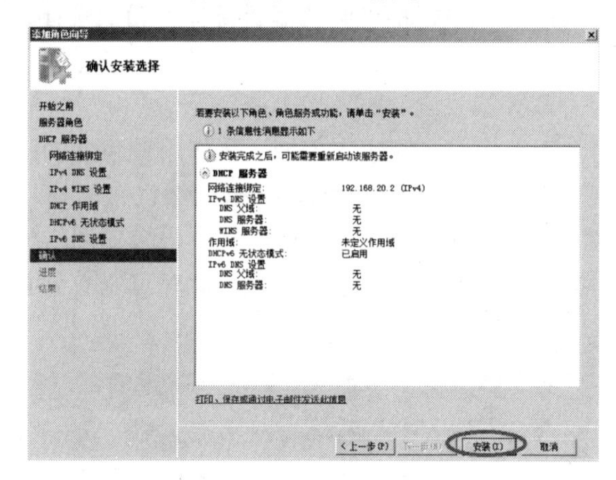

图 3-52　安装 DHCP 组件

DHCP 服务组件的安装过程如图 3-53 所示。

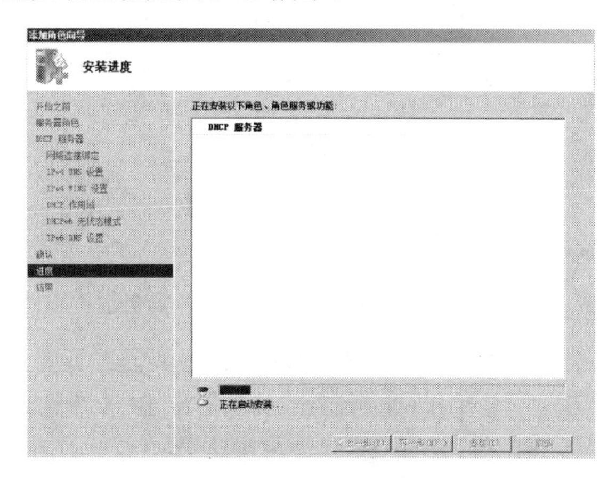

图 3-53　DHCP 服务组件的安装过程

最后单击“关闭”按钮，即可完成 DHCP 组件的安装，如图 3-54 所示。

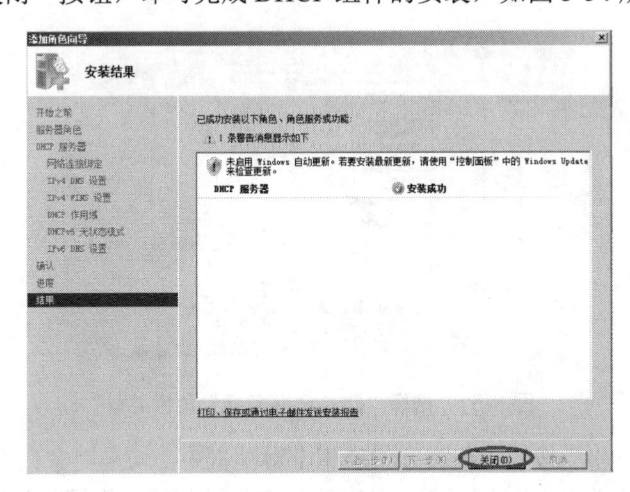

图 3-54　完成 DHCP 组件的安装

完成 DHCP 组件安装后，一定要将“服务器管理器”窗口关闭，再重新打开，以便让其完成初始化配置。

(2) 创建作用域。

安装完成 DHCP 组件后，就需要创建作用域了，作用域包含 DHCP 服务器可以提供的 IP 地址范围，一般情况是一个网段设置一个作用域(当然也有例外，如超级作用域)。此处就只有一个网段，因此，我们只需要设置一个作用域。设置作用域的方法如下。

通过“服务器管理器”窗口展开“角色”选项，此时可以看到我们刚才安装的 DHCP 组件已经在系统中显示，如图 3-55 所示。

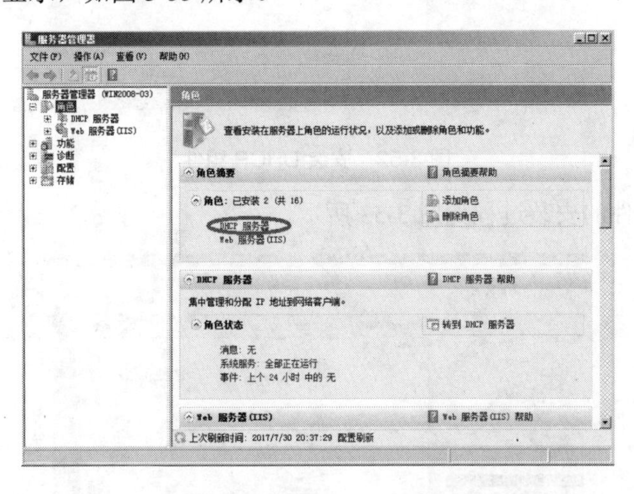

图 3-55　“角色”界面中显示“DHCP 服务器”组件

选择“DHCP 服务器”选项，即可打开“DHCP 服务器”界面，在此窗口中依次展开“DHCP 服务器”、服务器的名字(此处为 Win2008-03)、IPv4 等选项，如图 3-56 所示。

选中 IPv4 选项并右击，在弹出的快捷菜单中选择“新建作用域”命令，如图 3-57 所示。

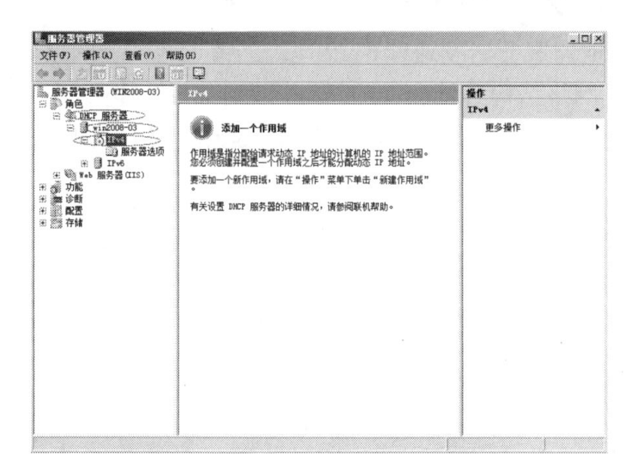

图 3-56 展开 DHCP 选项

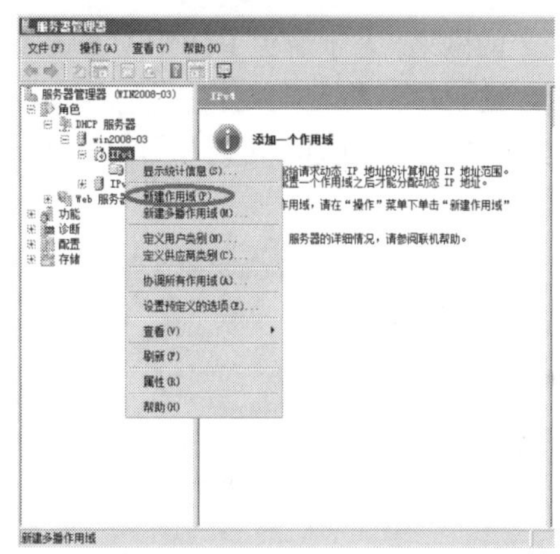

图 3-57 选择“新建作用域”命令

此时打开“新建作用域向导”对话框，单击“下一步”按钮，打开“作用域名称”界面，在此界面中设置作用域的名称(一般而言，在实际应用中，一个作用域代表一个网段，网络管理员在进行网络管理时，往往需要通过作用域名称来识别该作用域究竟是为哪个网段提供 IP 地址租赁服务，因此作用域的名称应该统一规划)，此处我们将作用域名称设置为 office-01，如图 3-58 所示。“描述”部分是对该作用域的描述性文字，此处为空。

单击“下一步”按钮，打开“IP 地址范围”界面，在此界面中设置作用域可以分配的 IP 地址范围。此处我们设置为 192.168.20.1~192.168.20.254，子网掩码采用 24 位掩码，如图 3-59 所示。

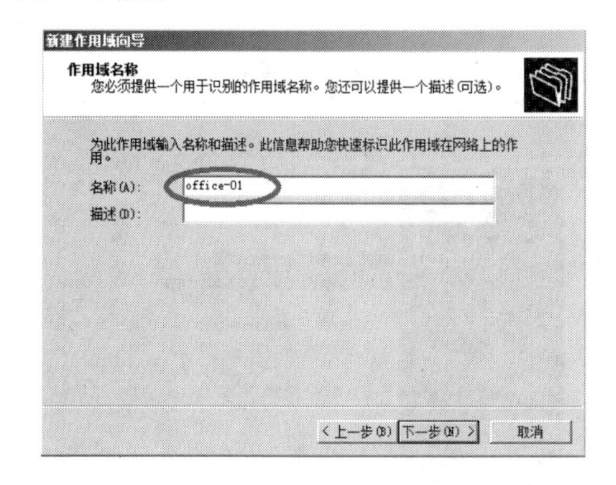

图 3-58 设置作用域的名称

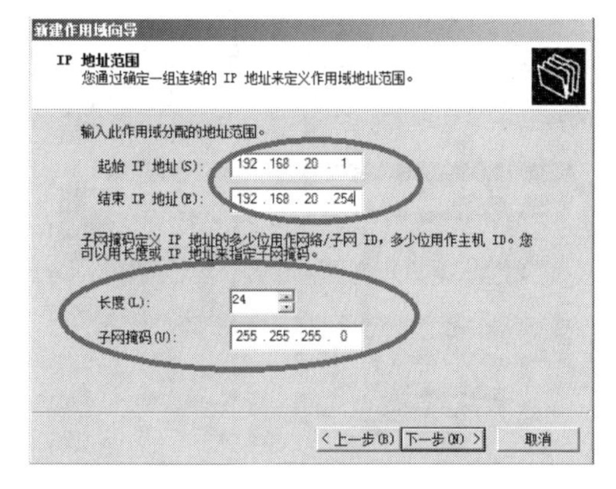

图 3-59 设置作用域的 IP 地址范围

单击“下一步”按钮，打开“添加排除”界面，在此界面中设置刚才设置的 IP 地址范围中，有哪些 IP 地址不想用于分配。此处我们设置排除的地址范围为 192.168.20.20~192.168.20.30。当然，此处也可以不设置。设置完排除范围地址以后一定要单击“添加”按钮，此时在“排除的地址范围”列表框中会生成一条排除地址的记录，才表明地址排除设置成功，如图 3-60 所示。

设置完排除的地址后，单击“下一步”按钮，设置地址租期，Windows Server 2008 操作系统对于 DHCP 的租期默认为 8 天，在此界面中可以进行修改。一般对于网络结构比较稳定的网络，为了避免 DHCP 客户端频繁地向服务器发送续租 IP 地址的请求而浪费网络资源，建议尽量将租期设置得长一点；对于网络结构频繁变动的网络，为了能更好地回收 IP 地址，节约 IP 地址，建议尽量将租期设置得短一点。此处，保持默认的 8 天租期，如图 3-61 所示。

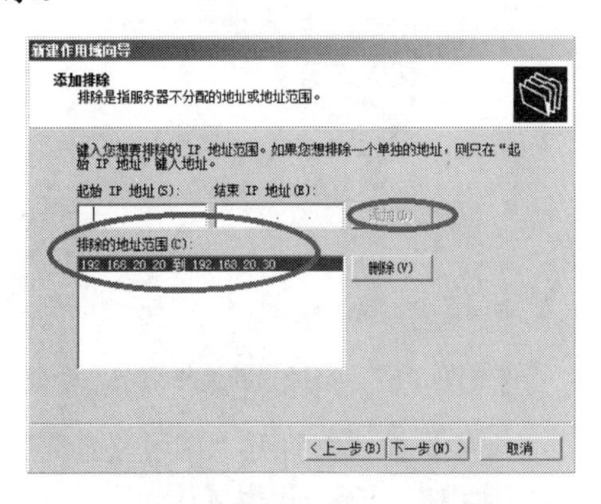

图 3-60　IP 地址排除地址范围设置

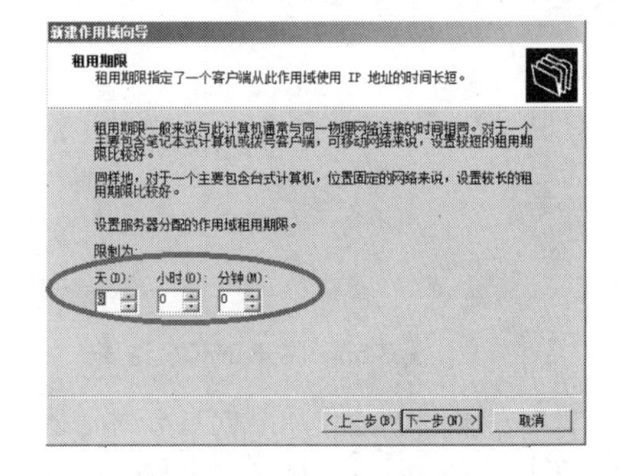

图 3-61　IP 地址租期设置

完成 IP 地址租期设置后，单击“下一步”按钮，打开“配置 DHCP 选项”界面，DHCP 配置选项主要包含网关、DNS 服务器 IP 地址、WINS 服务器 IP 地址。如果要配置这些参数，就需要选中“是，我想现在配置这些选项”单选按钮；如果不想配置这些参数，或暂时不需要配置这些参数，就选中“否，我想稍后配置这些选项”单选按钮。由于此处的实验无须网关、DNS、WINS 等参数，因此，此处我们选中“否，我想稍后配置这些选项”单选按钮，如图 3-62 所示。

单击“下一步”按钮后再单击“完成”按钮，即可完成 DHCP 作用域的创建，如图 3-63 所示。

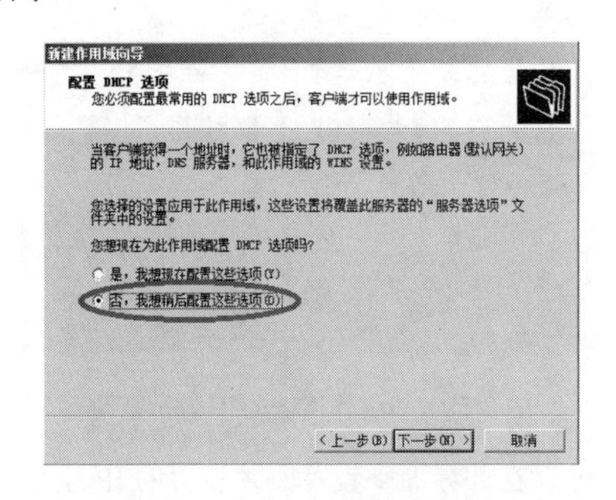

图 3-62　DHCP 选项配置选择

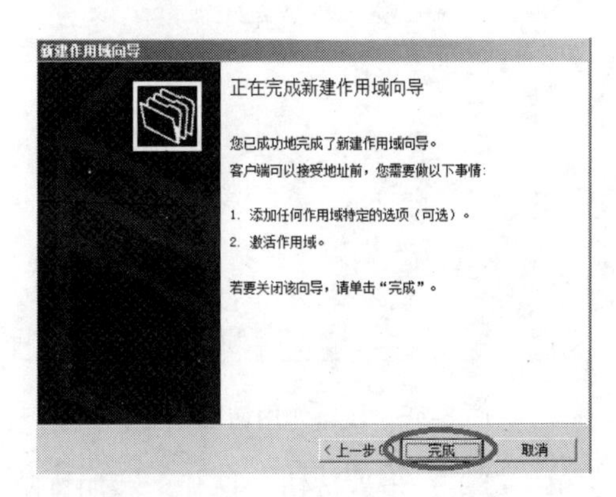

图 3-63　作用域创建完成

创建完作用域后，可以看到在 IPv4 选项下面会生成一条作用域记录。但该作用域点图标显示为红色，表明该作用域并未激活，此时需要激活该作用域。选中该作用域并右击，在弹出的快捷菜单中选择“激活”命令，即可激活该作用域，如图 3-64 所示。

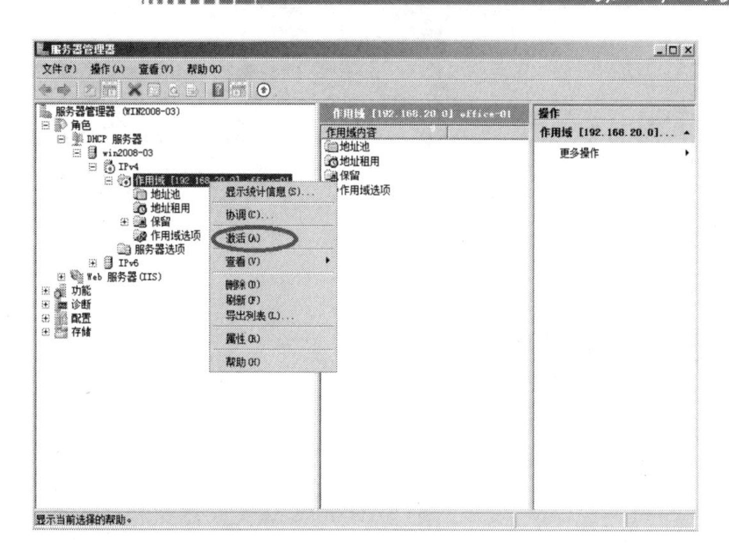

图 3-64 激活作用域

激活后的作用域图标会变为绿色，此时表明该作用域可以正常工作。

(3) DHCP 客户端配置。

PC1 作为 DHCP 客户端，需要将其 IP 地址获取的方式设置为自动获取。在桌面选中“网上邻居”图标并右击，在弹出的快捷菜单中选择“属性”命令，打开“网络连接”窗口，如图 3-65 所示。

在“网络连接”窗口中，选择“本地连接”图标并右击，在弹出的快捷菜单中选择“属性”命令，打开“本地连接 属性”对话框，如图 3-66 所示。

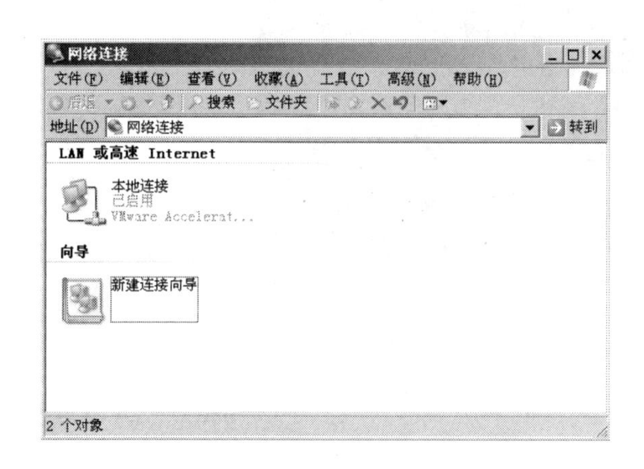

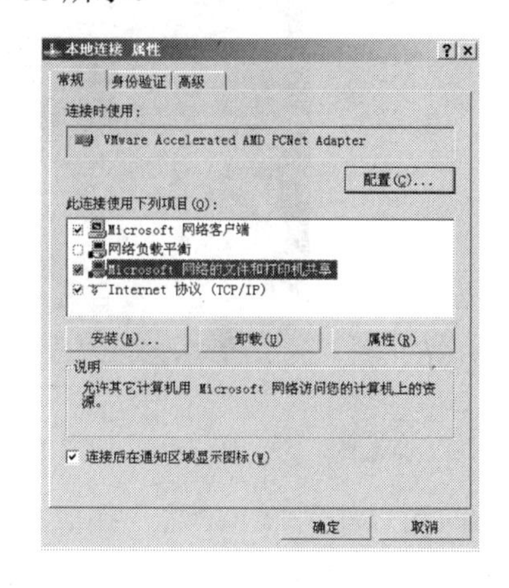

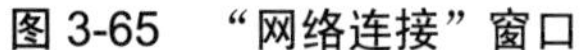
图 3-65 “网络连接”窗口

图 3-66 “本地连接 属性”对话框

在“本地连接 属性”对话框中，选中“Internet 协议(TCP/IP)”复选框，单击“属性”按钮，打开“Internet 协议(TCP/IP)属性”对话框，如图 3-67 所示。

选中“自动获得 IP 地址”“自动获得 DNS 服务器地址”两个单选按钮，然后单击“确定”按钮，即可完成 DHCP 客户端设置，如图 3-68 所示。

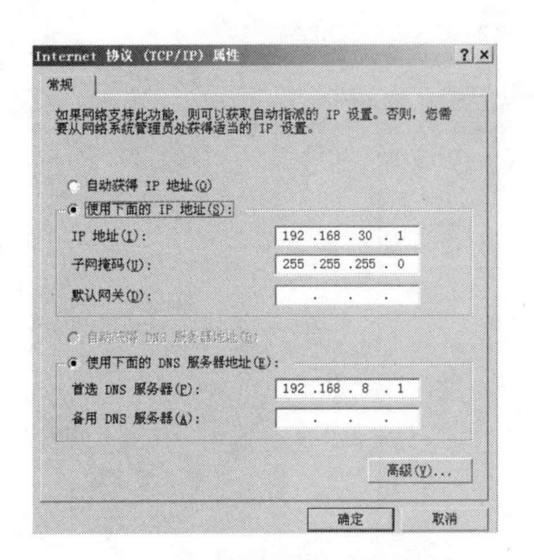

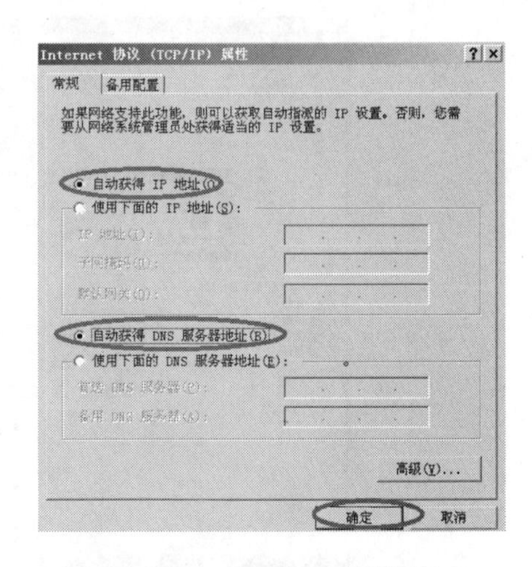

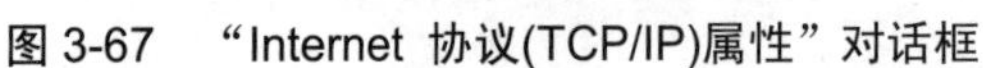
图 3-67 “Internet 协议(TCP/IP)属性”对话框

图 3-68 DHCP 客户端设置

3) 合法 DHCP 服务器的功能测试

在 DHCP 客户端可以测试能否成功从 DHCP 服务器获取 IP 地址。在 DHCP 客户端进入命令提示符，输入 ipconfig /all 命令，即可查看该 DHCP 客户端获取的 IP 地址，如图 3-69 所示。

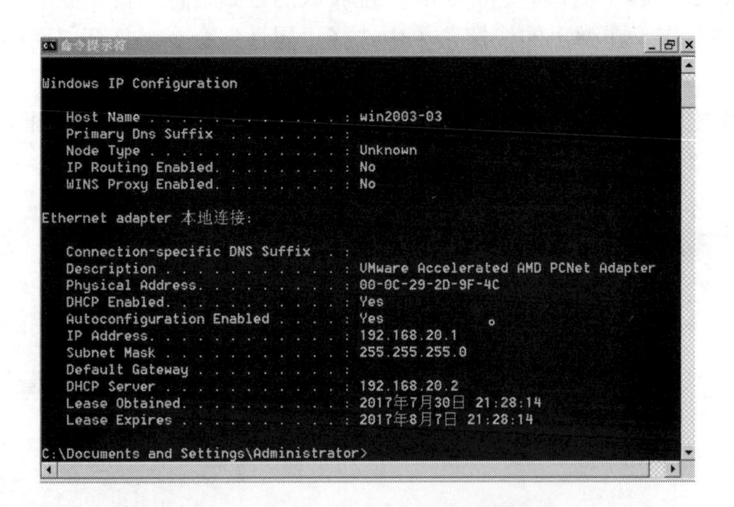

图 3-69 PC1 成功从合法 DHCP 服务器获得 IP 地址

此时可以看到 DHCP 客户端成功地从合法 DHCP 服务器获取到 192.168.20.0/24 网段的 IP 地址，表明网络是正常的。

在 DHCP 客户端经常需要执行两条命令：ipconfig /release 和 ipconfig /renew。两条命令的功能如下。

(1) ipconfig /release 命令。释放 DHCP 客户端当前所获取的 IP 地址。例如，在 PC1 上运行 ipconfig /release 命令，可以看到 PC1 刚才获取的 IP 地址被释放，如图 3-70 所示。

(2) ipconfig /renew 命令。ipconfig /renew 命令的功能是重新向 DHCP 服务器获取 IP 地址及相关参数。例如，在 PC1 上运行 ipconfig /renew 命令，可以看到 PC1 又重新向 DHCP 服务器租赁了 IP 地址，如图 3-71 所示。

```
Description . . . . . . . . . . . : VMware Accelerated AMD PCNet Adapter
Physical Address. . . . . . . . . : 00-0C-29-2D-9F-4C
DHCP Enabled. . . . . . . . . . . : Yes
Autoconfiguration Enabled . . . . : Yes
IP Address. . . . . . . . . . . . : 192.168.20.1
Subnet Mask . . . . . . . . . . . : 255.255.255.0
Default Gateway . . . . . . . . . :
DHCP Server . . . . . . . . . . . : 192.168.20.2
Lease Obtained. . . . . . . . . . : 2017年7月30日 21:28:14
Lease Expires . . . . . . . . . . : 2017年8月7日 21:28:14

C:\Documents and Settings\Administrator>ipconfig /release

Windows IP Configuration

Ethernet adapter 本地连接:

Connection-specific DNS Suffix  . :
IP Address. . . . . . . . . . . . : 0.0.0.0
Subnet Mask . . . . . . . . . . . : 0.0.0.0
Default Gateway . . . . . . . . . :

C:\Documents and Settings\Administrator>
```

图 3-70　PC1 释放获取的 IP 地址

```
Windows IP Configuration

Ethernet adapter 本地连接:

Connection-specific DNS Suffix  . :
IP Address. . . . . . . . . . . . : 0.0.0.0
Subnet Mask . . . . . . . . . . . : 0.0.0.0
Default Gateway . . . . . . . . . :

C:\Documents and Settings\Administrator>ipconfig /renew

Windows IP Configuration

Ethernet adapter 本地连接:

Connection-specific DNS Suffix  . :
IP Address. . . . . . . . . . . . : 192.168.20.1
Subnet Mask . . . . . . . . . . . : 255.255.255.0
Default Gateway . . . . . . . . . :

C:\Documents and Settings\Administrator>
```

图 3-71　PC1 重新获取 IP 地址

4)　部署非法 DHCP 服务器

PC2 作为非法 DHCP 服务器，在 PC2 上部署 DHCP 服务器，并创建作用域的地址范围为 192.168.10.0/24 网段(部署步骤参考步骤 2)。为了测试非法 DHCP 服务器是否可以向 PC1 分配 IP 地址，可以先将合法的 DHCP 服务器停掉或关闭，将 PC1 从合法 DHCP 服务器申请的地址释放，此时若重新获取，可以看到 PC1 会从非法 DHCP 服务器获取 192.168.10.0/24 网段的地址，如图 3-72 所示。由此可以看出，网络系统并不能区分合法和非法 DHCP 服务器。

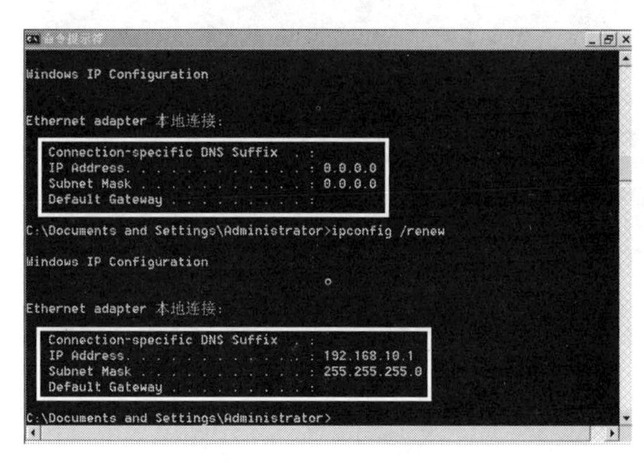

图 3-72　PC1 从非法 DHCP 服务器获取 IP 地址

5) 配置 DHCP Snooping

(1) 使用计算机 Windows 操作系统的“超级终端”组件程序通过串口连接到交换机的配置界面，其中超级终端串口的属性设置还原为默认值(每秒位数 9600、数据位 8、奇偶校验无、数据流控制无)。

(2) 超级终端登录交换机，进行任务的相关配置。

(3) Sw 1 主要配置清单如下。

```
一、初始化配置
<H3C>system-view
[H3C]sysname  sw1
二、DHCP Snooping 配置
[SW1]dhcp-snooping
[SW1]interface Ethernet 1/0/24
[SW1-Ethernet1/0/24]dhcp-snooping trust
```

3.4.6 任务验收

1. 设备验收

根据实训拓扑图检查验收交换机、计算机等设备的线缆连接，检查 Server、PC2 等设备的 IP 地址设置。

2. 功能验收

在交换机开启 DHCP Snooping 后，将 24 号开启为 trust 模式，仍然保持合法 DHCP 服务器处于关闭状态，非法 DHCP 服务器处于运行状态，此时若将 PC1 从非法 DHCP 服务器获取的 IP 地址释放，再重新获取，发现无论如何 PC1 都无法获取 IP 地址，如图 3-73 所示。这表明此时网络中的非法 DHCP 服务器已经无法再提供 IP 地址租赁服务了，系统已经能区分合法 DHCP 服务器和非法 DHCP 服务器了。

```
   IP Address. . . . . . . . . . . . : 192.168.10.1
   Subnet Mask . . . . . . . . . . . : 255.255.255.0
   Default Gateway . . . . . . . . . :

C:\Documents and Settings\Administrator>ipconfig /release

Windows IP Configuration


Ethernet adapter 本地连接:

   Connection-specific DNS Suffix  . :
   IP Address. . . . . . . . . . . . : 0.0.0.0
   Subnet Mask . . . . . . . . . . . : 0.0.0.0
   Default Gateway . . . . . . . . . :

C:\Documents and Settings\Administrator>ipconfig /renew

Windows IP Configuration

An error occurred while renewing interface 本地连接 : unable to contact your D
P server. Request has timed out.

C:\Documents and Settings\Administrator>
```

图 3-73 PC1 无法从非法 DHCP 服务器获取 IP 地址

启用合法 DHCP 服务器，使合法 DHCP 服务器和非法 DHCP 服务器同时保持运行状态，此时再去查看 PC1 获取的 IP 地址情况，发现 PC1 只能获取合法 DHCP 服务器的地址(即

192.168.20.0/24 网段的 IP 地址)，如图 3-74 所示。

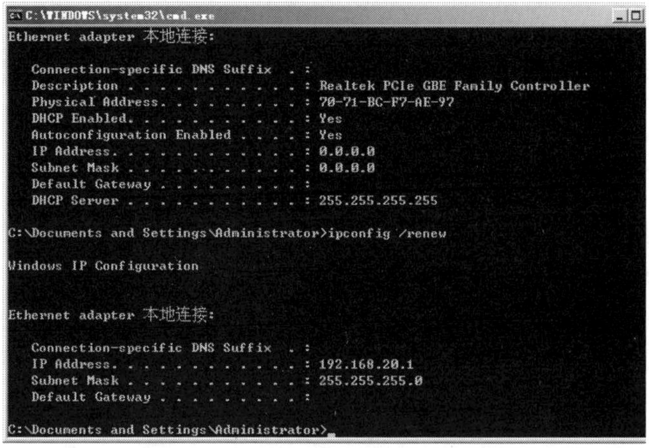

```
C:\WINDOWS\system32\cmd.exe
Ethernet adapter 本地连接:

   Connection-specific DNS Suffix  . :
   Description . . . . . . . . . . . : Realtek PCIe GBE Family Controller
   Physical Address. . . . . . . . . : 70-71-BC-F7-AE-97
   DHCP Enabled. . . . . . . . . . . : Yes
   Autoconfiguration Enabled . . . . : Yes
   IP Address. . . . . . . . . . . . : 0.0.0.0
   Subnet Mask . . . . . . . . . . . : 0.0.0.0
   Default Gateway . . . . . . . . . :
   DHCP Server . . . . . . . . . . . : 255.255.255.255

C:\Documents and Settings\Administrator>ipconfig /renew

Windows IP Configuration


Ethernet adapter 本地连接:

   Connection-specific DNS Suffix  . :
   IP Address. . . . . . . . . . . . : 192.168.20.1
   Subnet Mask . . . . . . . . . . . : 255.255.255.0
   Default Gateway . . . . . . . . . :

C:\Documents and Settings\Administrator>
```

图 3-74　PC1 只能获取合法 DHCP 服务器到 IP 地址

3.4.7　任务总结

针对某公司办公区网络改造任务的内容和目标，根据需求分析进行了实训的规划和实施，通过本任务进行了服务器 DHCP、交换机 DHCP Snooping 等技术的配置。通过 DHCP 服务，方便了公司网络管理，提高了管理效率。通过 DHCPSnooping 技术，可以使公司的员工电脑只能获取合法 DHCP 服务器的地址，无法获取非法 DHCP 服务器的地址，从而提高了网络的安全性。

第 4 章　网络病毒、攻击预防技术

教学目标

通过对校园网、企业网等网络进行网络病毒与网络攻击预防的各种案例，以各实训任务的内容和需求为背景，以完成企业网的各种网络病毒与网络攻击的预防技术为实训目标，通过任务方式由浅入深地模拟网络病毒及攻击预防的典型应用和实施过程，从而帮助学生理解网络病毒及网络攻击预防技术的典型应用，具备企业网网络病毒及攻击预防的实施和灵活应用能力。

教学要求

任务要点	能力要求	关联知识
公司网络防毒系统的实施	掌握网络病毒防护系统的配置方法并具备实施能力	(1)计算机病毒防护 (2)网络病毒防护系统
公司网 ARP 攻击预防	(1)了解交换安全防护技术 (2)了解安全策略的配置方法	(1)路由器与交换机的安全管理 (2)DHCP 监听 (3)ARP Detection(ARP 检测)

重点难点

- 交换机基础配置。
- 网络病毒防护系统。
- 交换机 DHCP Snooping。
- ARP 基本概念及攻击原理。
- 交换机 ARP Detection 原理及配置。

4.1　任务 1：公司网络防毒系统的实施

4.1.1　网络防毒系统任务描述

某公司已经建立局域网并通过防火墙与互联网连接，并建立了多台服务器提供服务。公司拥有近 200 台员工计算机，在员工计算机以及服务器中出现的计算机病毒和木马程序等威胁着公司网络的正常运行。为保障公司网络的正常使用和稳定运行，需要加强服务器和员工计算机的安全防护，请进行规划并实施。

4.1.2 网络防毒系统任务目标和目的

1. 任务目标

针对公司服务器和员工计算机进行安全防护的规划和实施。

2. 任务目的

通过本任务进行网络病毒防护系统的安全实训，以帮助读者了解网络病毒防护系统的配置方法，并具备实施网络病毒防护系统的能力。

4.1.3 网络防毒系统任务需求与分析

需求 1：公司全网计算机的安全防护。

分析 2：采用病毒网络防护系统，支持服务器和客户端计算机多种操作系统版本，统一规划、部署安全策略。

4.1.4 网络防毒系统知识链接

1. 计算机病毒防护

计算机病毒是指编制或者在计算机程序中插入的破坏计算机功能或者破坏数据，影响计算机使用并且能够自我复制的一组计算机指令或者程序代码。

1) 计算机病毒的特点

计算机病毒的特点，请参考教材第 1 章。

2) 计算机病毒的预防

计算机病毒主要通过以下几个方面进行预防。

(1) 安装防病毒软件，开启病毒实时监控，定期升级防病毒软件病毒库。

(2) 不要随便打开不明来源的邮件附件或从互联网下载的未经杀毒处理的软件等。

(3) 尽量减少他人使用自己的计算机，使用新设备和新软件之前进行检查。

(4) 及时更新操作系统补丁和安全补丁。

(5) 建立系统恢复盘，定期备份文件。

2. 网络病毒防护系统

网络工作站的防护位于企业防毒体系中的最底层，对企业计算机用户而言，也是最后一道防、杀病毒的要塞。考虑到网络中的工作站数量少则几十台，多则数百上千台甚至更多。如果要靠网管人员逐一到每台计算机上安装单机防病毒软件，费时费力，同时难以实施统一的防病毒策略，日后的维护和更新工作也十分烦琐。因此，在企业中常常需要实施防病毒软件的网络版。虽然国内外的病毒防护软件厂商非常多，但目前在企业中应用较广的国内外产品主要有 Symantec Endpoint Protection、Mcafee Virusscan、卡巴斯基网络版、趋势 OfficeScan、瑞星网络版等。

防毒软件网络版中的防病毒功能是通过客户机提供的，客户机向服务器报告并从服务器获取更新。通过防毒软件网络版控制台，管理员可以配置、监控和更新客户机。

3. Symantec Endpoint Protection 安全防护系统

Symantec Endpoint Protection 将赛门铁克防病毒软件与高级威胁防御功能相结合，可以为笔记本、台式机和服务器提供无与伦比的恶意软件防护能力。它在一个代理和管理控制台中无缝集成了基本安全技术，从而不仅提高了防护能力，而且还有助于降低总拥有成本。它结合了病毒防护和高级威胁防护，能主动保护计算机的安全，使其不受已知和未知威胁的攻击。Symantec Endpoint Protection(以下简称 SEP)可防范恶意软件，如病毒、蠕虫、特洛伊木马、间谍软件和广告软件，可为端点计算设备提供多层防护。

SEP 主要由 SEP Manager、SEP 客户端、Protection Center、LiveUpdate Server(可选)、中央隔离区(可选)等组件构成。SEP Manager 是管理服务器，用于管理连接至公司网络的客户端计算机。SEP Manager 包括控制台软件用于协调及管理安全策略与客户端计算机、服务器软件用于实现传出和传至客户端计算机及控制台的安全通信。SEP 客户端在要防护的服务器、客户端计算机上运行，它会通过防病毒和防间谍软件扫描、防火墙、入侵防护系统及其他防护技术来保护计算机。Protection Center 允许将多个受支持的 Symantec 安全产品的管理控制台集成到单一管理环境中。LiveUpdate Server 可从 Symantec LiveUpdate 服务器下载定义、特征和产品更新，并将更新派送至客户端计算机。中央隔离区从 SEP 客户端接收可疑文件及未修复的受感染条目。中央隔离区会将示例转发到 Symantec 安全响应中心进行分析。如果是新的威胁，Symantec 安全响应中心会生成安全更新。

4.1.5 网络防毒系统任务实施

1. 实施规划

1) 实训拓扑结构

根据任务的需求与分析，实训的拓扑结构及网络参数如图 4-1 所示，以 PC1 模拟用户计算机，Server1 模拟公司的业务服务器，Server2 作为 Symantec Endpoint Protection 管理服务器，连通互联网。

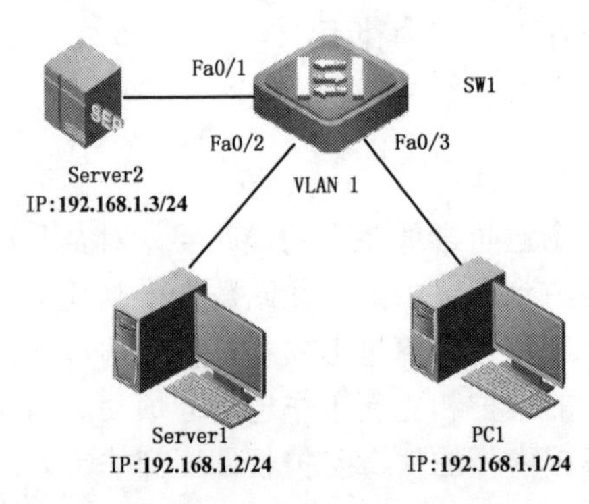

图 4-1 实训的拓扑结构及网络参数

2)　实训设备

根据任务的需求和实训拓扑，每实训小组的实训设备配置清单如表 4-1 所示。其中，作为 SEP 管理的服务器应至少配备 1GHz CPU、1GB 内存、8GB 磁盘空间。

表 4-1　实训设备配置清单

设备类型	设备型号	数　量
交换机	锐捷 RG-S2328G	1
服务器	Windows Server 2003	2
计算机	PC，Windows XP	1
双绞线	RJ-45	3
软件	Symantec Endpoint Protection 14.0	1

3)　IP 地址规划

本实训任务中 IP 地址网段规划为 192.168.1.0/24，各实训设备的 IP 地址如表 4-2 所示。

表 4-2　实训设备的 IP 地址

接　口	IP 地址
PC1	192.168.1.1/24
Server1	192.168.1.2/24
Server2	192.168.1.3/24

2. 实施步骤

任务的实施步骤如下。

(1)　根据实训拓扑图进行交换机、计算机的线缆连接，配置 PC1、Server1、Server2 的 IP 地址。Server2 必须安装 IIS 服务。Symantec Endpoint Protection 软件试用版可以从网站下载，网址为 http://www.symantec.com/zh/cn/endpoint-protection/trialware。

Symantec Endpoint Protection Manager 的安装进程主要分成三个部分：安装管理服务器和控制台、配置管理服务器并创建数据库、第三部分创建并部署客户端软件。每个部分都会使用向导。当每个部分的向导完成时，系统会显示提示，询问是否继续下一个向导。

Symantec Endpoint Protection Manager 的部署主要分成策略配置、管理组和客户端、LiveUpdate 更新等任务。

(2)　安装 SEP Manager 管理服务器和控制台。

将产品光盘插入驱动器，然后开始安装。若为下载的产品，请打开文件夹，并双击 Setup.exe 程序。在出现的安装界面上选择“安装 Symantec Endpoint Protection Manager”项。

在安装向导的“欢迎使用”界面中，单击“下一步”按钮。将会检查计算机是否满足系统最低要求。如果不满足要求，会出现一条消息，指出哪项资源不满足最低要求。可以单击“是”按钮继续安装 Symantec Endpoint Protection Manager，但性能可能会受到影响。

在“授权许可协议”界面中，选中“我接受该授权许可协议中的条款”单选按钮，然后单击“下一步”按钮，如图 4-2 所示。

打开“安装类型”界面，选择安装类型，建议大部分用户选择“典型”安装类型，如图 4-3 所示。

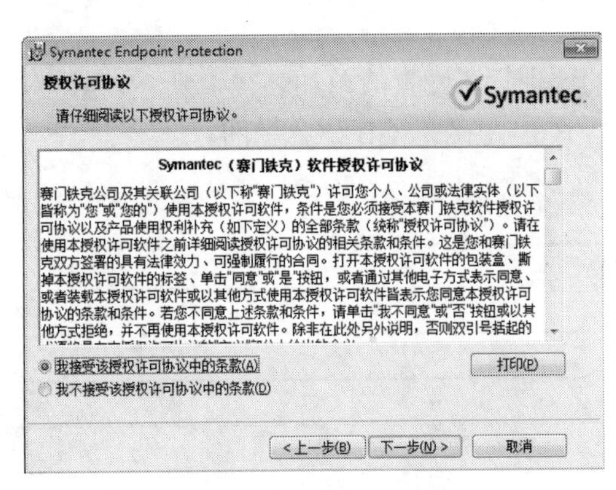

图 4-2　接受授权许可协议

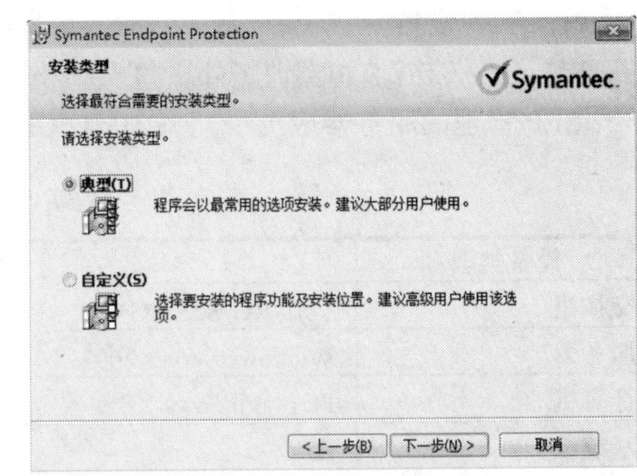

图 4-3　安装类型选择

在“选择网站”界面中，执行下列操作之一，如图 4-4 所示。

① 选中“创建自定义网站”单选按钮，然后接受或更改“TCP 端口”。

> 提示：此设置建议用于大部分的安装，因为它不太可能与其他程序发生冲突。

② 选中“使用默认网站”单选按钮，此设置使用 IIS 的默认网站，不建议使用。

单击“下一步”按钮，在“准备安装程序”界面中，单击“安装”按钮，安装进度如图 4-5 所示。

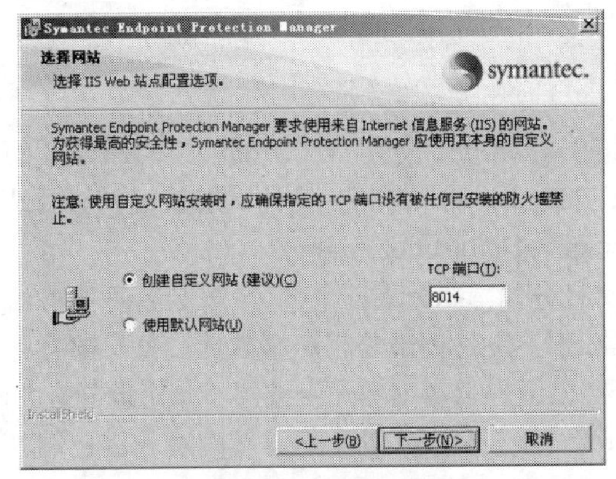

图 4-4　选择安装的网站及端口

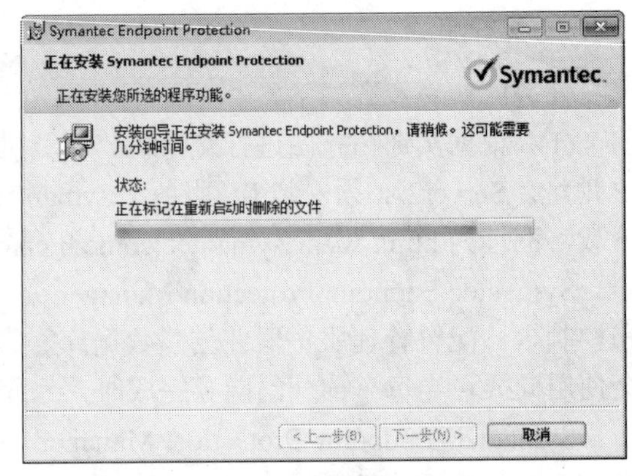

图 4-5　开始安装

安装完成并出现“安装向导已完成”界面，单击“完成”按钮，如图 4-6 所示。

等待“管理服务器配置向导”界面出现，这可能需要几秒钟时间。如果系统提示重新启动计算机，请重新启动计算机并登录，然后此向导会自动出现以供继续操作。

(3) 配置管理服务器并创建嵌入式数据库。

在“管理服务器配置向导”界面中，选择“简单”选项，再单击“下一步”按钮。

在出现的创建管理员账户界面输入并确认密码(6 个或更多个字符)，密码是用来登录 Symantec Endpoint Protection Manager 控制台的管理员账户密码。管理员的电子邮件地址为可选输入，如图 4-7 所示。

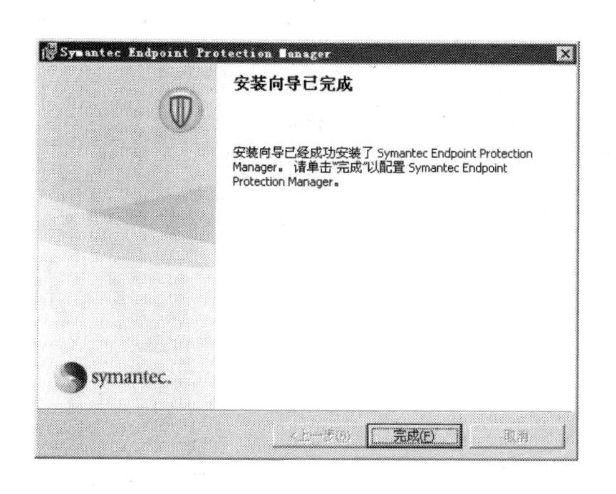

图 4-6　安装向导已完成

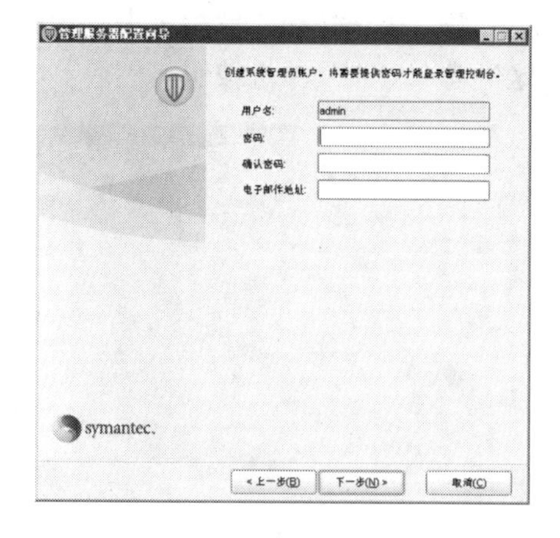

图 4-7　创建管理员账户

单击“下一步”按钮，在“数据收集”界面中，执行下列操作之一。

① 若要让 Symantec Endpoint Protection 将如何使用本产品的相关信息发送给 Symantec，请选中相应复选框。

② 若要拒绝将如何使用本产品的相关信息发送给 Symantec，请取消选中相应复选框。

单击“下一步”按钮，配置摘要界面会显示用于安装 Symantec Endpoint Protection Manager 的配置情况。此时可以选择打印设置的副本以方便日后维护作为参考，或单击“下一步”按钮，如图 4-8 所示。

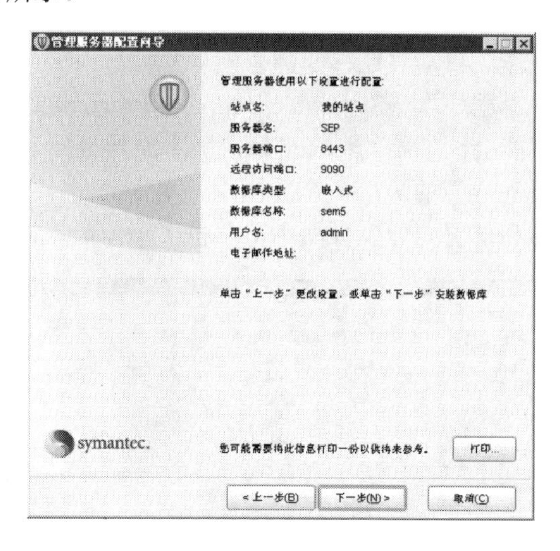

图 4-8　配置摘要

等待安装程序创建数据库，这可能需要几分钟的时间。

在“管理服务器配置向导已完成”界面中，如图 4-9 所示，执行下列操作之一。

① 若要使用“迁移和部署向导”部署客户端软件，请选中“是”单选按钮，然后单击“完成”按钮。

② 若要先登录 Symantec Endpoint Protection Manager 控制台后再部署客户端软件，

请选中“否”单选按钮，然后单击“完成”按钮。

这里选中“否”单选按钮，然后单击“完成”按钮，完成管理服务器配置。

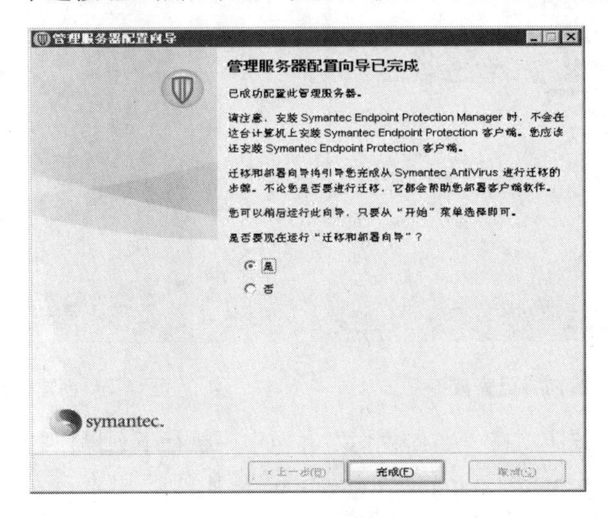

图 4-9　完成管理服务器配置

(4)　创建并部署客户端软件。

使用“迁移和部署向导”可以配置客户端软件包。然后可以选择显示推式部署向导，可以用它将客户端软件包部署至 Windows 计算机(需要客户端计算机的账号和权限)，也可以将制作的客户端软件包通过其他方式(如复制、共享、FTP)在客户端进行安装。本任务以后者为例进行安装。

运行下列其中一项操作，启动“迁移和部署向导”。

依次选择“开始”→“程序”→Symantec Endpoint Protection Manager→“迁移和部署向导”选项，具体路径可能会因使用的 Windows 版本而异。

在“管理服务器配置向导”的最后一个界面中，单击“是”按钮，然后单击“完成”按钮。在“欢迎使用迁移和部署向导”界面中，单击“下一步”按钮，如图 4-10 所示。

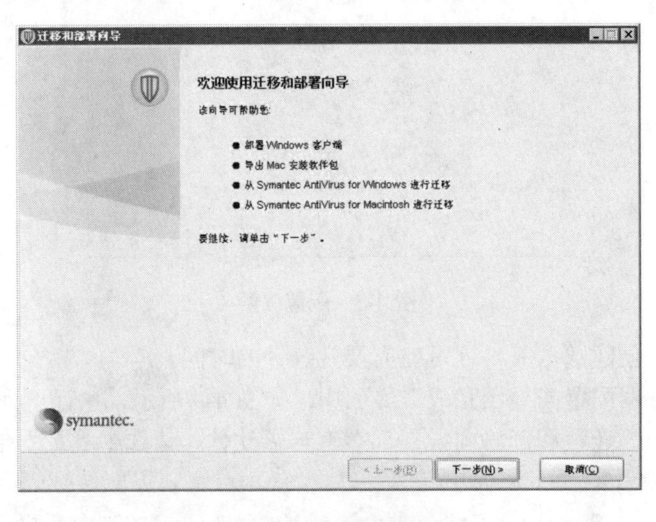

图 4-10　迁移和部署向导

在“您选择何种操作”界面中，选中“部署 Windows 客户端”单选按钮，然后单击“下一步”按钮。

在下一个界面中，选中“指定您要部署客户端的新组名”单选按钮，在文本框中输入组名(如 sepclient)，如图 4-11 所示，然后单击“下一步”按钮。已部署客户端软件并登录到控制台后，可以在控制台找到此组。

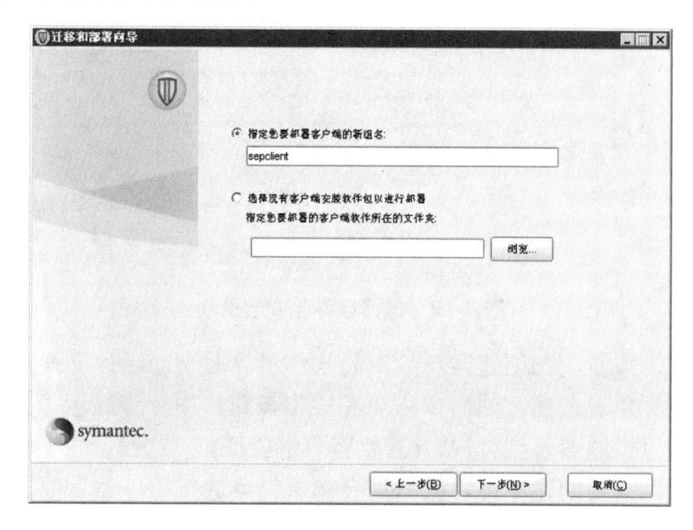

图 4-11　部署的客户端组名

在下一个界面中，取消选中不想安装的 Symantec Endpoint Protection 中任何类型的防护软件组件功能，如图 4-12 所示，然后单击“下一步”按钮。

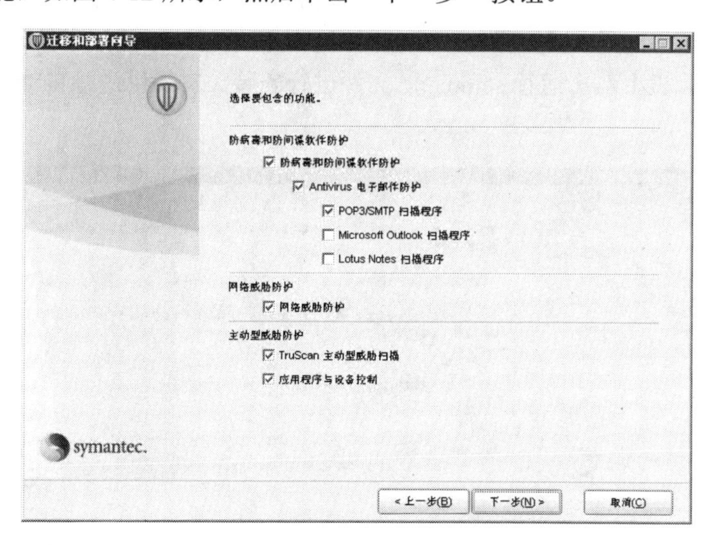

图 4-12　选择客户端包含的组件功能

在下一个界面中，选中您所需的软件包、文件及用户交互安装选项。单击“浏览”按钮，找到并选择要放置安装文件的目录，然后单击“打开”按钮，如图 4-13 所示。

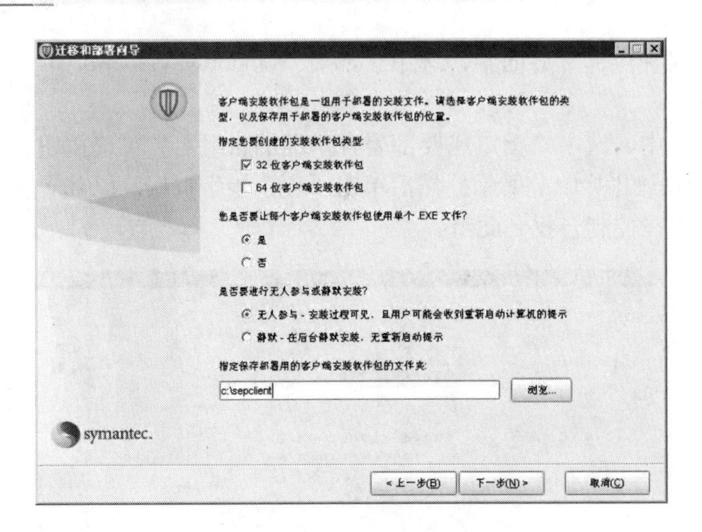

图 4-13　选择软件包安装选项

单击“下一步”按钮，在创建客户端安装软件包界面中，运行下列其中一项操作。

① 选中“是”单选按钮，然后单击“完成”按钮。下一步显示“推式部署向导”，远程将客户端安装包推送部署到客户端(需要客户端验证)。

② 选中“否，只要创建即可，我稍后会部署”单选按钮，然后单击“完成”按钮。

这里选中“否，只要创建即可，我稍后会部署”单选按钮，如图 4-14 所示。

创建并导出组的安装软件包可能需要几分钟的时间，如图 4-15 所示。然后退出迁移和部署向导。

在上面指定的客户端安装软件包目录里找到生成的安装包(文件名为 setup.exe)，将其通过共享、复制或 FTP 方式复制到客户端计算机 PC1、Server1 的某个目录内。

在客户端计算机上双击运行 setup.exe 文件进行安装，安装包进行自动安装，如图 4-16 所示。

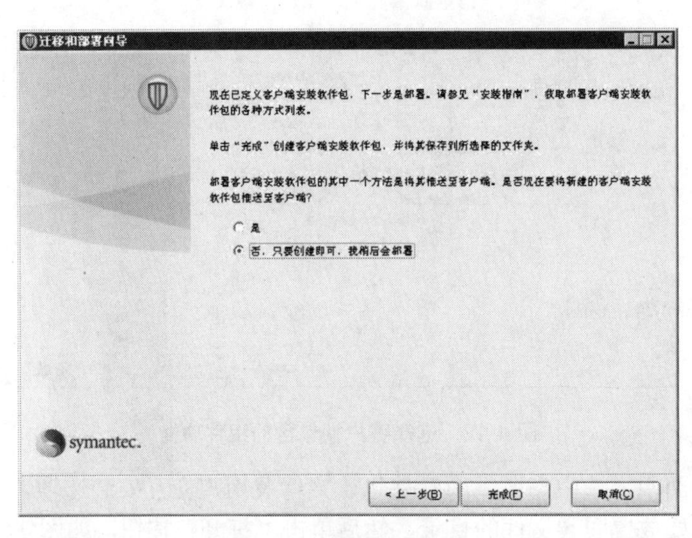

图 4-14　选择部署方式

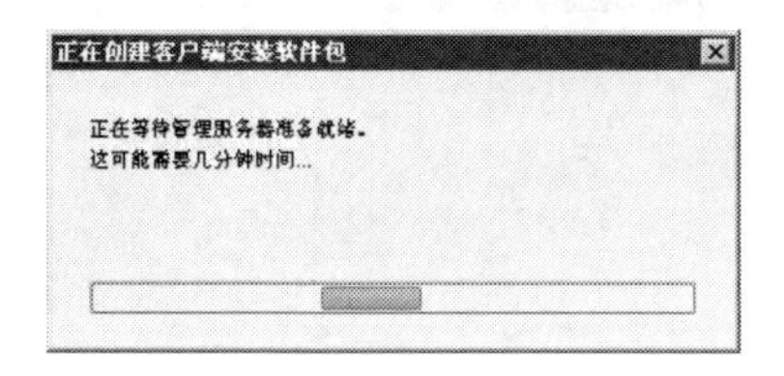

图 4-15　创建客户端安装软件包　　　　图 4-16　客户端自动安装

安装完成后，系统会提示重新启动客户端计算机才能生效，重新启动客户端计算机后，在右下角生成客户端图标。双击可打开客户端界面进行操作，如图 4-17 所示。

图 4-17　Symantec Endpoint Protection 客户端

> **提示：** 在 Symantec Endpoint Protection RU5 版本下，客户端软件依赖 System Event Notification Service 服务才能启动，如果客户端服务启动时出现 Symantec Management Client 服务不能启动的现象，请在服务里将 System Event Notification Service 服务的启动类型设为自动启动并启动该服务。

(5) Symantec Endpoint Protection Manager 控制台配置。Symantec Endpoint Protection Manager 控制台提供了图形用户界面供管理员使用。可以使用控制台来管理策略和计算机、监控端点防护状态，以及创建和管理管理员账户。

在安装 Symantec Endpoint Protection 之后登录 Symantec Endpoint Protection Manager 控制台。可以通过以下两种方式登录控制台。

① 通过本地。从安装管理服务器的计算机上依次选择“开始”→“程序”→Symantec Endpoint Protection Manager→“Symantec Endpoint Protection Manager 控制台”选项。

② 通过远程。任意找一台安装了浏览器的计算机，打开 IE 浏览器，然后在地址栏中输入下列地址：http://192.168.1.3:9090。在“Symantec Endpoint Protection Manager 控制台 Web 访问”页面，单击所需的控制台类型。

出现管理控制台登录界面后，使用安装时设定的管理员账户进行登录。登录后的界面如图 4-18 所示。管理控制台页面分为“主页”“监视器”“报告”“策略”“客户端”和“管理员”，按页划分执行相应的功能和任务。

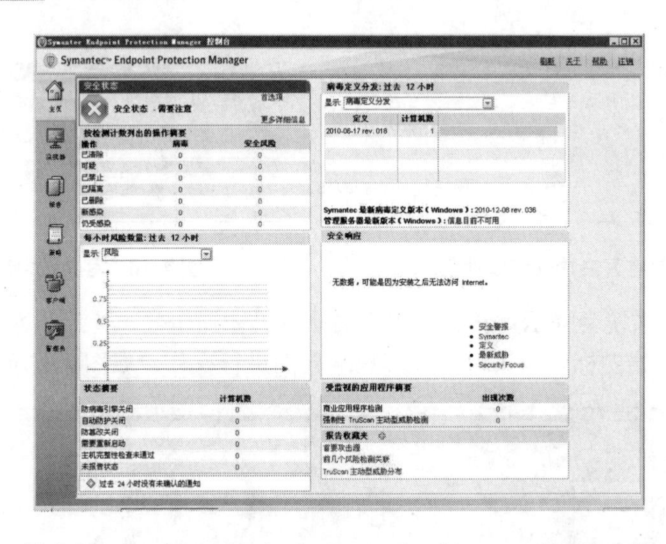

图 4-18　Symantec Endpoint Protection Manager 控制台主页

(6)　策略配置。Symantec Endpoint Protection 使用不同类型的安全策略来管理网络安全性。许多策略是在安装期间自动创建的。可以使用默认策略，也可以自定义策略以符合特定环境的需要。策略可以为共享策略，也可以为非共享策略。共享策略应用于任何组和位置。如果创建共享策略，则可以在所有使用相应策略的组和位置将其编辑和替换。非共享策略应用于组中的特定位置。每个策略只能应用至一个位置。针对已经存在的特定位置可能需要特定的策略。在这种情况下，可以为该位置创建唯一的策略。要查看已有的策略或编辑、添加策略，在控制台中，单击“策略”选项。在“查看策略”下，选择任一策略类型，在“任务”下方，选择“编辑策略”“删除策略”“分配策略”等操作，如图 4-19 所示。当配置好新的策略后，一定要分配策略，这时候才将配置好的策略分配到指定的组，每次更改完策略后都要再次将策略分配到所要指定的组。共享策略主要包括防病毒和防间谍软件策略、防火墙策略、入侵防护策略、应用程序与设备控制策略、LiveUpdate 策略等。以防病毒和防间谍软件策略为例说明，其余策略配置类似。

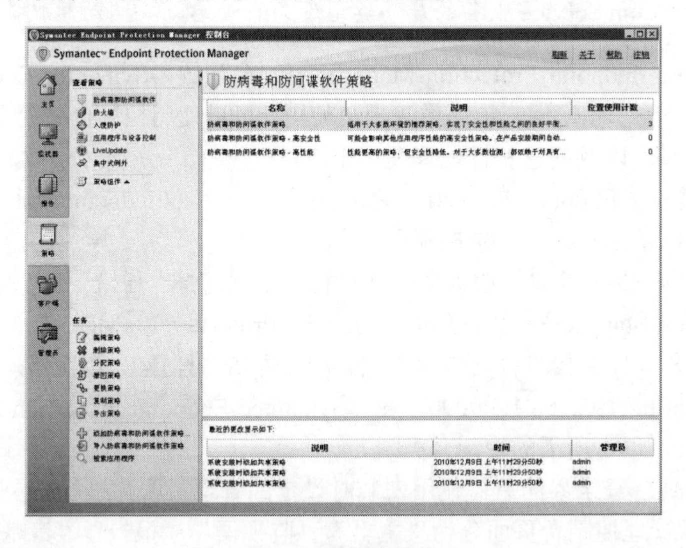

图 4-19　策略操作

“防病毒和防间谍软件策略”包括下列类型的选项。

① 自动防护扫描。自动防护会持续扫描从计算机读取或写入计算机的文件和电子邮件数据是否有病毒或安全风险；病毒和安全风险可能包括间谍软件或广告软件。

② 管理员定义的扫描(调度和按需扫描)。管理员定义的扫描则是检测病毒和安全风险。管理员定义的扫描会通过检查所有文件和进程(或部分文件和进程)来检测病毒和安全风险。管理员定义的扫描还能够扫描内存及加载点。

③ TruScan 主动型威胁扫描。TruScan 主动型威胁扫描会使用启发式扫描查找与病毒和安全风险行为类似的行为。防病毒和防间谍软件扫描是检测已知的病毒和安全风险，而主动型威胁扫描则是检测未知的病毒和安全风险。

④ 隔离选项。当前的病毒定义到达时：选择隔离策略，对客户端扫描到的病毒文件做隔离的方式。

⑤ 提交选项。可以指定将有关主动型威胁扫描检测的信息、自动防护或扫描检测的信息自动发送给 Symantec 安全响应中心。

⑥ 其他参数。可以配置 Windows 安全中心与 SEP 是否一起工作，IE 浏览器防护，配置日志处理方法，配置不同类型的通知。

当安装 Symantec Endpoint Protection 时，控制台的策略列表中会显示若干防病毒和防间谍软件策略。可以修改这些预先配置的策略之一，也可以创建新的策略。如图 4-20 所示为防病毒和防间谍软件策略配置界面，可根据实际需要进行配置。

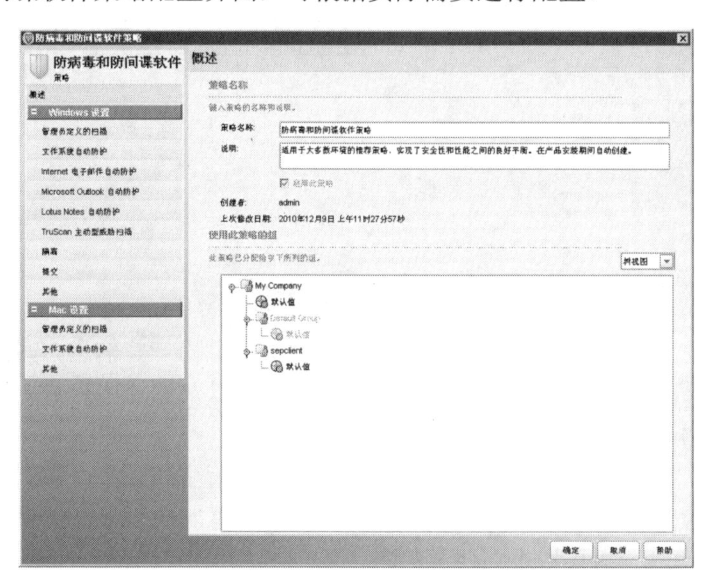

图 4-20 防病毒和防间谍软件策略配置界面

(7) 管理组和客户端。在 Symantec Endpoint Protection Manager 中，将各个受管计算机组作为一个整体进行管理，组可作为客户端计算机的配置区。可应用类似的安全要求将计算机加入组中，方便管理网络安全。

Symantec Endpoint Protection Manager 包括下列默认组。

① MyCompany 组为顶层组或父组。它包括一个由子组构成的平面树。

② Default Group 为 MyCompany 的子组。除非客户端属于预先定义的组，否则首次

向 Symantec Endpoint Protection Manager 注册时，会先分配到 DefaultGroup。不能在 Default Group 下创建子组。Default Group 不能重命名或者删除。

可以根据公司的组织结构，搭配创建多个子组，亦可根据功能、角色、地理位置或单项准则的组合来确定组结构。

在控制台中，选择“客户端”选项卡。在“查看客户端”下，选择要添加新子组的组。在“客户端”选项卡的“任务”下方，单击“添加组”按钮。在“添加 MyCompany 的组”对话框中，输入组名称和描述，单击“确定”按钮，如图 4-21 所示。

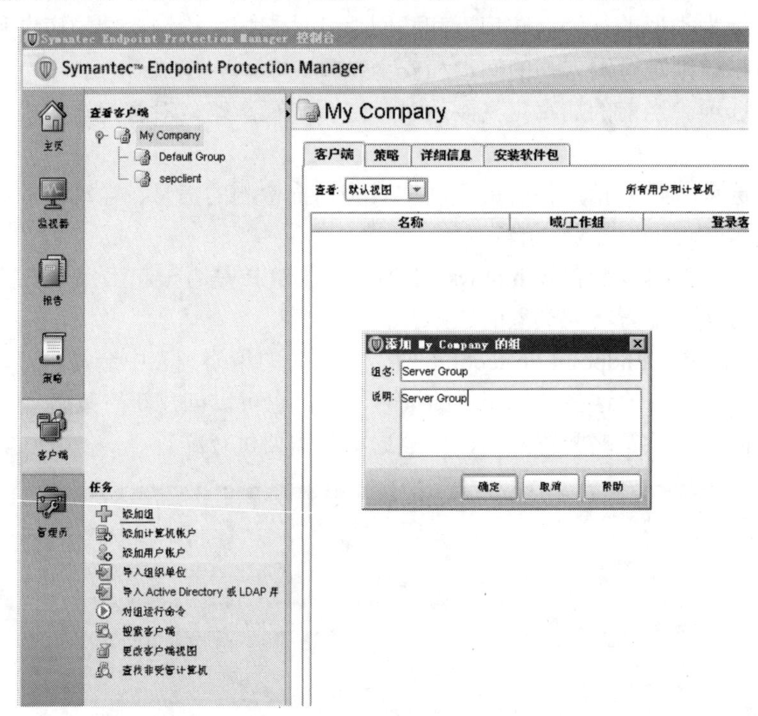

图 4-21 添加组

每个组都有一个属性页，列出有关可能需要检查的组的一些信息。其中，包括组上次修改日期及其策略序列号。它还列出组中的计算机数量以及注册用户数。通过此对话框，可禁止新客户端添加到组。

在组结构中，子组起初会自动从其父组继承位置、策略和设置。在默认情况下，为每个组都启用了继承。可以禁用继承，以便为子组单独配置安全设置。如果在进行更改后又启用继承，则会覆盖子组设置中的所有更改。

在“客户端”界面的“查看客户端”下，选择顶层组 My Company 以外的任何组，选择要对其禁用或启用继承的组。在<组名称>窗格的“策略”选项卡中，执行下列其中一个操作，如图 4-22 所示。

① 若要禁用继承，请取消选中“从父组<组名称>继承策略和设置”复选框。

② 若要启用继承，请选中“从父组<组名称>继承策略和设置”复选框，然后在询问是否继续时单击“是”按钮。

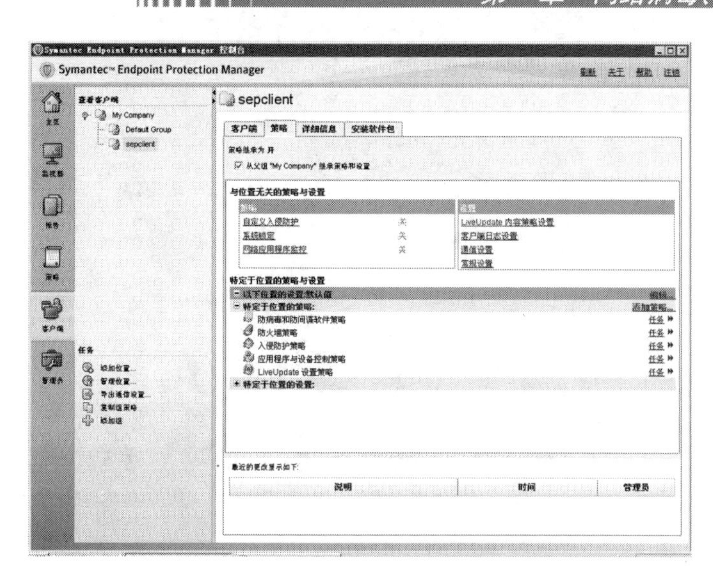

图 4-22　禁用与启用组的继承

在建立的 sepclient 组下，禁用继承的防病毒和防间谍软件策略，对其进行编辑，定义对客户端每周一上午 12:00 进行全盘扫描。

① 在 sepclient 组的策略下取消选中“从父组<组名称>继承策略和设置”复选框。

② 双击编辑防病毒和防间谍软件策略系统提示这是一个共享策略，单击“编辑共享”。

③ 在编辑的策略里的扫描选项选择编辑，将扫描调度时间修改为每周一上午 12:00。

客户端是连接到网络并运行 Symantec Endpoint Protection 软件的任何网络设备。Symantec Endpoint Protection 客户端软件包会部署到网络中的各个设备以对其进行保护。客户端软件可在客户端上执行下列功能。

① 连接到管理服务器以接收最新的策略与配置设置。

② 将各策略中的设置应用到计算机。

③ 在计算机上更新最新内容以及病毒与安全风险定义。

④ 将客户端信息记录在其日志中，以及将日志信息上载到管理服务器。

安装客户端软件前，应事先将计算机或用户分配到组在计算机上。安装客户端软件后，客户端将从客户端安装软件包中指定的组接收策略。创建客户端安装软件包进行部署时，可以指定要使客户端计算机成为其中成员的组。在计算机上安装客户端安装软件包后，客户端计算机会成为此首选组的成员。

检查和设置相关安全策略，完成管理服务器上的策略配置，客户端会根据管理服务器上相应的策略和调度实施安全防护。通过 Symantec Endpoint Protection Manager 控制台的首页和监视器界面进行客户端状态的监控。

(8) LiveUpdate 更新。Symantec LiveUpdate 是一种使用病毒定义、入侵检测特征、产品补丁程序等内容来更新客户端计算机的程序。LiveUpdate 可将内容更新分发至客户端，或分发至服务器，然后再将内容分发至客户端。客户端会定期接收病毒与间谍软件定义、IPS 特征、产品软件等的更新。LiveUpdate 服务可通过 SEP 管理服务器、客户端和 LiveUpdate 服务器进行更新，SEP 客户端默认会从默认管理服务器获取更新。客户端计算机默认会接收所有内容类型的更新。在大型网络中，可安装配置一台或多台专用的 LiveUpdate 服务器

来提供下载更新。LiveUpdate 的体系结构如图 4-23 所示。

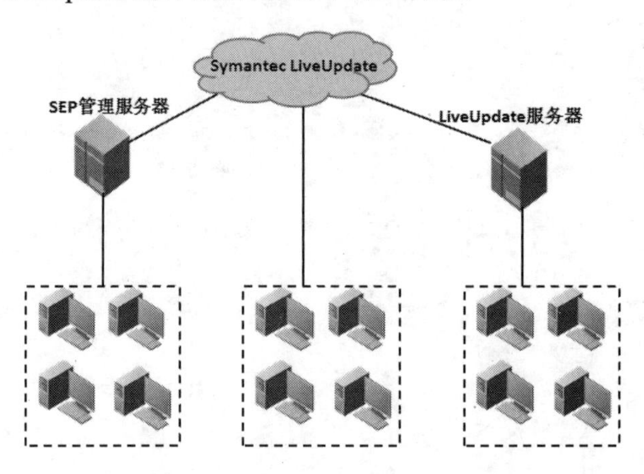

图 4-23　LiveUpdate 的体系结构

在 SEP 管理服务器的 LiveUpdate 策略有两种类型。一种为 LiveUpdate 设置策略；另一种为 LiveUpdate 内容策略。LiveUpdate 设置策略可以指定客户端要联系以检查更新的计算机，并控制客户端检查更新的频率。LiveUpdate 内容策略指定允许客户端检查和安装的更新类型。针对每种类型，可以指定客户端查看和安装最新的更新。此策略不能应用于组中的特定位置，只能在组级别应用。LiveUpdate 策略的配置如图 4-24 所示。

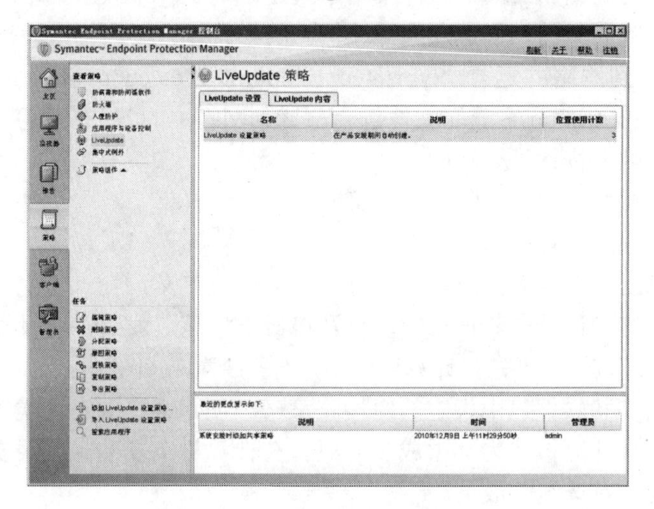

图 4-24　LiveUpdate 策略的配置

修改 LiveUpdate 策略，将 LiveUpdate 调度更新频率由默认的 4 小时修改为连续。

4.1.6　网络防毒系统任务验收

1. 设备验收

根据实训拓扑图检查验收交换机、计算机的线缆连接，检查 PC1、Server1、Server2 的 IP 地址。

2. 配置验收

1)　安装验收

检查 Server2 的 Symantec Endpoint Protection Manager 安装，通过浏览器访问 http://192.168.1.3:9090 能正常登录控制台界面，从管理控制台的客户端菜单项可看见 PC1、Server1、Server2 客户端软件安装正确并正常运行，选择客户端可查看其软件版本、病毒定义及相关属性等，如图 4-25 所示。

2)　组及策略配置

检查创建的 sepclient 组的防病毒和防间谍软件策略，其扫描调度时间为每周一上午 12：00，如图 4-26 所示。

检查 LiveUpdate 策略，其调度更新频率为连续，如图 4-27 所示。

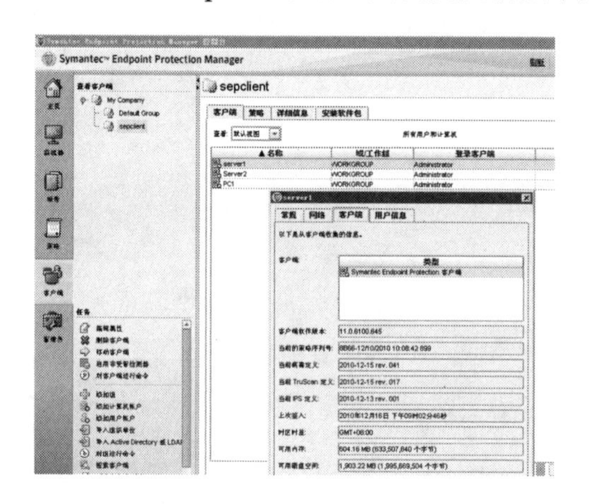

图 4-25　受管理的客户端属性

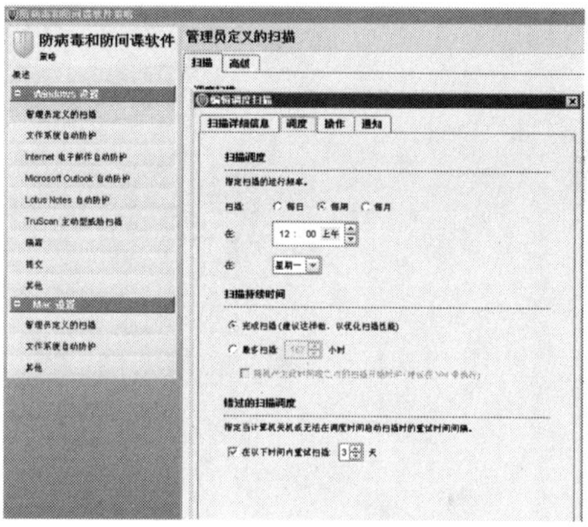

图 4-26　扫描调度

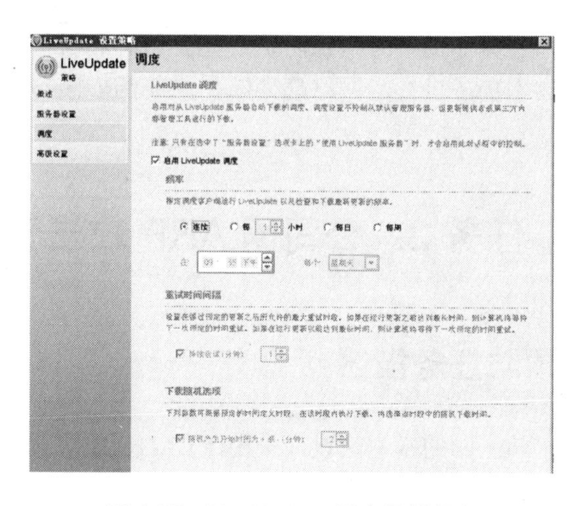

图 4-27　LiveUpdate 调度更新频率

3. 功能验收

1)　客户端更新

新安装的客户端防病毒和防间谍软件定义为过期，在客户端上单击“修复”按钮。客户端将从管理服务器进行更新，更新完成后防病毒和防间谍软件定义将会与管理服务器的

定义一致，从查看日志里能检查客户端更新的情况。也可以从管理服务器进行更新，在客户端菜单选项里，选择需要更新的客户端点并右击，选择“对客户端运行命令”|“更新内容”命令，根据提示单击“确定”按钮，如图 4-28 所示。

在监视器菜单的“命令状态”里查看管理服务器发出的命令执行情况和状态。

2)　客户端扫描

扫描客户端计算机的安全威胁，与客户端更新类似，可以从客户端界面的“扫描威胁”进行扫描，也可以从管理服务器对客户端运行扫描命令进行，运行后查看扫描结果。

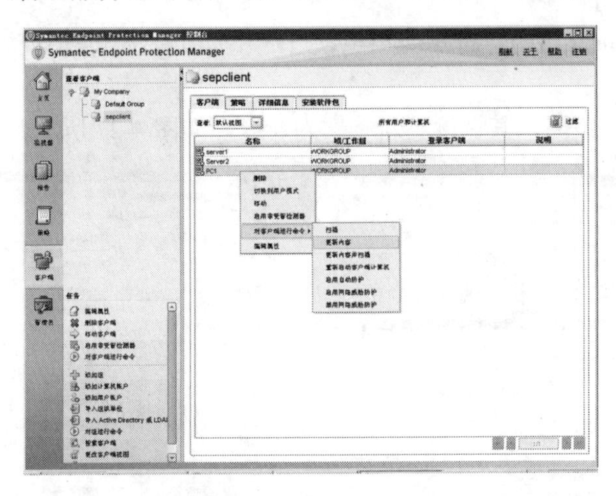

图 4-28　从管理服务器更新

4.1.7　网络防毒系统任务总结

针对某公司计算机和服务器的网络病毒防护的任务内容和目标，通过需求分析进行了实训的规划和实施。通过本任务进行了网络病毒防护系统的安装、安全策略配置、组与客户端管理等方面的实训。

4.2　任务 2：公司网 ARP 攻击预防

4.2.1　ARP 攻击预防任务描述

某公司已完成了公司园区网的基本建设，采用 VLAN、生成树、路由等技术构建了稳定的三层园区网络结构，并通过 DHCP 分配客户端网络参数，全公司约有 3000 台计算机通过约 150 台交换机联入校园网，需要稳定地访问校园网和互联网资源。在运行一段时间后发现较多用户计算机经常出现网络中断现象，经检查发现在接入交换机层的客户端计算机修改 IP 和 MAC 地址、计算机病毒感染特别是 ARP 病毒、用户计算机启用了 DHCP 功能等多种影响网络正常运行的现象。为了保障校园网络的正常使用和稳定运行，请进行规划并实施。

4.2.2　ARP 攻击预防任务目标与目的

1. 任务目标

针对公司园区网接入层的网络安全进行防护的实施，预防当前日益频繁的 ARP 病毒与 ARP 攻击。

2. 任务目的

通过本任务进行交换机的 ARP 攻击预防技术配置，以帮助读者在深入了解交换机基本配置的基础上，能够利用 ARP 攻击预防技术提高网络安全性，预防 ARP 攻击与病毒，并具备灵活运用的能力。

4.2.3　ARP 攻击预防任务需求与分析

1. 任务需求

某公司园区网，办公计算机较多，用户计算机经常出现客户端计算机修改 IP 和 MAC 地址、计算机病毒感染、计算机启用了 DHCP 功能等多种影响网络中断的现象，需要保障公司园区网络的正常使用和稳定运行。

2. 需求分析

需求 1：防止计算机因 ARP 病毒感染而影响网络使用功能，或遭受 ARP 攻击的影响而造成损失。

分析 1：采用防 ARP 检测技术，配置 ARP 检查，对伪造的非法 ARP 报文实施过滤，从而预防 ARP 攻击与 ARP 病毒。

需求 2：防止用户计算机启用 DHCP 服务，造成网络 IP 地址管理、分配混乱。

分析 2：采用 DHCP Snooping 技术，过滤掉非法 DHCP 报文，保证网络主机只能从合法的 DHCP 服务器获取 IP 地址及相关参数。

根据任务需求和需求分析，组建公司办公区的网络结构，如图 4-29 所示。

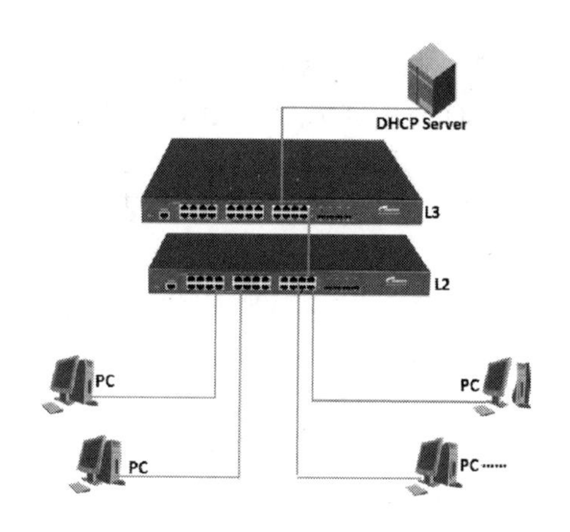

图 4-29　公司办公区的网络结构

4.2.4　ARP 攻击预防知识链接

1. ARP 协议

1)　ARP 的基本概念

ARP(Address Resolution Protocol，地址解析协议)，是根据 IP 地址获取物理地址的一个

TCP/IP。主机发送信息时将包含目标 IP 地址的 ARP 请求广播到网络上的所有主机，并接收返回消息，以此确定目标的物理地址；收到返回消息后将该 IP 地址和物理地址存入本机 ARP 缓存中并保留一定时间，下次请求时直接查询 ARP 缓存以节约资源。地址解析协议是建立在网络中各个主机互相信任的基础上的，网络上的主机可以自主发送 ARP 应答消息，其他主机收到应答报文时不会检测该报文的真实性就会将其记入本机 ARP 缓存；由此攻击者就可以向某一主机发送伪 ARP 应答报文，使其发送的信息无法到达预期的主机或到达错误的主机，这就构成了一个 ARP 欺骗。ARP 命令可用于查询本机 ARP 缓存中 IP 地址和 MAC 地址的对应关系、添加或删除静态对应关系等。相关协议有 RARP、代理 ARP。NDP 用于在 IPv6 中代替地址解析协议。

2) ARP 报文格式

ARP 协议主要是通过交换 ARP REQUEST、ARP RELAY 等报文实现 IP 地址和 MAC 地址的转换。要了解 ARP 实现原理，ARP 报文格式是必须了解的。ARP 报文格式如图 4-30 所示。

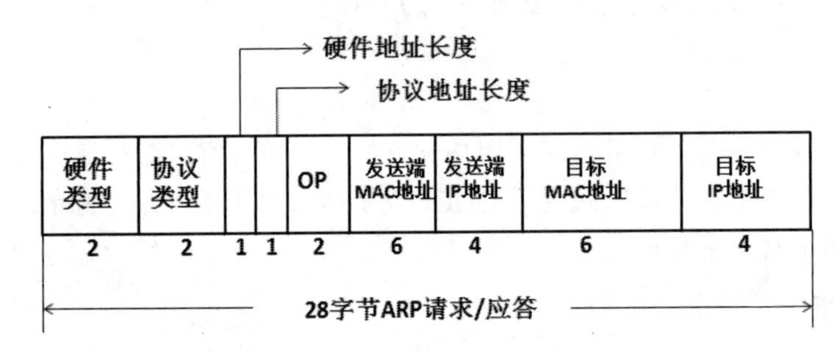

图 4-30　ARP 报文格式

(1) 硬件类型：表示硬件地址类型，1 为以太 MAC。

(2) 协议类型：网络层地址，0x0800 表示 IP 地址。

(3) OP：操作类型，1 表示 ARP 请求，2 表示 ARP 应答。

3) ARP 协议的基本工作原理

ARP 协议主要是通过交换 ARP REQUEST、ARP RELAY 等报文实现 IP 地址和 MAC 地址的转换。ARP 基本工作原理如图 4-31 所示。

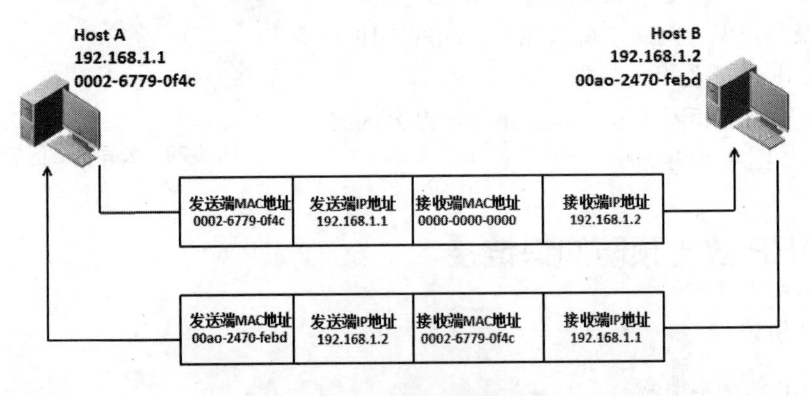

图 4-31　ARP 基本工作原理

4)　ARP 协议的详细实现原理

ARP 是地址解析协议，其功能是将目的 IP 地址解析为目的 MAC 地址(MAC 地址是链路层地址，在以太网中就是网卡地址)。为什么知道了 IP 地址还要知道其对应的 MAC 地址呢？这是因为 IP 包要转发，还要下传到数据链路层，数据链路层要封装 IP 包就要知道该目的 MAC 地址。

当 IP 知道 IP 包的下一跳(或目的地址)IP 地址，但不知道其 MAC 地址时，就调用 ARP。

IP 调用 ARP 协议后，ARP 通过 ARP 请求和 ARP 应答实现地址解析。下面以示例来说明解析的过程，如图 4-32 所示。

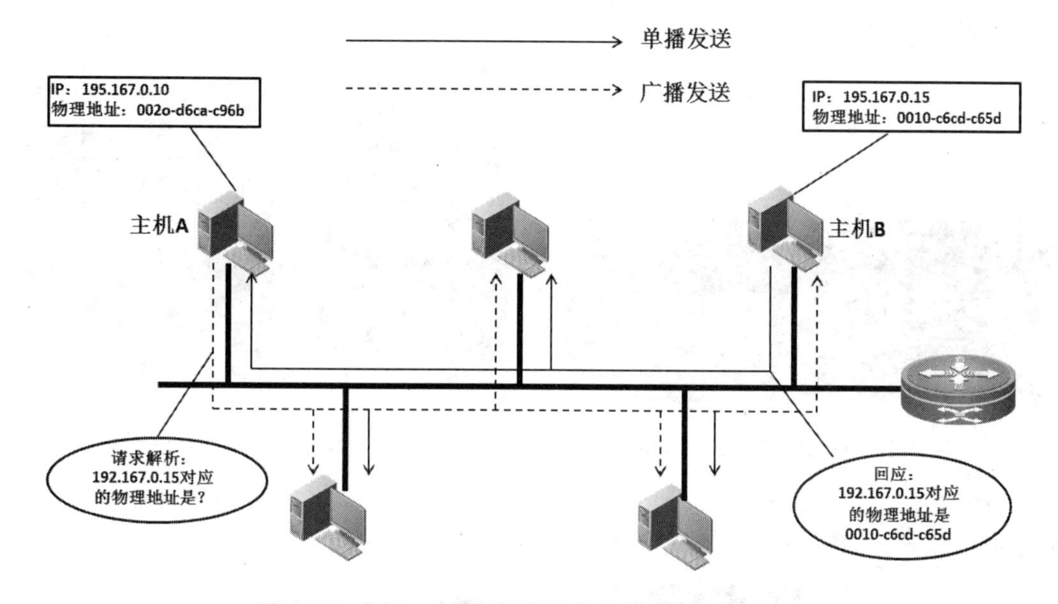

图 4-32　主机 A 要获取主机 B 的物理地址的解析过程

(1)　源主机 A 调用 ARP 请求，请求 IP 地址为 195.167.0.15 的目的主机物理地址。

(2)　ARP 创建一个 ARP 请求分组，其内容包括源主机 A 的物理地址、源主机 A 的 IP 地址、目的主机 B 的 IP 地址，并封装在链路层数据帧中。

(3)　主机 A 在本地网络中广播 ARP 请求分组的数据帧，请求数据帧的地址为广播地址 195.167.0.255.

(4)　该网络中的所有电脑都收到此广播，并将 ARP 请求分组中的目的主机地址与自己的 IP 地址进行匹配，如果不匹配则丢弃。

(5)　如某主机(如图中主机 B)发现地址与自己地址一致，则产生一个包含自己的物理地址的 ARP 应答分组，其中包含应答主机 B 的物理地址。

(6)　主机 B 的 ARP 应答分组直接以单播形式回送给主机 A。

(7)　主机 A 利用应答分组中得到的主机 B 的地址，完成地址解析过程。

5)　ARP 缓存

当 A 主机通过 ARP 完成 B 主机的地址解析后，此时会在 A 主机内部的 ARP 缓存表中生成一条 B 主机的缓存记录，下次 A 主机再去访问 B 主机时，就无须再通过 ARP 协议去解析 B 主机的地址。ARP 缓存的存在，极大地提高了网络性能和效率，降低了对网络资源的消耗。一般而言，主机内部的 ARP 缓存记录主要分为两大类。

(1) 动态 ARP 表。由 ARP 生成，可被老化，可被新 ARP 报文更新，可被静态 ARP 表项覆盖，当到达老化时间、接口 down 等情况发生时，系统会自动删除相应动态 ARP 表项。

(2) 静态 ARP 表。通过网络管理员手工配置和维护，不会被老化，不会被动态 ARP 表项覆盖。

查看主机 ARP 缓存表的方法为：在命令提示符里输入命令 arp –a，如图 4-33 所示，查看主机 ARP 缓存表。

为某台主机添加静态 ARP 缓存记录的方法为在命令提示符下输入命令 arp –s，如图 4-34 所示，为主机添加静态 ARP 缓存记录。

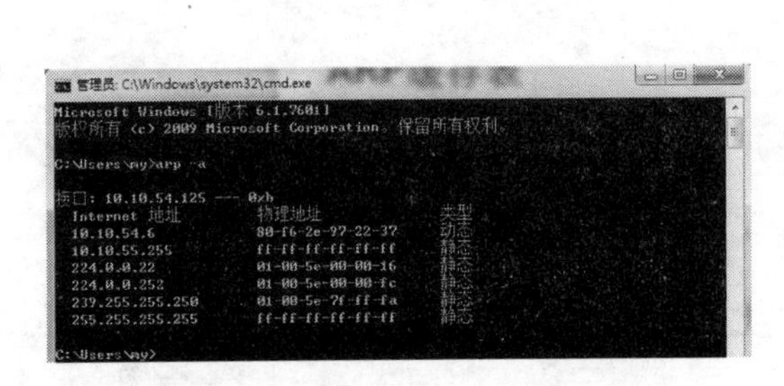

图 4-33 查看主机 ARP 缓存表

图 4-34 为主机添加静态 ARP 缓存记录

如果要手动清空某台主机的 ARP 缓存记录，方法为在命令提示符下输入命令 arp –d，如图 4-35 所示，清空主机 ARP 缓存记录。

图 4-35 清空主机 ARP 缓存记录

6) ARP 协议漏洞

ARP 协议虽然是一个高效的数据链路层协议，但它是一个早期的网络协议，存在先天不足的缺点。它的设计初衷是为了方便数据的传输，设计前提是网络绝对安全的情况，ARP 协议是建立在局域网主机相互信任的基础之上的。ARP 具有广播性、无状态性、无认证性、无关性和动态性等一系列安全缺陷。具体而言，ARP 协议主要有以下几个缺点。

(1) 利用广播方式实现。ARP 寻找 MAC 地址是广播方式的。攻击者可以应答错误的

MAC 地址，同时攻击者也可以不间断地广播 ARP 请求包，造成网络的缓慢甚至网络阻塞。

(2) 无状态和动态。ARP 是无状态和动态的，任意主机都可以在没有请求的情况下进行应答。且任何主机只要收到网络内正确的 ARP 应答包，不管它本身是否有 ARP 请求，都会无条件地动态更新缓存表。

(3) 缺乏身份认证。ARP 是无认证的。ARP 在默认情况下信任网络内的所有节点，只要是存在 ARP 缓存表里的 IP/MAC 映射以及接收到的 ARP 应答中的 IP/MAC 映射关系，ARP 都认为是可信任的。并没有对 IP/MAC 映射的真实性和有效性进行检验，也无法维护映射的一致性。

2. ARP 攻击的原理

正是由于 ARP 存在诸多先天不足的缺点，特别是无法提供安全机制，因此，很多利用 ARP 协议本身漏洞的网络攻击、网络病毒层出不穷，给网络安全带来了极大的压力。

ARP 欺骗攻击的核心思想就是向目标主机发送伪造 ARP 应答，并使目标主机接收应答中伪造的 IP 地址与 MAC 地址之间的映射对，以此来更新目标主机的 ARP 缓存。

一般而言，ARP 攻击主要有以下几种方式。

1) ARP Spoof 攻击

ARP Spoof 就是典型的中间人攻击。中间人攻击就是攻击者将自己的主机插入两个目标主机通信路径之间，使它的主机如同两个目标主机通信路径上的一个中继，这样攻击者就可以监听两个目标主机之间的通信。ARP Spoof 中间人攻击如图 4-36 所示。

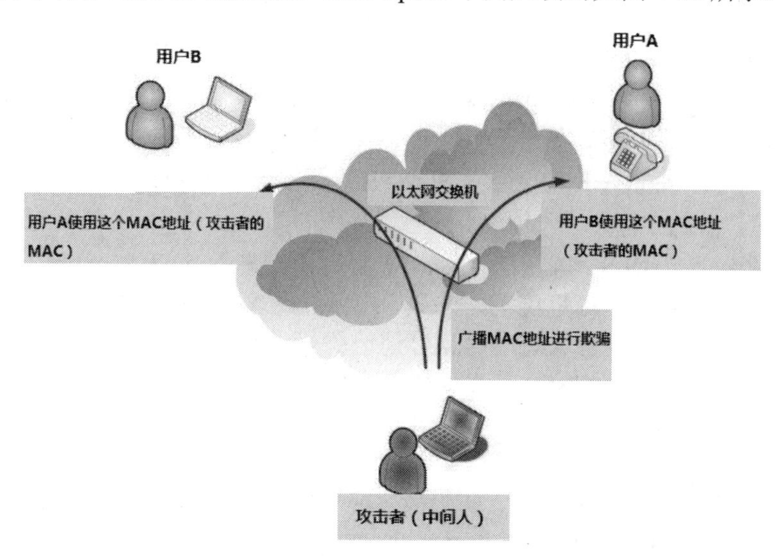

图 4-36 ARP Spoof 攻击

通信过程如下：C 侵染目标主机 A 与 B 的 ARP 缓存，使得当 A 向 B 发送数据时，使用的是 B 的 IP 地址与 C 的 MAC 地址，并且 B 向 A 发送数据时，使用的是 A 的 IP 地址与 C 的 MAC 地址。因此，所有 A 与 B 之间的通信数据都将经过 C，再由 C 转发给它们。如果攻击者对一个目标主机与它所在的局域网的路由器实施中间人攻击，那么攻击者就可以窃取 Internet 上与这个目标主机之间的全部通信数据，并且可以对数据进行篡改和伪造。

2) 网关欺骗攻击

ARP 网关欺骗攻击的主要症状是造成内部主机无法访问其他网段或外网。其攻击过程如图 4-37 所示，因为主机 A 仿冒网关向主机 B 发送了伪造的网关 ARP 报文，导致主机 B 的 ARP 表中记录了错误的网关地址映射关系，从而正常的数据不能被网关接收。

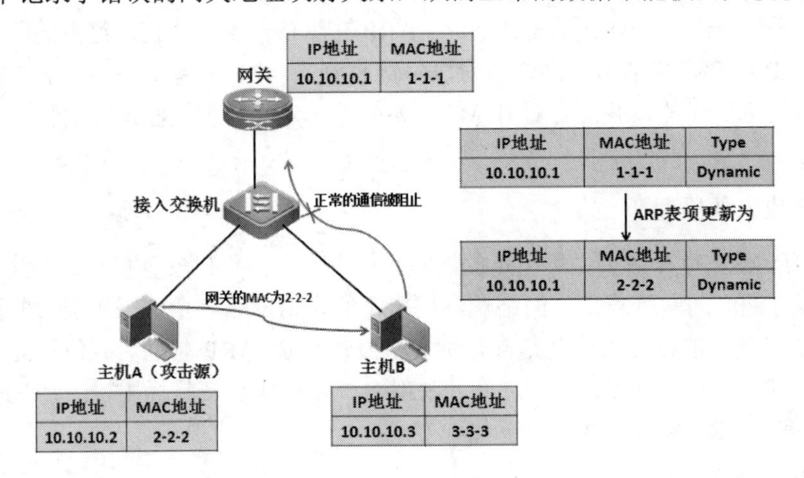

图 4-37 ARP 网关欺骗攻击

ARP 网关欺骗攻击是一种比较常见的攻击方式，如果攻击源发送的是广播 ARP 报文，或者根据其自身所掌握的局域网内主机的信息依次地发送攻击报文，就可能会导致整个局域网通信的中断，是 ARP 攻击中影响较为严重的一种。

3) IP 地址冲突

主机发送更改的 ARP 报文，将伪装的 MAC 地址映射到目的主机的 IP 地址，系统检测到两个不同的 MAC 地址对应同一个 IP 地址而表现为 IP 地址冲突，在 Windows 操作系统中弹出警告对话框，Linux/UNIX 操作系统中以 mail 方式警告根用户，并且这两种情况下都会出现网络的暂时中断。

4) 拒绝服务攻击 DoS

拒绝服务攻击就是使目标主机不能正常响应外部请求，从而不能对外提供服务的攻击方式。如果攻击者将目标主机 ARP 的 MAC 地址全部改为根本不存在的地址，那么目标主机向外发送的所有以太网数据帧会丢失，使得上层应用忙于处理这种异常而无法响应外来请求，也就导致目标主机产生拒绝服务。

5) ARP Reply 畸形包攻击

从 ARP 报文格式我们可以知道，正常的 ARP 报文至少是 46 个字节，但是如果我们自己精心构造一个只有 30 个字节长的 ARP Reply 报文，这样就会使整个网络瘫痪。原因就是目前市场上的网络交换设备没有充分考虑到这种情况的出现。当网络上连续出现这种畸形报文达到一定数量的时候，交换机的 MAC 缓存表就无法正常刷新，常用的操作系统像 Windows 2000/2003/2008 等，对这种畸形报文也没有很好的处理方法，其严重后果也是整个局域网瘫痪。经实验，连续发送 7 个长度为 30 字节的畸形 ARP Reply 报文，局域网瘫痪将近 30 分钟。

6) 克隆攻击

如今修改网络接口的 MAC 地址已经成为可能，于是攻击者首先对目标主机实施拒绝服务攻击，使其不能对外部做出任何反应。然后攻击者就可以将自己的 IP 地址与 MAC 地址分别改为目标主机的 IP 地址与 MAC 地址，这样攻击者的主机就变成了与目标主机一样的副本，从而进一步实施各种非法攻击，窃取各种通信数据。

3. ARP Detection

ARP Detection 功能主要应用于接入设备上，对于合法用户的 ARP 报文进行正常转发，否则直接丢弃，从而防止仿冒用户、仿冒网关的攻击。ARP Detection 包含三个功能：用户合法性检查、ARP 报文有效性检查、ARP 报文强制转发。

1) 用户合法性检查

用户合法性检查对于 ARP 信任端口，不进行用户合法性检查；对于 ARP 非信任端口，需要进行用户合法性检查，以防止仿冒用户的攻击。

用户合法性检查是根据 ARP 报文中源 IP 地址和源 MAC 地址检查用户是否是所属 VLAN 所在端口上的合法用户，包括基于 IP Source Guard 静态绑定表项的检查、基于 DHCP Snooping 安全表项的检查、基于 IEEE 802.1x 安全表项的检查和基于 OUI MAC 地址的检查。

首先进行基于 IP Source Guard 静态绑定表项检查。如果找到了对应源 IP 地址和源 MAC 地址的静态绑定表项，认为该 ARP 报文合法，进行转发。如果找到了对应源 IP 地址的静态绑定表项但源 MAC 地址不符，认为该 ARP 报文非法，进行丢弃。如果没有找到对应源 IP 地址的静态绑定表项，继续进行 DHCP Snooping 安全表项、IEEE 802.1 x 安全表项和 OUI MAC 地址检查。

在基于 IP Source Guard 静态绑定表项检查之后进行基于 DHCP Snooping 安全表项、IEEE 802.1 x 安全表项和 OUI MAC 地址检查，只要符合三者中任何一个，就认为该 ARP 报文合法，进行转发。其中，OUI MAC 地址检查指的是，只要 ARP 报文的源 MAC 地址为 OUI MAC 地址，并且使能了 Voice VLAN 功能，就认为是合法报文，检查通过。

如果所有检查都没有找到匹配的表项，则认为是非法报文，直接丢弃。

2) ARP 报文有效性检查

ARP 报文有效性检查对于 ARP 信任端口，不进行报文有效性检查；对于 ARP 非信任端口，需要根据配置对 MAC 地址和 IP 地址不合法的报文进行过滤。可以选择配置源 MAC 地址、目的 MAC 地址或 IP 地址检查模式。

对于源 MAC 地址的检查模式，会检查 ARP 报文中的源 MAC 地址和以太网报文头中的源 MAC 地址是否一致，一致则认为有效，否则丢弃报文。

对于目的 MAC 地址的检查模式(只针对 ARP 应答报文)，会检查 ARP 应答报文中的目的 MAC 地址是否为全 0 或者全 1，是否和以太网报文头中的目的 MAC 地址一致。全 0、全 1、不一致的报文都是无效的，无效的报文需要被丢弃。

对于 IP 地址检查模式，会检查 ARP 报文中的源 IP 和目的 IP 地址，全 0、全 1、或者组播 IP 地址都是不合法的，需要丢弃。对于 ARP 应答报文，源 IP 和目的 IP 地址都进行检查；对于 ARP 请求报文，只检查源 IP 地址。

3) ARP 报文强制转发

ARP 报文强制转发对于从 ARP 信任端口接收到的 ARP 报文不受此功能影响，按照正常流程进行转发；对于从 ARP 非信任端口接收到的、已经通过用户合法性检查的 ARP 报文的处理过程如下。

(1) 对于 ARP 请求报文，通过信任端口进行转发。

(2) 对于 ARP 应答报文，首先按照报文中的以太网目的 MAC 地址进行转发，若在 MAC 地址表中没有查到目的 MAC 地址对应的表项，则将此 ARP 应答报文通过信任端口进行转发。

4. 配置命令

H3C 系列和 Cisco 系列交换机上配置 ARP Detection(ARP 检测)的相关命令，如表 4-3 所示。

表 4-3 ARP Detection 配置命令

功　能	H3C 系列设备		Cisco 系列设备	
	配置视图	基本命令	配置模式	基本命令
启用 ARP 检查功能			全局配置模式	Cisco(config)#port-security arp-check
配置安全地址绑定	具体视图	[H3C-Ethernet1/0/1]am user-bind mac-addr 0001-0001-0001 ip-addr 192.168.1.1	具体配置模式	Cisco (config-if)# switchport port-security mac-address 001.0001.0001 ip-address 192.168.1.1
启用 DHCP Snooping	系统视图	[H3C] dhcp-snooping	全局配置模式	Cisco (config)#ip dhcp snooping
设置信任端口	具体视图	[H3C-Ethernet1/0/1] dhcp-snooping trust	具体配置模式	Cisco (config-if)# ip dhcp snooping trust
DHCP Snooping MAC 验证	具体视图	[H3C-Ethernet1/0/1]ip check source ip-address mac-address	全局配置模式	Cisco (config)#ip dhcp snooping verify mac-address
启用 Detection (或 ARP DAI)	系统视图	[H3C]dhcp-snooping	全局配置模式	Cisco (config)#ip arp inspection
开启 VLAN 的 ARP 检测	具体视图	[H3-vlan1] arp detection enable	全局配置模式	Cisco (config)#ip arp inspection vlan 1
设置 DAI 的信任端口	具体视图	[H3C-Ethernet1/0/1]arp detection trust	具体配置模式	Cisco (config-if)# ip arp inspection trust

4.2.5 ARP 攻击预防任务实施

1. 实施规划

1) 实训拓扑结构

根据任务的需求与分析，实训的拓扑结构及网络参数如图 4-38 所示，以 PC1 模拟公司员工电脑，PC2 模拟 ARP 攻击机，DHCP 模拟公司 DHCP 服务器。

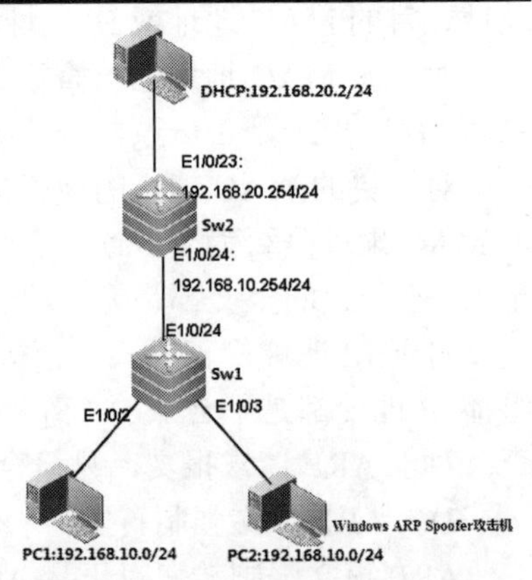

图 4-38 实训的拓扑结构及网络参数

2) 实训设备

根据任务的需求和实训拓扑，每实训小组的实训设备配置清单如表 4-4 所示。

表 4-4　实训设备配置清单

设备类型	设备型号	数　量
交换机	H3CS3610-28TP	2
计算机	Windows 2003/Windows 7	2
计算机	Win2008	1
Arp 攻击模拟软件	Windows ARP Spoofer	1
双绞线	RJ-45	若干

3)　IP 地址规划

根据需求分析，本任务的 IP 地址规划如表 4-5 所示。

表 4-5　IP 地址规划

设　备	IP 地址	网　关
PC1	DHCP 自动获取	192.168.10.254
PC2	DHCP 自动获取	192.168.10.254
DHCP	192.168.20.2/24	192.168.20.254

4)　VLAN 规划

根据需求分析，本任务的 VLAN 规划如表 4-6 所示。

表 4-6　VLAN 规划

所属 switch	VLAN	包含端口
Sw1	VLAN 10	Ethernet 1/0/1 to Ethernet 1/0/5
Sw1/sw2	VLAN 20	Ethernet 1/0/20 to Ethernet 1/0/23

2. 实施步骤

任务的实施步骤如下。

(1)　根据实训拓扑图进行交换机、计算机的线缆连接，配置 PC3(DHCP 服务器)的 IP 地址。

(2)　使用计算机 Windows 操作系统的“超级终端”组件程序通过串口连接到交换机的配置界面，其中超级终端串口的属性设置还原为默认值(每秒位数 9600、数据位 8、奇偶校验无、数据流控制无)。

(3)　超级终端登录路由器，进行任务的相关配置。

(4)　Switch 1 主要配置清单如下。

```
一、sw1 的基本配置
初始化配置：
<H3C>system-view
[H3C]sysname   sw1
二、配置 vlan
[sw1]vlan 10
[sw1-vlan10]port   Ethernet   1/0/1 to   Ethernet   1/0/5
```

```
三、上联端口的配置
[sw1-vlan10]quit
[sw1]interface  Ethernet  1/0/24
[sw1-Ethernet1/0/24]port link-type  trunk
[sw1-Ethernet1/0/24]port trunk  permit  vlan  all
```

(5) Switch 2 主要配置清单如下。

```
一、sw2 的基本配置
初始化配置：
<H3C>system-view
[H3C]sysname sw2
二、vlan 配置
[sw2]vlan  10
[sw2-vlan10]vlan 20
[sw2-vlan20]port  Ethernet  1/0/20 to  Ethernet  1/0/23
三、vlan 路由配置
[sw2-vlan20]quit
[sw2]interface  Vlan-interface 10
[sw2-Vlan-interface10]ip address  192.168.10.254 24
[sw2-Vlan-interface10]quit
[sw2]interface  Vlan-interface  20
[sw2-Vlan-interface20]ip address  192.168.20.254 24
四、下联端口配置
[sw2-Vlan-interface20]quit
[sw2]interface  Ethernet  1/0/24
[sw2-Ethernet1/0/24]port link-type  trunk
[sw2-Ethernet1/0/24]port trunk  permit  vlan  all
```

(6) DHCP 中继代理配置。

```
一、DHCP 中继代理配置
[sw2-Ethernet1/0/24]quit
[sw2]dhcp enable
[sw2]dhcp relay  server-group 1 ip  192.168.20.2          /*创建 DHCP 服务器组，并指明
DHCP 服务器的 IP 地址
[sw2]interface  Vlan-interface  10
[sw2-Vlan-interface10]dhcp  select  relay                 /*让 VLAN 10 工作在中继模式下
[sw2-Vlan-interface10]dhcp  relay  server-select  1
注：此时需要测试 PC1、PC2 是否能够正常获取 IP 地址
```

(7) DHCP Snooping。

```
一、DHCP Snooping 配置
1. sw1 的配置
[sw1]dhcp-snooping
[sw1]interface  Ethernet  1/0/24
[sw1-Ethernet1/0/24]dhcp-snooping trust
```

```
2. sw2 的配置
[sw2]interface   Ethernet   1/0/23
[sw2-Ethernet1/0/23]dhcp-snooping   trust
```

(8) 配置 DHCP 服务器。DHCP 服务器配置步骤省略，请参考“第 3 章任务 4：企业网 IP 地址安全管理”部分的 DHCP 服务器配置。

(9) 测试 DHCP 服务是否正常。此时可以测试公司内部 PC1、PC2 是否可以从 DHCP 服务器获取 IP 地址。分别将 PC1、PC2 设置为自动获取 IP 地址，并在 PC1、PC2 上分别运行 ipconfig /all 命令，查看获取的 IP 地址参数，分别如图 4-39、图 4-40 所示。

```
命令提示符
C:\Documents and Settings\Administrator>ipconfig /all

Windows IP Configuration

   Host Name . . . . . . . . . . . . : win2003-01
   Primary Dns Suffix  . . . . . . . :
   Node Type . . . . . . . . . . . . : Unknown
   IP Routing Enabled. . . . . . . . : No
   WINS Proxy Enabled. . . . . . . . : No

Ethernet adapter 本地连接:

   Connection-specific DNS Suffix  . :
   Description . . . . . . . . . . . : VMware Accelerated AMD PCNet Adapter
   Physical Address. . . . . . . . . : 00-0C-29-E4-B6-B3
   DHCP Enabled. . . . . . . . . . . : Yes
   Autoconfiguration Enabled . . . . : Yes
   IP Address. . . . . . . . . . . . : 192.168.10.2
   Subnet Mask . . . . . . . . . . . : 255.255.255.0
   Default Gateway . . . . . . . . . : 192.168.10.254
   DHCP Server . . . . . . . . . . . : 192.168.20.2
   Lease Obtained. . . . . . . . . . : 2016年6月6日 14:43:34
   Lease Expires . . . . . . . . . . : 2016年6月14日 14:43:34
```

图 4-39　PC1 获取的 IP 参数　　图 4-40　PC2 获取的 IP 参数

(10) 测试内部主机是否能访问网关。在正常情况下，在没有 ARP 攻击时，此时 PC1、PC2 均能正常访问网关：192.168.10.254。在 PC1 上测试是否能访问网关，访问情况如图 4-41 所示，由此可以看出此时网络是正常的，PC1 可以正常访问网关。

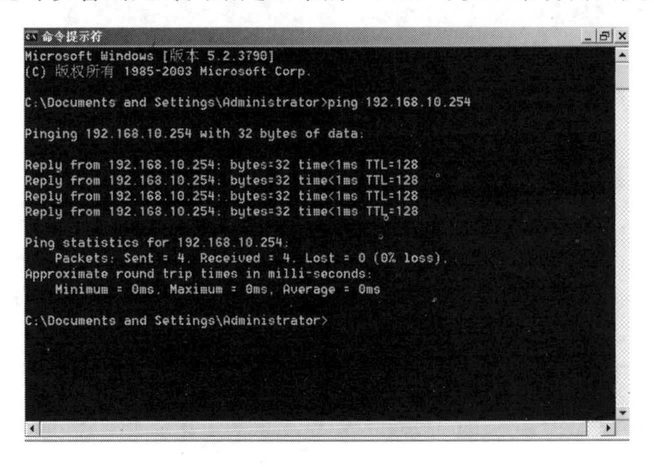

图 4-41　PC1 能正常访问网关

(11) PC2 上模拟发起 ARP 网关欺骗攻击。本次任务利用 Windows ARP Spoofer 软件发起对 PC1 的网关欺骗攻击，迫使 PC1 断网(无法访问网关)。具体实施步骤如下。

① 安装 Windows ARP Spoofer。运行安装程序 setup.exe，弹出安装向导对话框，如图 4-42 所示。

全部单击 Next 按钮，采用默认方式安装，安装完成后单击 Finish 按钮，并重启系统，即完成了 Windows ARP Spoofer 的安装。

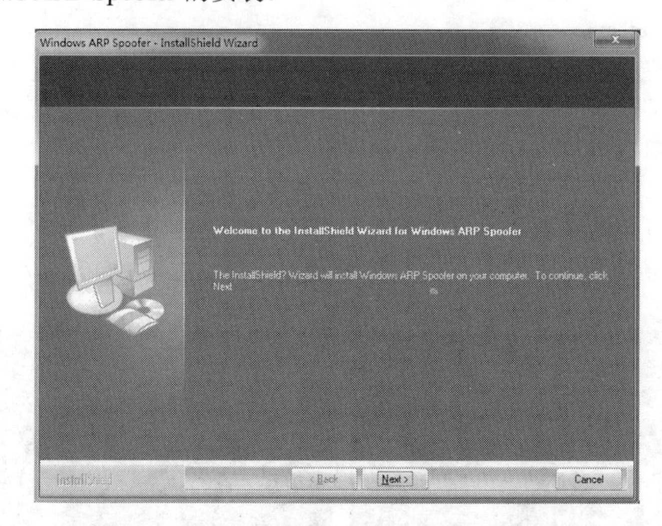

图 4-42　Windows ARP Spoofer 安装向导

② 启动并配置 Windows ARP Spoofer 程序。安装完成后，会在桌面上生成一个 Windows ARP Spoofer 的快捷图标，双击，即可打开 Windows ARP Spoofer 程序。第一次打开 Windows ARP Spoofer 程序，会显示该主机的网络配置参数，如图 4-43 所示。

从对话框中我们可以看到攻击机 PC2 的 IP 地址、子网掩码、网关、MAC 地址等相关参数，检查参数是否准确无误。

在 Windows ARP Spoofer 程序界面中切换到 Spoofing 选项卡，如图 4-44 所示。

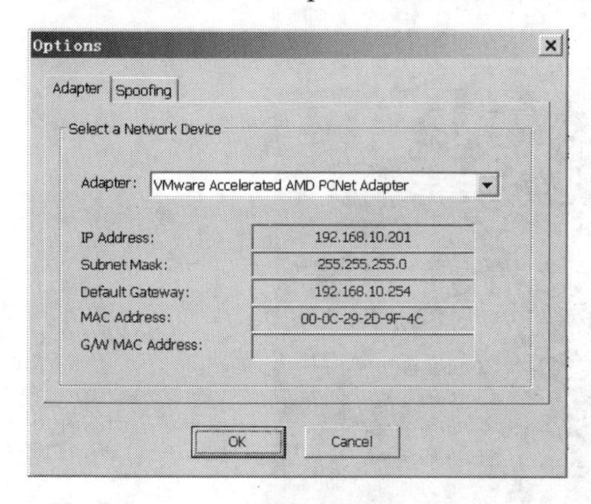

图 4-43　Windows ARP Spoofer 显示主机网络配置参数

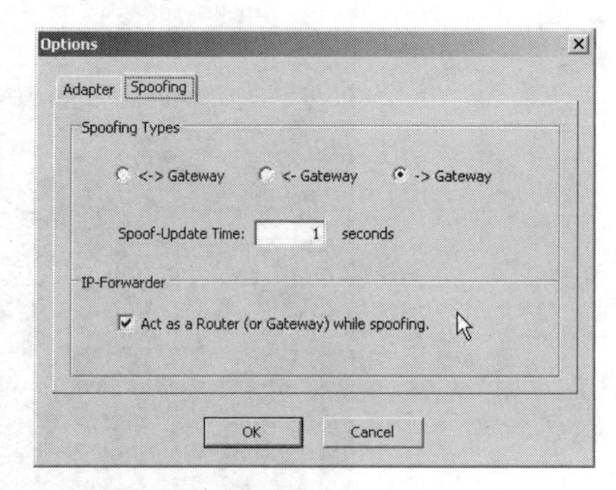

图 4-44　Spoofing 选项卡

在 Spoofing 选项卡中，取消选中 Act as a Router (or Gateway) while spoofing 复选框，如图 4-45 所示。配置完毕后，单击 OK 按钮。

单击 OK 按钮，即可完成 Windows ARP Spoofer 的启动，启动界面如图 4-46 所示。

③ 扫描主机。一般而言，但凡是网络攻击，首先需要扫描网络，寻找到被攻击的目标主机。同样，利用 Windows ARP Spoofer 发起网关欺骗攻击，首先也是扫描主机。单击

Scan 按钮，即可扫描当前网络中的主机，如图 4-47 所示。

单击 Scan 按钮，过几秒钟后，即可完成对当前网络的扫描，扫描结果如图 4-48 所示。

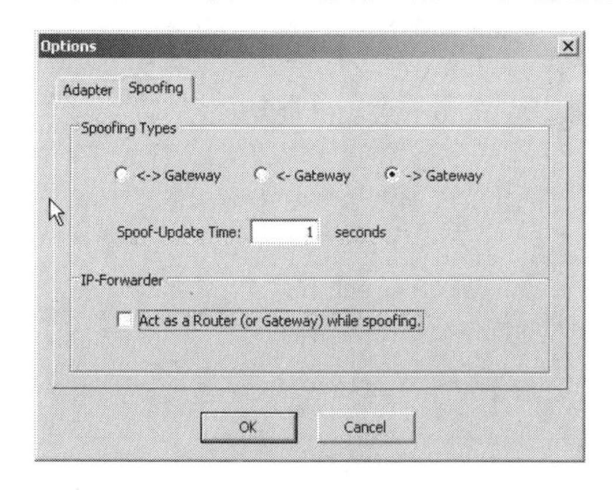

图 4-45　设置 IP-Forwarder 选项

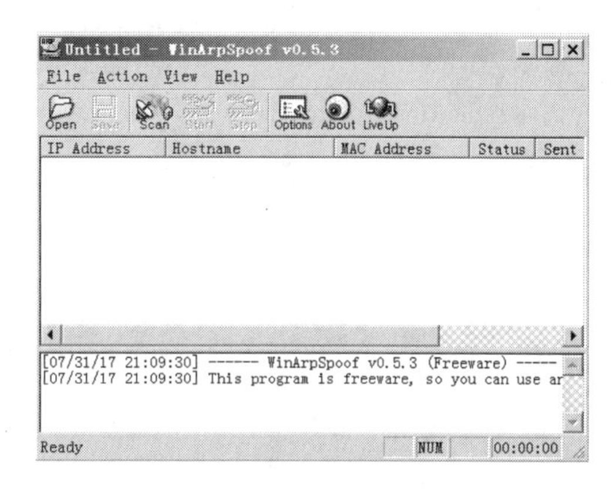

图 4-46　Windows ARP Spoofer 的启动界面

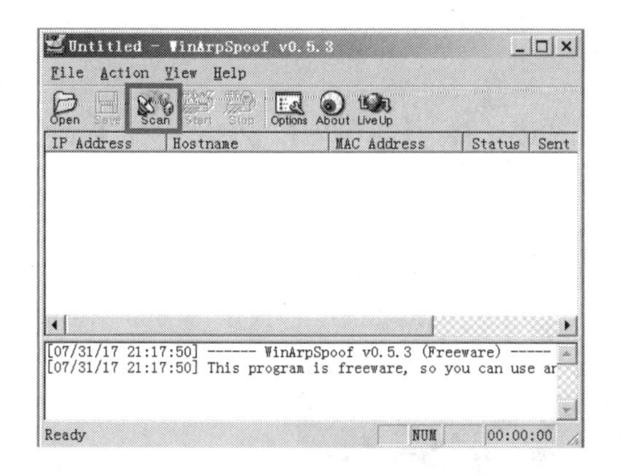

图 4-47　扫描主机

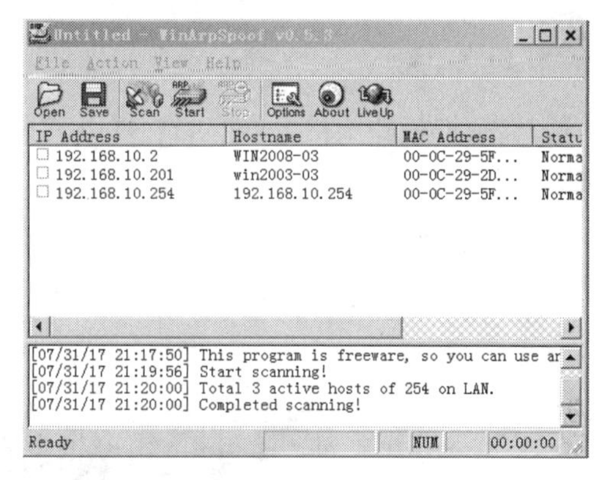

图 4-48　网络扫描结果

④　发起攻击。当完成主机扫描后，即可选择被攻击的主机，此处选中 192.168.10.2 这台主机，即 PC1，选中 PC1 后单击 Start 按钮，即可发起对 PC1 的网关欺骗攻击，此时我们去观察 PC1 访问网关的情况，发现它刚才还能正常访问网关，发起攻击后，就不能访问网关了，如图 4-49 所示。

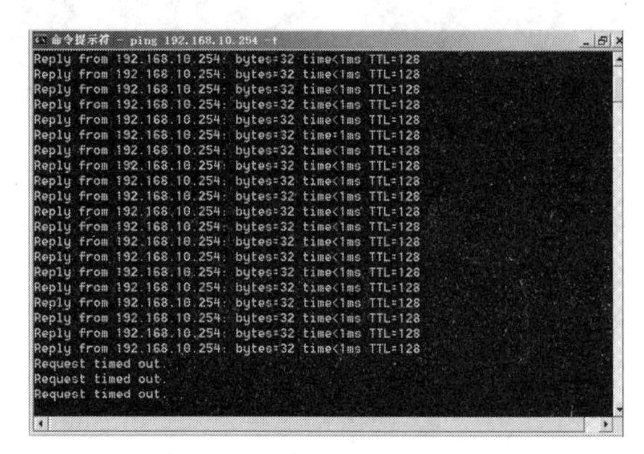

图 4-49　ARP 网关欺骗攻击效果

(12) 配置 ARP Detection。

```
一、ARP Detection 配置
[sw1]arp  detection  mode  dhcp-snooping          /*设置 ARP 检测的类型为 DHCP
snooping
[sw1-vlan10]arp detection  enable                 /*vlan 10 开启 ARP 检测功能
[sw1]interface  Ethernet  1/0/24
[sw1-Ethernet1/0/24]arp  detection  trust         /*将端口 24 设为 ARP 检测信任类型
[sw1]interface  Ethernet  1/0/3
[sw1-Ethernet1/0/3]arp  rate-limit  rate  15 drop     /*将端口 3 收到的数据、上交给 CPU 进
行 ARP 检测、并将上交数据的速率设置为 15bps，以达到保护 CPU 的目的
[sw1]interface  Ethernet  1/0/2
[sw1-Ethernet1/0/2]arp  rate-limit  rate  15 drop
```

4.2.6　ARP 攻击预防任务验收

1. 设备验收

根据实训拓扑图检查验收路由器、计算机的线缆连接，检查 PC1、PC2、DHCP 的 IP 地址。

2. 功能验收

交换机启动 ARP 攻击预防技术，此时将 PC1 的 ARP 缓存清空，PC1 与网关的通信重新恢复，PC2 的攻击不再有效，如图 4-50 所示。

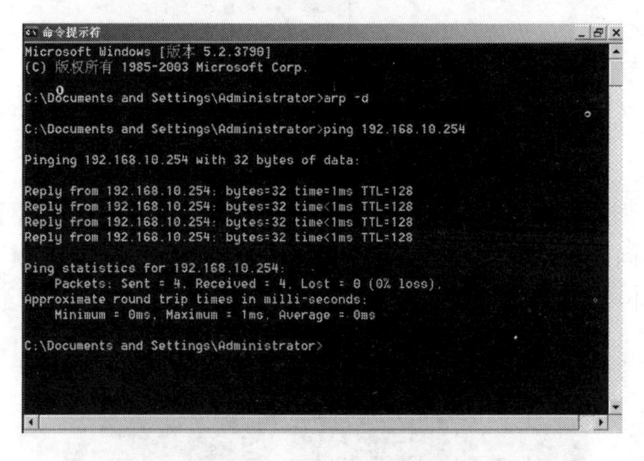

图 4-50　PC1 恢复通信

4.2.7　ARP 攻击预防任务总结

针对某公司办公区网络的改造任务的内容和目标，根据需求分析进行了实训的规划和实施，通过本任务进行了交换机的 ARP 攻击预防技术，阻止了一些公司员工的恶意技术攻击公司网络，提高了网络的安全性。

第 5 章　Internet 接入安全技术

教学目标

通过对校园网、企业网等网络进行 Internet 接入安全的各种案例实施，以各实训任务的内容和需求为背景，以完成企业网的各种 Internet 接入安全技术为实训目标，通过任务方式由浅入深地模拟企业 Internet 接入安全技术的典型应用和实施过程，以帮助学生理解各类 Internet 接入安全技术的典型应用，具备企业网 Internet 接入安全的实施和灵活应用能力。

教学要求

任务要点	能力要求	关联知识
企业网互联网接入	(1)掌握交换机基础配置 (2)掌握 VLAN 基础配置 (3)掌握路由器基础配置 (4)掌握单臂路由配置 (5)掌握 NAPT 配置	(1)交换机基础及配置命令 (2)VLAN 的划分与配置命令 (3)单臂路由基础及配置命令 (4)访问控制列表技术基础 (5)NAPT 技术基础及配置命令 (6)NAPT 地址映射表基础及查看命令
企业网内部服务发布	(1)掌握 NAT Server 技术基础 (2)掌握 WWW 站点搭建 (3)通过 NAT Server 实现内部服务对外发布	(1)WWW 站点搭建 (2)NAT Server 技术基础及配置命令 (3)NAT Server 地址映射表基础及查看命令
公司网防火墙配置	(1)掌握防火墙基础配置、NAT 配置 (2)了解防火墙规则的配置	(1)防火墙技术 (2)防火墙工作模式
移动用户访问企业网资源	(1)了解 VPN 的原理和功能 (2)了解 SSL VPN 配置方法，具备 VPN 实施的能力	(1)VPN (2)SSL VPN

重点难点

- 交换机、路由器基础配置。
- 单臂路由配置。
- 访问控制列表技术。
- NAPT、NAT Server 技术。
- 防火墙基础配置、NAT 配置、规则配置。
- SSL VPN 配置。

5.1 任务1：企业网互联网接入NAT

5.1.1 NAT任务描述

某公司有两个部门：市场部和产品部，共有约150台主机，现在需要构建内部网络，实现公司内部主机相互通信与资源共享。从安全角度和可管理角度考虑，要求公司各部门不在同一网段，而且公司各部门间能够相互通信。随着业务的不断发展，公司要求所有主机都能够访问Internet，并提供一定的安全性，保证内部主机不受外部网络攻击。请你规划并实施网络。该公司的组织结构如图5-1所示。

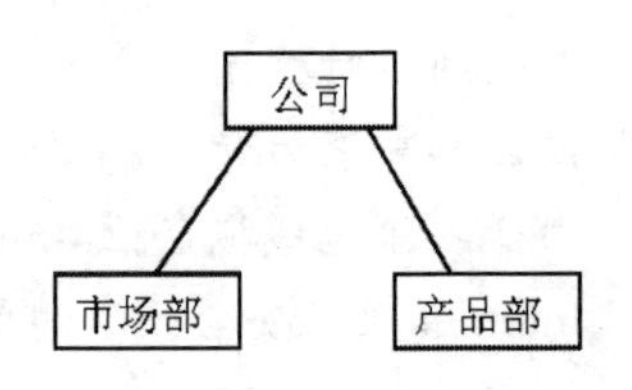

图5-1 公司的组织结构

5.1.2 NAT任务目标与目的

1. 任务目标

针对该公司的网络需求，进行网络规划设计，实现内部网络接入Internet。

2. 任务目的

通过本任务进行路由器的基本配置、网络地址转换NAT配置，以帮助读者深入了解路由器的配置方法和NAT配置方法，具备灵活运用NAT技术，实现内部主机接入Internet，并提供一定的网络安全的能力。

5.1.3 NAT任务需求与分析

1. 任务需求

该公司办公区共有两个部门：市场部、产品部。每个部门配置不同数量的计算机。网络须满足几个需求：采用当前主流技术构建网络，部门内部能实现相互通信，从安全和方便管理的角度考虑，要求每个部门单独规划网段；部门之间都能实现相互访问；并要求公司内部网络均可访问Internet，并提供一定的安全性，保证内部主机不受外部网络攻击。公司办公区具体计算机分布如表5-1所示。

表5-1 公司办公区具体计算机分布表

部　门	计算机数量	部　门	计算机数量
市场部	80	产品部	70

2. 需求分析

需求1：采用当前主流技术构建网络，部门内部能实现相互通信，具有较高的可管理性和安全性。

分析 1：采用交换式以太网技术构建网络，利用 Vlan 技术将相同部门划入相同 Vlan，不同部门划分为不同 Vlan。并将不同部门规划到不同网段。

需求 2：不同部门之间能相互通信。

分析 2：利用路由器单臂路由技术实现部门之间相互通信。

需求 3：公司内部网络均可访问 Internet，并提供一定的安全性，保证内部主机不受外部网络攻击。

分析 3：利用网络地址转化 NAT 技术，实现将内部私有地址转换为合法公有地址，实现内部主机访问外部网络，并将内部网络透明化，即可使外部主机无法访问内部网络，从而保护了内部网络。

根据任务需求和需求分析，组建公司办公区的网络结构如图 5-2 所示，每部门以一台计算机表示。

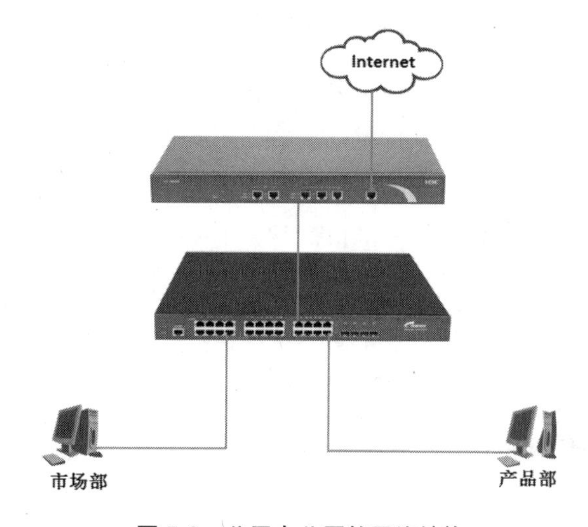

图 5-2　公司办公区的网络结构

5.1.4　NAT 知识链接

1. 网络地址转换(NAT)的基本概念

NAT(Network Address Translation，网络地址转换)，是一个 IETF(Internet Engineering Task Force, Internet 工程任务组)标准，允许一个整体机构以一个公用 IP(Internet Protocol)地址出现在 Internet 上。顾名思义，它是一种把内部私有网络地址(IP 地址)翻译成合法网络 IP 地址的技术。因此我们可以认为，NAT 在一定程度上能够有效地解决公网地址不足的问题。NAT 的实现流程如图 5-3 所示。

2. NAT 的应用

简单地说，NAT 就是在局域网内部网络中使用内部地址，而当内部节点要与外部网络进行通信时，就在网关(可以理解为出口，就像院子的门一样)处，将内部地址替换成公用地址，从而在外部公网(Internet)上正常使用，NAT 可以使多台计算机共享 Internet 连接，这一功能很好地解决了公共 IP 地址紧缺的问题。通过这种方法，可以只申请一个合法 IP 地址，就把整个局域网中的计算机接入 Internet 中。这时，NAT 屏蔽了内部网络，所有内部网计算机对公共网络来说是不可见的，而内部网计算机用户通常不会意识到 NAT 的存在。这里提到的内部地址，是指在内部网络中分配给节点的私有 IP 地址，这个地址只能在内部网络中使用，不能被路由转发。NAT 的典型部署实例如图 5-4 所示。

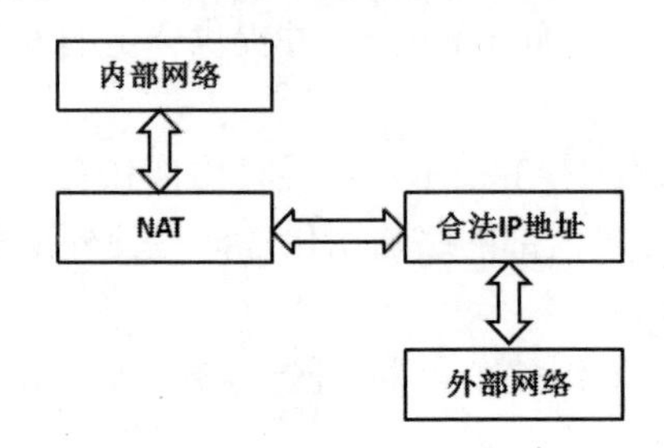

图 5-3　NAT 的实现流程

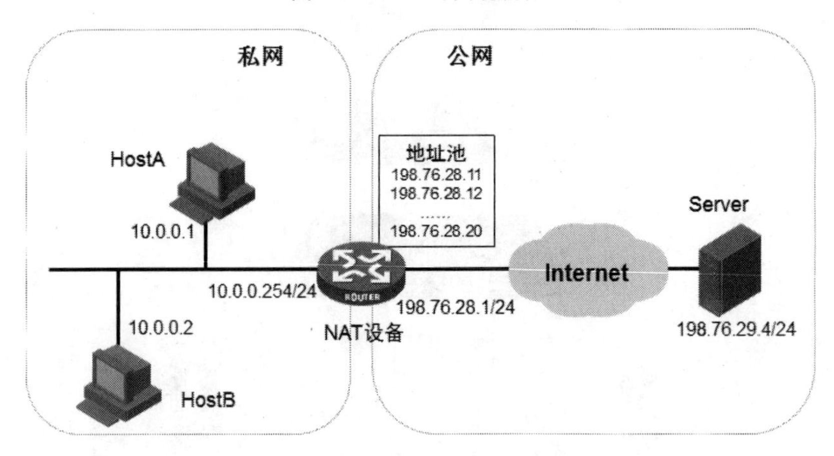

图 5-4　NAT 的典型部署实例

NAT 功能通常被集成到路由器、防火墙、ISDN 路由器或者单独的 NAT 设备中。例如，Cisco 路由器中已经加入这一功能，网络管理员只需要在路由器的 IOS 中设置 NAT 功能，就可以实现对内部网络的屏蔽。再比如，防火墙将 WebServer 的内部地址 192.168.1.1 映射为外部地址 202.96.23.11，外部访问 202.96.23.11 地址实际上就是访问 192.168.1.1。此外，对资金有限的小型企业来说，现在通过软件也可以实现这一功能。Windows 2003、Windows 2008 等操作系统都包含了这一功能。

3. NAT 的分类

NAT 有 4 种类型：静态 NAT、动态 NAT、基于网络端口多路复用的 NAT 和应用程序级网关技术 ALG。

1)　静态 NAT

静态 NAT(Static NAT)是指将内部网络的私有 IP 地址转换为公有 IP 地址，IP 地址对是一对一的，是一成不变的，某个私有 IP 地址只转换为某个公有 IP 地址。借助于静态转换，可以实现外部网络对内部网络中某些特定设备(如服务器)的访问。

通过手动设置，使 Internet 客户进行的通信能够映射到某个特定的私有网络地址和端口。如果想让连接在 Internet 上的计算机能够使用某个私有网络上的服务器(如网站服务器)以及应用程序(如游戏)，那么静态映射是必需的。静态映射不会从 NAT 转换表中删除。

如果在 NAT 转换表中存在某个映射，那么 NAT 只是单向地从 Internet 向私有网络传送数据。这样，NAT 就为连接到私有网络部分的计算机提供了某种程度的保护。但是，如果考虑到 Internet 的安全性，NAT 就要配合全功能的防火墙一起使用。

2) 动态 NAT

动态 NAT(Pooled NAT)是指将内部网络的私有 IP 地址转换为公用 IP 地址时，IP 地址是不确定的，是随机的，所有被授权访问 Internet 的私有 IP 地址可随机转换为任何指定的合法 IP 地址。也就是说，只要指定哪些内部地址可以进行转换，以及用哪些合法地址作为外部地址时，就可以进行动态转换。动态转换可以使用多个合法外部地址集。当 ISP 提供的合法 IP 地址略少于网络内部的计算机数量时，可以采用动态转换的方式。

动态地址 NAT 只是转换 IP 地址，它为每一个内部的 IP 地址分配一个临时的外部 IP 地址，主要应用于拨号，对于频繁的远程连接也可以采用动态 NAT。当远程用户连接上之后，动态地址 NAT 就会分配给它一个 IP 地址，用户断开时，这个 IP 地址就会被释放而留待以后使用。

动态 NAT 方式适合于当机构申请到的全局 IP 地址较少，而内部网络主机较多的情况。内网主机 IP 与全局 IP 地址是多对一的关系。当数据包进出内网时，具有 NAT 功能的设备对 IP 数据包的处理与静态 NAT 的一样，只是 NAT table 表中的记录是动态的。若内网主机在一定时间内没有和外部网络通信，有关它的 IP 地址映射关系将会被删除，并且会把该全局 IP 地址分配给新的 IP 数据包使用，形成新的 NAT table 映射记录。

3) 端口多路复用

端口多路复用(Port Address Translation，PAT)是指改变外出数据包的源端口并进行端口转换，即端口地址转换采用端口多路复用方式。内部网络的所有主机均可共享一个合法外部 IP 地址实现对 Internet 的访问，从而可以最大限度地节约 IP 地址资源。同时，又可隐藏网络内部的所有主机，有效避免来自 Internet 的攻击。因此，目前网络中应用最多的就是端口多路复用方式。

4) ALG

ALG(Application Level Gateway)即应用程序级网关技术。传统的 NAT 技术只对 IP 层和传输层头部进行转换处理，但是一些应用层协议，在协议数据报文中包含了地址信息。为了使这些应用也透明地完成 NAT 转换，NAT 使用一种称作 ALG 的技术，它能对这些应用程序在通信时所包含的地址信息也进行相应的 NAT 转换。例如：对于 FTP 协议的 PORT/PASV 命令、DNS 协议的 A 和 PTR queries 命令和部分 ICMP 消息类型等都需要相应的 ALG 来支持。

4. NAT 的原理

1) IP 地址转换

NAT 的基本工作原理是，当私有网主机和公共网主机通信的 IP 包经过 NAT 网关时，将 IP 包中的源 IP 或目的 IP 在私有 IP 和 NAT 的公共 IP 之间进行转换。

如图 5-5 所示，NAT 网关有两个网络端口，其中公共网络端口的 IP 地址是统一分配的公共 IP，为 202.20.65.5；私有网络端口的 IP 地址是保留地址，为 192.168.1.1。私有网络中的主机 192.168.1.2 向公共网中的主机 202.20.65.4 发送了 1 个 IP 包(Dst=202.20.65.4，Src=192.168.1.2)。

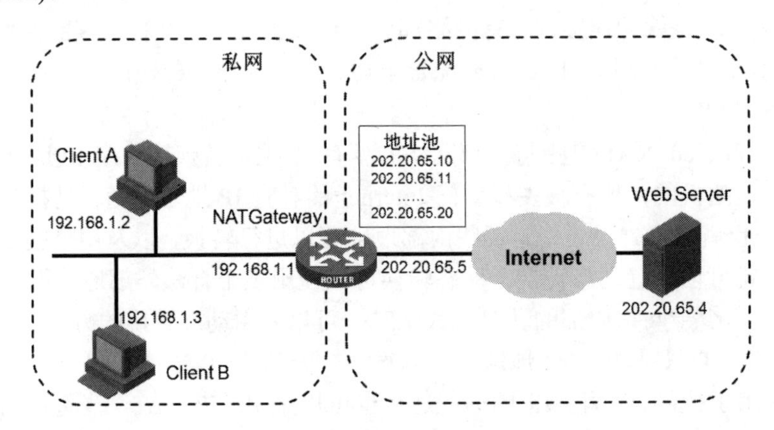

图 5-5 NAT 地址转换案例

当 IP 包经过 NAT 网关时，NAT Gateway 会将 IP 包的源 IP 转换为 NAT Gateway 的公共 IP 并转发到公共网，此时 IP 包(Dst=202.20.65.4，Src=202.20.65.5)中已经不含任何私有网 IP 的信息。由于 IP 包的源 IP 已经被转换成 NAT Gateway 的公共 IP，Web Server 发出的响应 IP 包(Dst= 202.20.65.5，Src=202.20.65.4)将被发送到 NAT Gateway。

这时，NAT Gateway 会将 IP 包的目的 IP 转换成私有网中主机的 IP，然后将 IP 包(Des=192.168.1.2，Src=202.20.65.4)转发到私有网。对通信双方而言，这种地址的转换过程是完全透明的。NAT 地址的转换过程如图 5-6 所示。

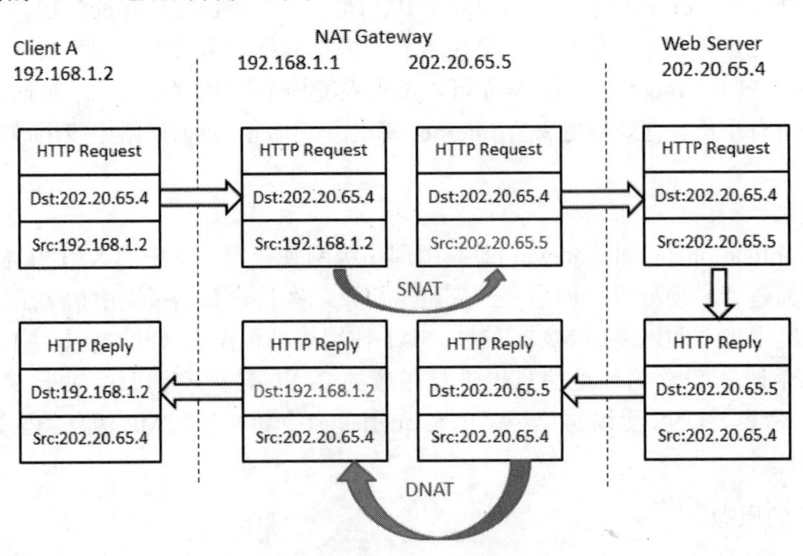

图 5-6 NAT 地址的转换过程

如果内网主机发出的请求包未经过 NAT，那么当 Web Server 收到请求包，回复的响应包中的目的地址就是私有网络 IP 地址，在 Internet 上无法正确送达，导致连接失败。

2) 连接跟踪

在上述过程中，NAT Gateway 在收到响应包后，就需要判断将数据包转发给谁。此时如果子网内仅有少量客户机，可以用静态 NAT 手工指定；但如果内网有多台客户机，并且各自访问不同网站，这时候就需要连接跟踪(connection track)，如图 5-7 所示。

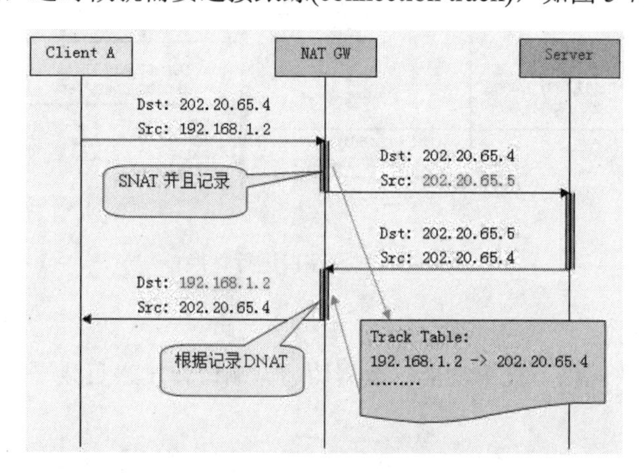

图 5-7　NAT 连接跟踪

在 NAT Gateway 收到客户机发来的请求包后，做源地址转换，并且将该连接记录保存下来，当 NAT Gateway 收到服务器发来的响应包后，查找 Track Table，确定转发目标，做目的地址转换，转发给客户机。

3) 端口转换

以上述客户机访问服务器为例，当仅有 1 台客户机访问服务器时，NAT Gateway 只需更改数据包的源 IP 或目的 IP 即可正常通信。但是如果 Client A 和 Client B 同时访问 Web Server，那么当 NAT Gateway 收到响应包的时候，就无法判断将数据包转发给哪台客户机，如图 5-8 所示。

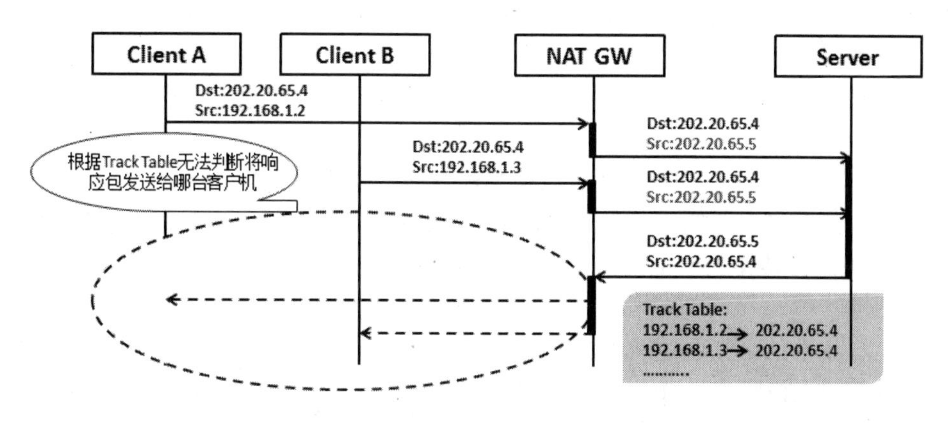

图 5-8　NAT 端口转换

此时，NAT Gateway 会在 Connection Track 中加入端口信息加以区分。如果两个客户机访问同一服务器的源端口不同，那么在 Track Table 里加入端口信息即可区分，如果源端口正好相同，那么在实行 SNAT 和 DNAT 的同时对源端口也要做相应的转换，如图 5-9 所示。

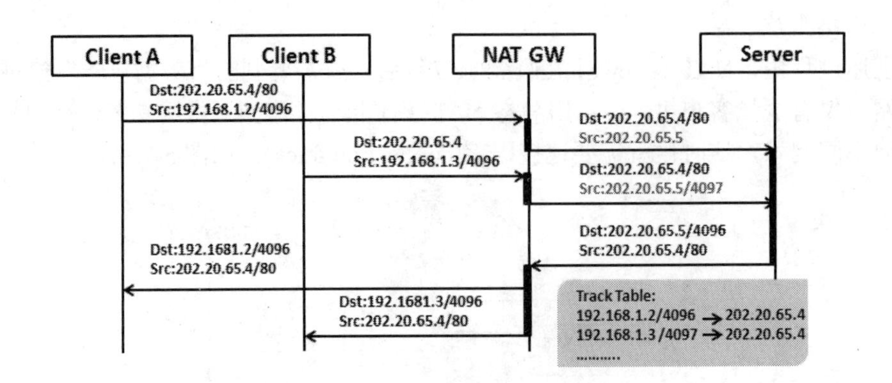

图 5-9　对源端口进行转换

5. NAT 的功能

NAT 主要可以实现以下几个功能：数据伪装、端口转发、负载平衡、失效终结和透明代理。

1)　数据伪装

可以将内网数据包中的地址信息更改成统一的对外地址信息，不让内网主机直接暴露在因特网上，从而保证内网主机的安全。同时，该功能也常用来实现共享上网。例如，内网主机访问外网时，为了隐藏内网拓扑结构，使用全局地址替换私有地址。

2)　端口转发

当内网主机对外提供服务时，由于使用的是内部私有 IP 地址，外网无法直接访问。因此，需要在网关上进行端口转发，将特定服务的数据包转发给内网主机。例如公司小王在自己的服务器上架设了一个 Web 网站，他的 IP 地址为 192.168.0.5，使用默认端口 80，现在他想让局域网外的用户也能直接访问他的 Web 站点。利用 NAT 即可很轻松地解决这个问题，服务器的 IP 地址为 210.59.120.89，那么为小王分配一个端口，例如 81，即所有访问 210.59.120.89:81 的请求都自动转向 192.168.0.5:80，而且这个过程对用户来说是透明的。

3)　负载平衡

目的地址转换 NAT 可以重定向一些服务器连接到其他随机选定的服务器。

4)　失效终结

失效终结：目的地址转换 NAT 可以用来提供高可靠性的服务。如果一个系统有一台通过路由器访问的关键服务器，一旦路由器检测到该服务器宕机，它可以使用目的地址转换 NAT 透明地把连接转移到一个备份服务器上，提高系统的可靠性。

5)　透明代理

例如自己架设的服务器空间不足，需要将某些链接指向存在于另外一台服务器的空间；或者某台计算机上没有安装 IIS 服务，但是却想让网友访问该台计算机上的内容，这个时候利用 IIS 的 Web 站点重定向即可轻松地帮助我们搞定。

6. NAT 的缺陷

NAT 在最开始的时候是非常完美的，但随着网络的发展，各种新的应用层出不穷，此时 NAT 也暴露出了缺点，主要表现在以下几个方面。

(1) 不能处理嵌入式IP地址或端口。NAT设备不能翻译那些嵌入应用数据部分的IP地址或端口信息，它只能翻译那种正常位于IP首部中的地址信息和位于TCP/UDP首部中的端口信息，如图5-10所示。由于对方会使用接收到的数据包中嵌入的地址和端口进行通信，这样就可能产生连接故障，如果通信双方都是使用的公网IP，这不会造成什么问题，但如果那个嵌入式地址和端口是内网的，显然连接就不可能成功，原因就如开篇所说的一样。MSN Messenger的部分功能就使用了这种方式来传递IP和端口信息，这样就导致了NAT设备后的客户端网络应用程序出现连接故障。

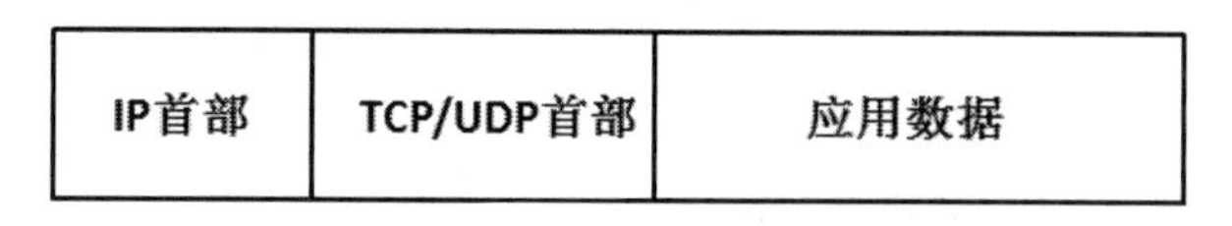

图5-10 IP数据包格式

(2) 不能从公网访问内部网络服务。由于内网是私有IP，所以不能直接从公网访问内部网络服务，如Web服务。对于这个问题，我们可以采用建立静态映射的方法来解决。比如有一条静态映射，是把218.70.201.185:80与192.168.0.88:80进行映射，当公网用户要访问内部Web服务器时，它就首先连接到218.70.201.185:80，然后NAT设备把请求传给192.168.0.88:80，192.168.0.88把响应返回NAT设备，再由NAT设备传给公网访问用户。

(3) 有一些应用程序虽然是用A端口发送数据的，但却要用B端口进行接收，不过NAT设备翻译时却不知道这一点，它仍然建立一条针对A端口的映射，结果对方响应的数据要传给B端口时，NAT设备却找不到相关映射条目而会丢弃数据包。

(4) 一些P2P应用在NAT后无法进行。对那些没有中间服务器的纯P2P应用(如电视会议、娱乐等)来说，如果大家都位于NAT设备之后，双方是无法建立连接的。因为没有中间服务器的中转，NAT设备后的P2P程序在NAT设备上是不会有映射条目的，也就是说对方是不能向你发起一个连接的。现在已经有一种叫作P2P NAT穿越的技术来解决这个问题。

NAT技术无可否认是在ipv4地址资源的短缺时候起到了缓解作用；在减少用户申请ISP服务的花费和提供比较完善的负载平衡功能等方面带来了不少好处。但是ipv4地址在以后几年将会枯竭，NAT技术不能改变ip地址空间不足的本质。然而在安全机制上也潜在威胁，在配置和管理上也是一个挑战。如果要从根本上解决ip地址资源的问题，ipv6才是最根本之路。在ipv4转换到ipv6的过程中，NAT技术确实是一个不错的选择，相对于其他的方案优势也非常明显。

7. H3C NAT分类

H3C网络设备将网络地址转化NAT技术分为Basic NAT、NAPT、Easy IP、NAT Server、NAT ALG等类型。

1) Basic NAT

一对一的转换，即同一时刻、一个公有地址只能被映射给一个私有地址，是最简单的地址转换方式，它只对数据包的源IP地址和目的IP地址等参数进行简单转换。Basic NAT的实现原理如图5-11所示。

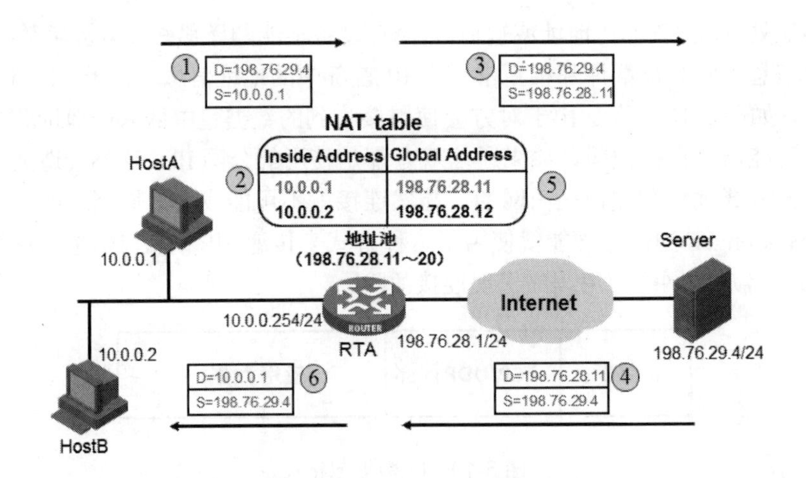

图 5-11　Basic NAT 的实现原理

Basic NAT 的优点是简单，容易实现，不需要复杂计算，实现了私有网络访问公网，并对内部网络进行了屏蔽和保护；但缺点也非常明显：只是一对一的转换，只对 IP 参数进行转换，不能对端口进行转换，不能很好地缓解 IP 地址紧张的问题。因此在实际应用中应用较少。

2)　NAPT

即基于端口多路复用的 NAT，在同一时刻、一个公有 IP 地址可以同时映射给多个私有 IP 地址。相对于 Basic NAT，NAPT 不光进行 IP 地址的转换，还可以通过端口的复用，大大提升公有 IP 地址的利用率。NAPT 是目前应用最为广泛的一种 NAT 技术。NAPT 的实现原理如图 5-12 所示。

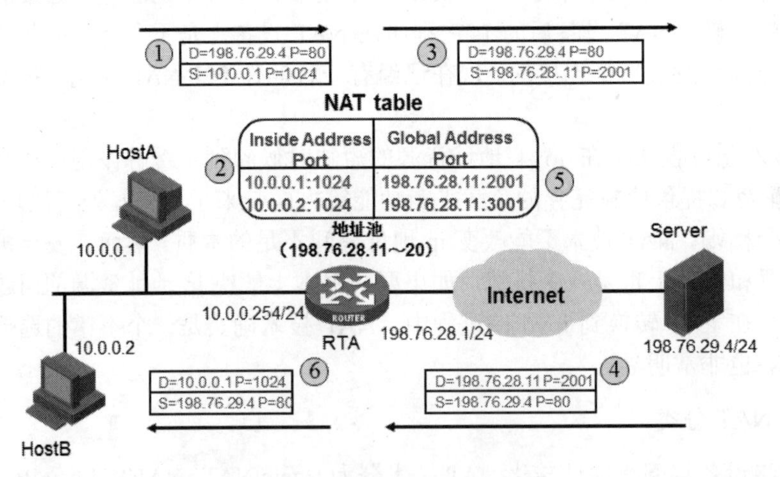

图 5-12　NAPT 的实现原理

3)　Easy IP

Easy IP 是基于接口地址转换的 NAT。在部署 Easy IP 的时候，可以无须专门设置公有地址池，内部主机可以动态地转换为路由器 WAN 口的公有 IP 地址。其实现的功能和 NAPT 相似，可以说 Easy IP 是 NAPT 的一个特例。它们的唯一区别在于：部署 NAPT 时需要专门设置公有地址池，而部署 Easy IP 时，无须设置公有地址池，内部私有 IP 地址将直接转换为 WAN 口 IP 地址。基于上述特点，Easy IP 一般应用于公网地址不确定或动态变化的场合，如家庭拨号上网。

4) NAT Server

NAT Server 相当于静态映射 NAT，具体实现原理将在第 5 章任务 2 详细分析。

5) NAT ALG

传统的 NAT 技术(Basic NAT 和 NAPT)只能修改并识别 IP 报文中的 IP 地址和传输层端口，不能修改报文内部携带的信息。

ALG 是传统 NAT 的增强特性，它能够识别应用层协议内嵌的网络层信息，在实现 IP 地址和端口号转换的同时，对应用层数据中的网络层信息进行正确的转换。NAT ALG 的实现原理如图 5-13 所示。

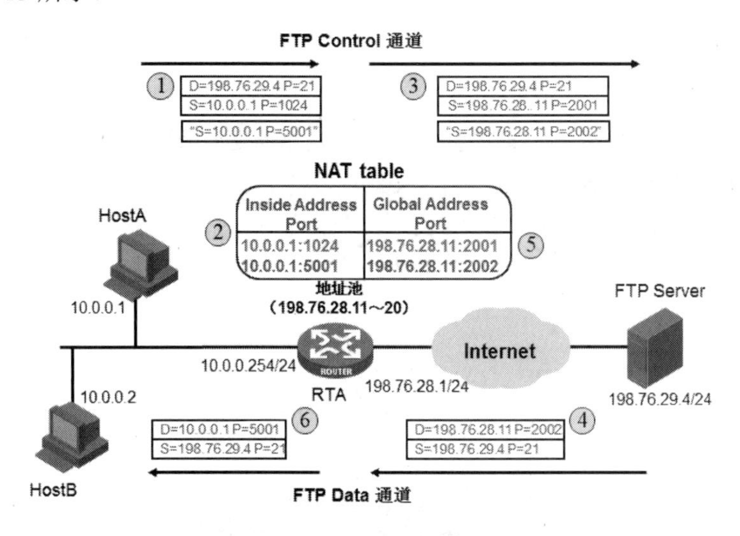

图 5-13 NAT ALG 的实现原理

8. 配置命令

路由器的基本管理方式和配置模式与交换机类似。H3C 系列和 Cisco 系列路由器上配置 NAPT 的相关命令如表 5-2 所示。

表 5-2 NAPT 配置命令

功　能	H3C 系列设备		Cisco 系列设备	
	配置视图	基本命令	配置模式	基本命令
配置 ACL	系统视图	[H3C]acl number 2000	全局配置模式	Cisco(config)#access-list 1 permit 192.168.0.0 0.0.25.255
设置私有地址范围	具体视图	[H3C-acl-basic-2000]rule 0 permit source 192.168.0.0 0.0.255.255	全局配置模式	Cisco(config)#ip nat inside source list 1 pool 1
配置公有地址池	系统视图	[H3C]nat address-group 1 10.10.47.12 10.10.47.12	全局配置模式	Cisco(config)#ip nat pool 1 10.10.47.12 10.10.47.12 netmask 255.255.255.128

续表

功 能	H3C 系列设备		Cisco 系列设备	
	配置视图	基本命令	配置模式	基本命令
进入接口视图	系统视图	[H3C]interface Ethernet 0/1	全局配置模式	Cisco(config)#interface fastEthernet 0/1
将 NAPT 应用到出接口上	具体视图	[H3C-Ethernet0/1]nat outbound 2000 address-group 1	具体配置模式	Cisco(config-if)#ip nat outside

5.1.5 任务实施

1. 实施规划

1) 实训拓扑结构

根据任务的需求与分析，实训的拓扑结构及网络参数如图 5-14 所示，以 PC1、PC2、模仿公司的市场部和产品部。

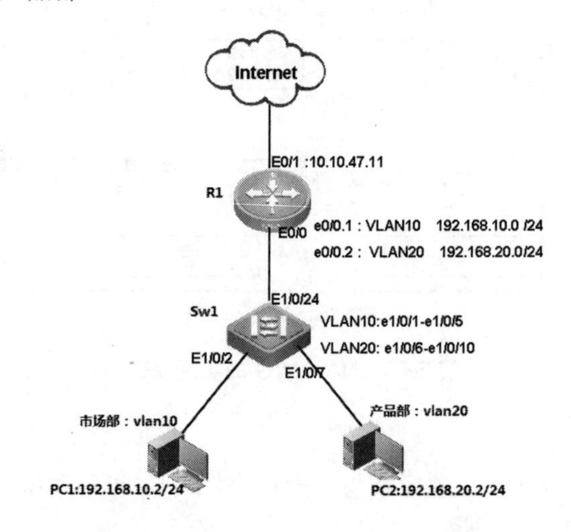

图 5-14 实训的拓扑结构及网络参数

2) 实训设备

根据任务的需求和实训拓扑，每个实训小组的实训设备配置清单如表 5-3 所示。

表 5-3 实训设备配置清单

设备类型	设备型号	数 量
路由器	H3C MSR20-40	1
交换机	H3C E126A	1
计算机	Windows 2003/Windows 7	2
双绞线	RJ-45	若干

3) IP 地址规划

根据需求分析本任务的 IP 地址规划，如表 5-4 所示。

表 5-4　IP 地址规划

设　备	接　口	IP 地址	网　关
PC1		192.168.10.2/24	192.168.10.254
PC2		192.168.20.2/24	192.168.20.254
R1	Ethernet 0/0.1	192.168.10.254/24	
	Ethernet 0/0.2	192.168.20.254/24	
	Ethernet 0/1	10.10.47.11/25	

4)　VLAN 规划

根据需求分析本任务的 VLAN 规划，如表 5-5 所示。

表 5-5　VLAN 规划

部门名称	主　机	VLAN	端　口
市场部	PC1	10	E 1/0/1 to E 1/0/5
产品部	PC2	20	E 1/0/6 to E 1/0/10

2. 实施步骤

任务的实施步骤如下。

(1)　根据实训拓扑图进行交换机、计算机的线缆连接，配置 PC1、PC2 的 IP 地址。

(2)　使用计算机 Windows 操作系统的“超级终端”组件程序通过串口连接到交换机的配置界面，其中超级终端串口的属性设置还原为默认值(每秒位数 9600、数据位 8、奇偶校验无、数据流控制无)。

(3)　超级终端登录路由器，进行任务的相关配置。

(4)　Sw1 主要配置清单如下。

```
一、vlan 配置：
<H3C>system-view
[H3C]sysname sw1
[sw1]vlan 10
[sw1-vlan10]port  Ethernet  1/0/1 to  Ethernet  1/0/5
[sw1-vlan10]vlan 20
[sw1-vlan20]port  Ethernet 1/0/6 to  Ethernet  1/0/10
二、上联端口为 trunk
[sw1-vlan20]quit
[sw1]interface  Ethernet  1/0/24
[sw1-Ethernet1/0/24]port link-type  trunk
[sw1-Ethernet1/0/24]port trunk  permit  vlan  all
```

(5)　R1 主要配置清单如下。

```
一、配置单臂路由
<H3C>system-view
[H3C]sysname r1
[r1]interface  Ethernet  0/0.1
```

```
[r1-Ethernet0/0.1]ip address    192.168.10.254 24
[r1-Ethernet0/0.1]vlan-type    dot1q    vid    10
[r1-Ethernet0/0.1]quit
[r1]interface    Ethernet    0/0.2
[r1-Ethernet0/0.2]ip address    192.168.20.254 24
[r1-Ethernet0/0.2]vlan-type    dot1q    vid    20
二、配置接口 IP 参数
[r1-Ethernet0/0.2]quit
[r1]interface    Ethernet    0/1
[r1-Ethernet0/1]ip address    10.10.47.11 255.255.255.128
[r1]ip route-static    0.0.0.0 0.0.0.0 10.10.47.126
三、NAPT 的配置
1. 配置 ACL
[r1]firewall    enable
[r1]acl    number    2000
[r1-acl-basic-2000]rule    0 permit    source    192.168.0.0 0.0.255.255
2. 配置地址池
[r1-acl-basic-2000]quit
[r1]nat address-group    1 10.10.47.12 10.10.47.12
3. 将 NAT 应用到出接口
[r1]interface    Ethernet    0/1
[r1-Ethernet0/1]nat outbound    2000 address-group    1        /*将 NAT 应用到出接口
```

5.1.6 NAT 任务验收

1. 设备验收

根据实训拓扑图检查验收路由器、计算机的线缆连接，检查 PC1、PC2 的 IP 地址。

2. 配置验收

查看 NAT 映射表：

```
[r1]display  nat session                                       /*查看 NAT 映射表

No NAT sessions are currently active!

[r1]display  nat session

There are currently 3 NAT sessions:

Protocol      GlobalAddrPortInsideAddrPortDestAddrPort
   ICMP    10.10.47.12 12289    192.168.20.2   512   180.97.33.107   512
    status:11      TTL:00:00:10   Left:00:00:09   VPN:---

    UDP    10.10.47.12 12290    192.168.10.2 21641      10.10.8.9    53
    status:10      TTL:00:00:10   Left:00:00:07   VPN:---

   ICMP    10.10.47.12 12291    192.168.10.2   512   180.97.33.107   512
```

```
status:11      TTL:00:00:10   Left:00:00:09   VPN:---
```

3. 功能验收

在 PC1(市场部)上通过命令提示符 Ping 命令访问外部网络，如图 5-15 所示。

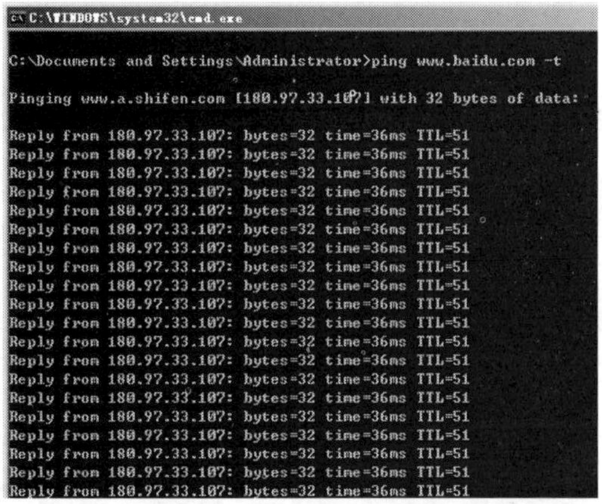

```
C:\WINDOWS\system32\cmd.exe

C:\Documents and Settings\Administrator>ping www.baidu.com -t

Pinging www.a.shifen.com [180.97.33.107] with 32 bytes of data:

Reply from 180.97.33.107: bytes=32 time=36ms TTL=51
Reply from 180.97.33.107: bytes=32 time=36ms TTL=51
Reply from 180.97.33.107: bytes=32 time=36ms TTL=51
Reply from 180.97.33.107: bytes=32 time=36ms TTL=51
Reply from 180.97.33.107: bytes=32 time=36ms TTL=51
Reply from 180.97.33.107: bytes=32 time=36ms TTL=51
Reply from 180.97.33.107: bytes=32 time=36ms TTL=51
Reply from 180.97.33.107: bytes=32 time=36ms TTL=51
Reply from 180.97.33.107: bytes=32 time=36ms TTL=51
Reply from 180.97.33.107: bytes=32 time=36ms TTL=51
Reply from 180.97.33.107: bytes=32 time=36ms TTL=51
Reply from 180.97.33.107: bytes=32 time=36ms TTL=51
Reply from 180.97.33.107: bytes=32 time=36ms TTL=51
Reply from 180.97.33.107: bytes=32 time=36ms TTL=51
Reply from 180.97.33.107: bytes=32 time=36ms TTL=51
Reply from 180.97.33.107: bytes=32 time=36ms TTL=51
Reply from 180.97.33.107: bytes=32 time=36ms TTL=51
Reply from 180.97.33.107: bytes=32 time=36ms TTL=51
Reply from 180.97.33.107: bytes=32 time=36ms TTL=51
Reply from 180.97.33.107: bytes=32 time=36ms TTL=51
```

图 5-15　在 PC1(市场部)上通过命令提示符 ping 命令访问外部网络

5.1.7　NAT 任务总结

针对某公司办公区网络的改造任务的内容和目标，根据需求分析进行了实训的规划和实施，通过本任务进行了路由器网络地址端口转换(NAPT)的配置实训。

5.2　任务 2：企业网内部服务发布

5.2.1　NAT Server 任务描述

某公司构建自己的内部企业网，主机规模近 100 台，内部可以实现通信和资源共享，并通过一台路由器接入 Internet。根据公司业务需求，采购回一台服务器，部署了 WWW 服务，专门设计的公司主页网站，并将公司网站上传到 WWW 服务器上。现公司内部员工可以正常访问公司 WWW 站点，但外部用户无法访问。网站作为公司对外交流的窗口和平台，只是为内部用户提供访问意义不大。根据业务需求，需要外部用户也能正常访问该 WWW 站点，即将内部 WWW 服务对外发布。请你规划并实施网络。

5.2.2　NAT Server 任务目标与目的

1. 任务目标

针对该公司网络需求，进行网络规划设计，通过 NAT Server(静态映射)技术将内网 WWW 站点对外发布，为外部用户提供访问服务。

2. 任务目的

通过本任务进行路由器的 NAT Server 配置，以帮助读者在深入了解路由器 NAT 配置的基础上，具备利用 NAT Server 技术将内部服务对外发布，为外部用户提供访问服务的能力。

5.2.3 NAT Server 任务需求与分析

1. 任务需求

某公司有近 100 台主机，内部实现了通信和资源共享，并部署了 WWW 站点，内部用户可以正常访问，而外部用户无法访问，现要求将内部 WWW 站点进行对外发布，为外部用户提供访问服务。公司办公区具体计算机分布如表 5-6 所示。

表 5-6 公司办公区具体计算机分布表

部 门	计算机数量	服务器	计算机数量
办公区	100	WWW 服务器	1

2. 需求分析

需求 1：外部用户能访问公司内部 WWW 站点。

分析 1：通过 NAT Server 技术将公司内部 WWW 站点进行对外发布，实现为外部用户提供 WWW 访问服务能力。

根据任务需求和需求分析，组建公司办公区的网络结构，如图 5-16 所示。

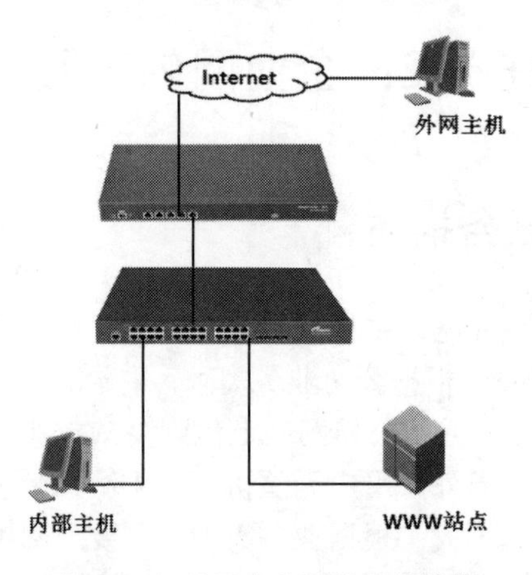

图 5-16 公司办公区的网络结构

5.2.4 NAT Server 知识链接

1. 传统 NAT 的缺点

Basic NAT、NAPT 等传统 NAT 技术的 NAT 表项都是由内部主机主动向公网主机发起访问而触发建立的，而无法由公网主机发起访问而建立，它们只能实现内部网络访问外部网络，并隐藏了内部主机(内网对外网而言是透明的，在一定程度上保护了内部网络的安全)，而在网络中，有时需要将内部主机发布到外网，为外部用户提供访问服务能力。要实现此功能，利用 Basic NAT、NAPT 等传统 NAT 技术是无法实现的，此时就需要利用 NAT Server 技术。

Basic NAT，即可静态映射技术，通过网络管理员手工建立一条私有 IP 地址和公有 IP 地址固定的映射关系(该映射关系是不会动态发生变化的，除非网络管理员手工修改)。外部用户访问内部主机时，只需要访问该映射的公有地址即可。NAT Server 的实现原理如图 5-17 所示。

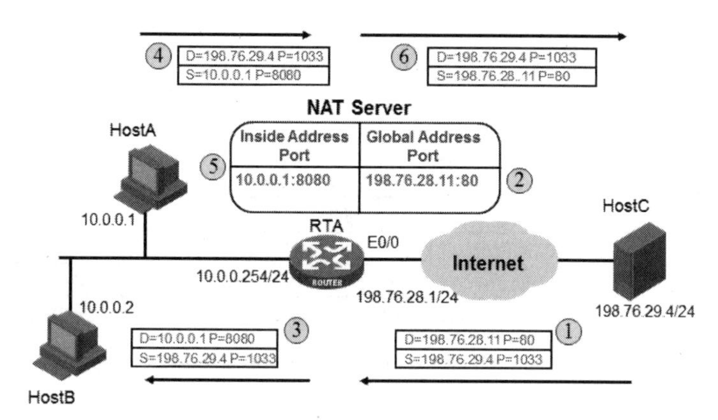

图 5-17　NAT Server 的实现原理

网络管理员通过手工方式在路由器中建立一条固定的私有 IP 地址和公有 IP 地址的映射关系：10.0.0.1:8080----198.76.28.11:80。当外部主机 HostC 想要访问内网中的 HostA 时，直接访问 198.76.28.11:80 即可。

2. 配置命令

路由器的基本管理方式和配置模式与交换机类似。H3C 系列和 Cisco 系列路由器上配置 NAT Server(静态 NAT)的相关命令，如表 5-7 所示。

表 5-7　NAT Server(静态 NAT)配置命令

功　能	H3C 系列设备		Cisco 系列设备	
	配置视图	基本命令	配置模式	基本命令
进入接口视图	系统视图	[H3C]interface Ethernet 0/1	全局配置模式	Cisco(config)#interface fastEthernet 0/1
指定 NAT 内网接口			具体配置模式	Cisco(config-if)#ip nat inside
指定 NAT 外网接口			具体配置模式	Cisco(config-if)#ip nat outside
NAT Server 配置(静态 NAT 映射)	具体视图	[H3C-Ethernet0/1]nat server protocol tcp global 10.10.47.12 www inside 192.168.10.3 www	具体配置模式	Cisco(config)#ip nat inside source static 192.168.10.3 10.10.47.12

5.2.5 NAT Server 任务实施

1. 实施规划

1) 实训拓扑结构

根据任务的需求与分析，实训的拓扑结构及网络参数如图 5-18 所示，以 PC1、PC2、PC3 分别模拟公司的办公 PC、WWW 服务器和外网主机。

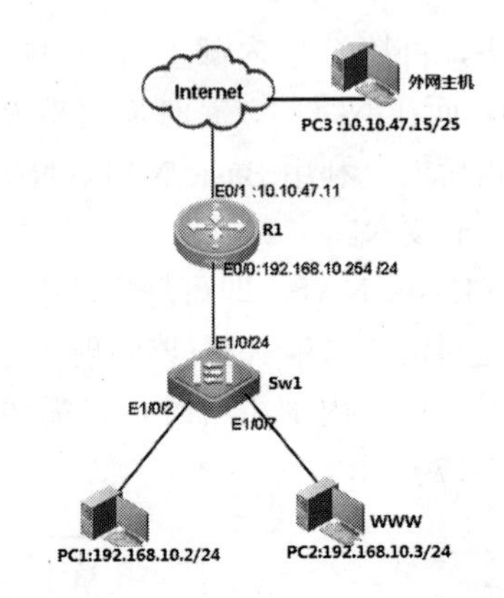

图 5-18　实训的拓扑结构及网络参数

2) 实训设备

根据任务的需求和实训拓扑，每个实训小组的实训设备配置清单如表 5-8 所示。

表 5-8　实训设备配置清单

设备类型	设备型号	数　量
路由器	H3C MSR20-40	1
交换机	H3C E126A	1
计算机	Windows 2003/Windows 7	3
双绞线	RJ-45	若干

3) IP 地址规划

根据需求分析本任务的 IP 地址规划，如表 5-9 所示。

表 5-9　IP 地址规划

设　备	接　口	IP 地址	网　关
PC1		192.168.10.2	192.168.10.254
PC2		192.168.10.3	192.168.10.254
PC3		10.10.47.15/25	
R1	Ethernet 0/0	192.168.10.254/24	
	Ethernet 0/1	10.10.47.11/25	

2. 实施步骤

任务的实施步骤如下。

(1) 根据实训拓扑图进行交换机、计算机的线缆连接，配置 PC1、PC2 的 IP 地址。

(2) 使用计算机 Windows 操作系统的“超级终端”组件程序通过串口连接到交换机的配置界面，其中超级终端串口的属性设置还原为默认值(每秒位数 9600、数据位 8、奇偶校验无、数据流控制无)。

(3) 超级终端登录路由器，进行任务的相关配置。

(4) Router 1 主要配置清单如下。

```
一、R1 初始化配置
<H3C>system-view
[H3C]sysname   r1
二、R1 接口参数配置
[r1]interface   Ethernet   0/0
```

```
[r1-Ethernet0/0]ip address    192.168.10.254 255.255.255.0
[r1-Ethernet0/0]quit
[r1]interface    Ethernet    0/1
[r1-Ethernet0/1]ip address    10.10.47.11 255.255.255.128
[r1-Ethernet0/1]quit
[r1]ip route-static    0.0.0.0 0.0.0.0 10.10.47.126
三、nat server 配置
[r1-Ethernet0/1]nat server    protocol    tcp    global    10.10.47.12 www inside    192.168.10.3 www
/*将本地地址 192.168.10.3 的 www 服务静态映射给全局地址 10.10.47.12 的 www 服务
```

(5) 在 PC2 上搭建 www 站点。

5.2.6 NAT Server 任务验收

1. 设备验收

根据实训拓扑图检查验收路由器、计算机的线缆连接，检查 PC1、PC2、PC3 的 IP 地址。

2. 配置验收

查看 NAT 映射表：

```
1. 系统测试
[r1]display  nat server
NAT server in private network information:
  There are currently 1 internal server(s)
  Interface: Ethernet0/1, Protocol: 6(tcp)
    Global:     10.10.47.12 : 80(www)
    Local :    192.168.10.3 : 80(www)
```

3. 功能验收

在 PC1(员工机)上可以通过浏览器输入：http://192.168.10.3，访问公司的 WWW 服务，如图 5-19 所示。

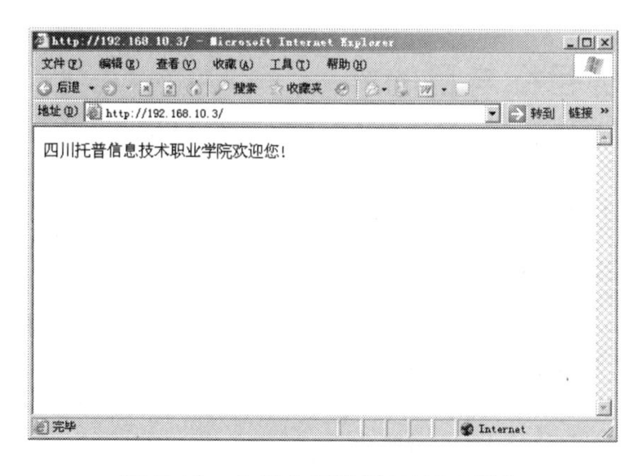

图 5-19 内部主机访问 WWW 服务

在外网计算机 PC3 上通过浏览器输入 http://10.10.47.73，访问 WWW 服务，如图 5-20 所示。

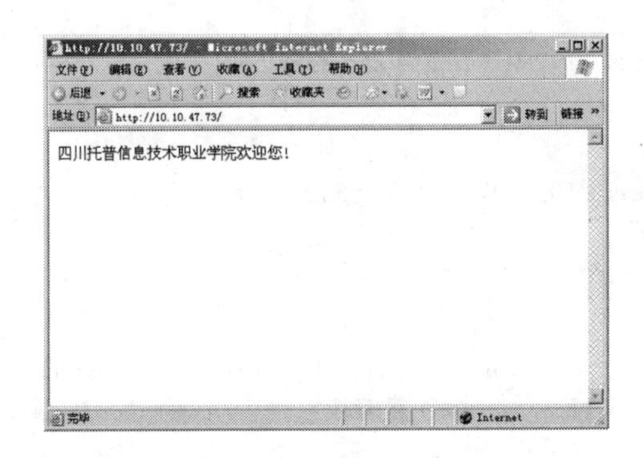

图 5-20　外网主机访问内部 WWW 服务

5.2.7　NAT Server 任务总结

针对某公司办公区网络的改造任务的内容和目标，根据需求分析进行了实训的规划和实施，通过本任务进行了路由器 NAT Server 配置并完成实验。实现了将内部主机发布到外网上，为外部用户提供访问服务能力。

5.3　任务 3：公司防火墙配置

5.3.1　防火墙任务描述

某集团公司是一家高速发展的现代化企业，拥有数量较多的计算机，建立了多台服务器对外提供服务，目前内部上网采用的代理服务器，对外提供服务的服务器采用的是双网卡。目前，公司计划采用 100M 光纤宽带接入互联网，希望公司内部能稳定安全地访问互联网，同时还需要通过互联网提供公司的网站、邮件服务。为保障公司网络出口的安全，请进行规划并实施。

5.3.2　防火墙任务目标与目的

1. 任务目标

针对公司互联网出口的网络安全进行规划并实施。

2. 任务目的

通过本任务进行防火墙配置的实训，以帮助读者掌握防火墙的基础配置、NAT 配置，了解防火墙规则的配置方法，具备应用防火墙的能力。

5.3.3　防火墙任务需求与分析

1. 任务需求

集团公司内部能稳定安全地访问互联网，同时还需要通过互联网提供公司的网站、邮件服务。

2. 需求分析

需求 1：公司内部能稳定安全地访问互联网。

分析 1：配置防火墙规则，使内部网络通过 NAT 转换访问外部网络。

需求 2：通过互联网提供公司的网站、邮件服务。

分析 2：配置防火墙规则，使外部网络通过端口映射转换访问内部服务器的服务。

5.3.4 防火墙知识链接

1. 防火墙

传统意义上的防火墙被设计用于建筑物防止火灾蔓延的隔断墙。在网络上防火墙简单的可以只用路由器实现，复杂的可以用主机甚至一个子网来实现。设置防火墙的目的都是在内部网与外部网之间设立唯一的通道，简化网络的安全管理。

防火墙是一种高级访问控制设备，置于不同安全域之间，是不同安全域之间的唯一通道，能根据企业有关的安全政策执行允许、拒绝、监视、记录进出网络的行为。防火墙是一个或一组系统，用于管理两个网络之间的访问控制及策略，所有从内部访问外部的数据流和外部访问内部的数据流均必须通过防火墙；只有在被定义为允许的数据流才可以通过防火墙，如图 5-21 所示。防火墙本身必须有很强的免疫力。

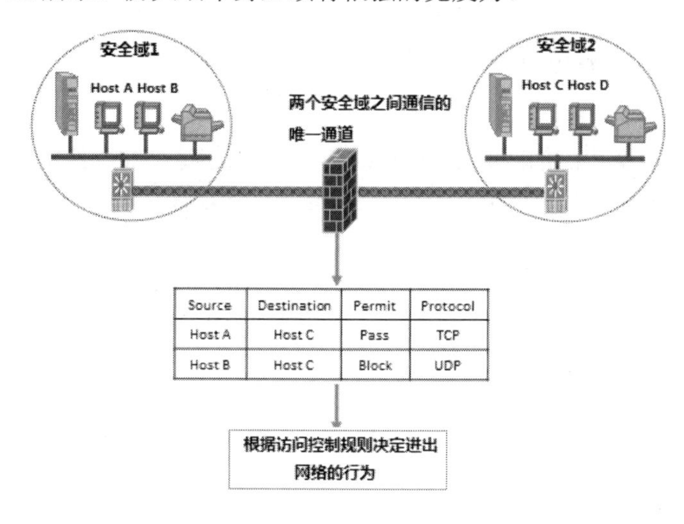

图 5-21 防火墙

防火墙通常使用的安全控制手段主要有包过滤、状态检测和代理服务。

1) 包过滤技术

包过滤技术是一种简单、有效的安全控制技术，它通过在网络间相互连接的设备上加载允许、禁止来自某些特定的源地址、目的地址、TCP 端口号等规则，对通过设备的数据包进行检查，限制数据包进出内部网络。包过滤的最大优点是对用户透明，传输性能高。但由于安全控制层次在网络层、传输层，安全控制的力度也只限于源地址、目的地址和端口号，因而只能进行较为初步的安全控制，对于恶意的拥塞攻击、内存覆盖攻击或病毒等高层次的攻击手段，则无能为力。

2) 状态检测

状态检测是比包过滤更为有效的安全控制方法。对新建的应用连接，状态检测检查预先设置的安全规则，允许符合规则的连接通过，并在内存中记录下该连接的相关信息，生成状态表。对该连接的后续数据包，只要符合状态表，就可以通过。这种防火墙摒弃了简单包过滤防火墙仅仅考察进出网络的数据包而不关心数据包状态的缺点，在防火墙的核心部分建立状态连接表，维护了连接，将进出网络的数据当成一个个的事件来处理。

应用网关防火墙检查所有应用层的信息包，并将检查的内容信息放入决策过程，从而提高网络的安全性。然而，应用网关防火墙是通过打破客户机/服务器模式实现的。每个客户机/服务器通信需要两个连接：一个是从客户端到防火墙；另一个是从防火墙到服务器。另外，每个代理需要一个不同的应用进程，或一个后台运行的服务程序，对每个新的应用必须添加针对此应用的服务程序，否则不能使用该服务。所以，应用网关防火墙具有可伸缩性差的缺点。

3) 代理服务

代理服务型防火墙是防火墙的一种，代表某个专用网络同互联网进行通信的防火墙，类似在股东会上某人以你的名义代表你来投票。当你将浏览器配置成使用代理功能时，防火墙就将你的浏览器的请求转给互联网；当互联网返回响应时，代理服务器再把它转给你的浏览器。代理服务器也用于页面的缓存，代理服务器在从互联网上下载特定页面前先从缓存器取出这些页面。内部网络与外部网络之间不存在直接连接。

代理服务器提供了详细的日志和审计功能，大大提高了网络的安全性，也为改进现有软件的安全性能提供了可能，但会降低网络性能。

2. 防火墙的工作模式

防火墙一般位于企业内部网络出口与互联网直接相连是企业网络的第一道屏障。根据防火墙和内外网络的结构，防火墙具有三种工作模式，即透明模式、路由模式和混合模式。

1) 透明模式

透明模式的防火墙就好像是一台网桥，不改动其原有的网络拓扑结构。网络设备和所有计算机的设置(包括 IP 地址和网关)无须改变，同时解析所有通过它的数据包，既增加了网络的安全性，又降低了用户管理的复杂程度。透明模式的防火墙结构如图 5-22 所示。

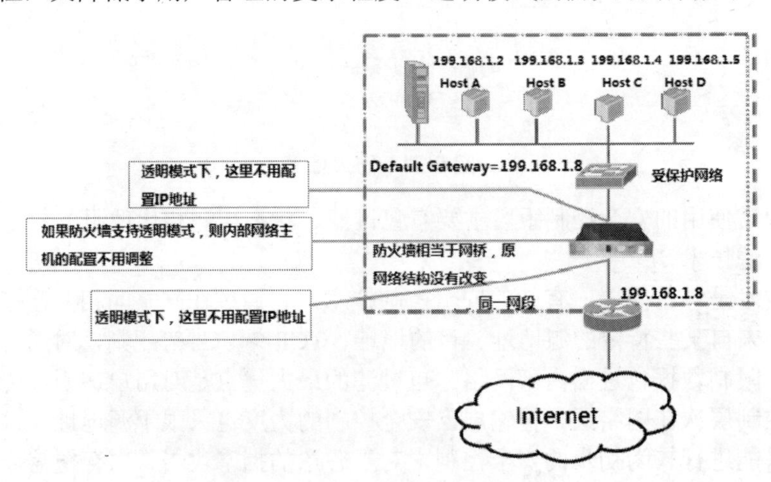

图 5-22 透明模式的防火墙结构

2) 路由模式

传统防火墙一般工作于路由模式，防火墙可以让处于不同网段的计算机通过路由转发的方式互相通信并可将内部私有 IP 地址转换为互联网地址。路由模式的防火墙结构如图 5-23 所示。

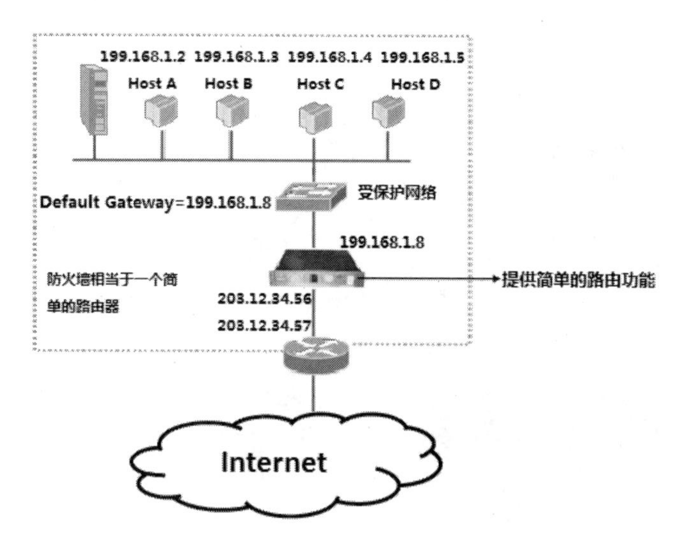

图 5-23 路由模式的防火墙结构

3) 混合模式

在企业复杂的网络环境中常常需要使用透明及路由的混合模式。混合模式防火墙结构如图 5-24 所示。

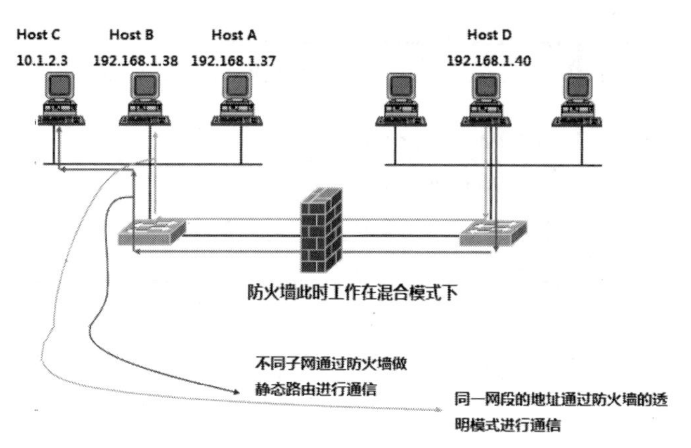

图 5-24 混合模式的防火墙结构

5.3.5 防火墙任务实施

1. 实施规划

1) 实训拓扑结构

根据任务的需求与分析，实训的拓扑结构及网络参数如图 5-25 所示，以 PC1 模拟网络管理员的计算机进行配置和管理，PC2 模拟公司用户计算机，PC3 模拟互联网的机器，Server 模拟公司 Web 服务器和 SMTP 服务器。

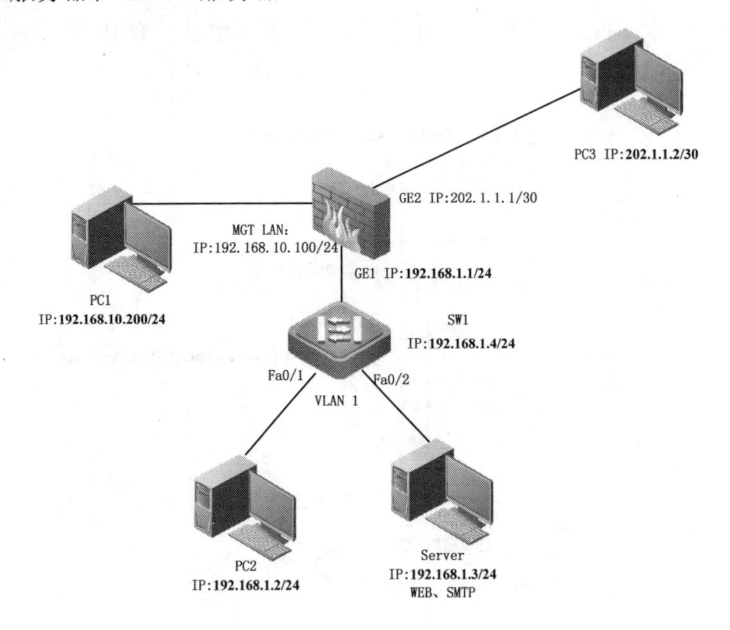

图 5-25　实训的拓扑结构及网络参数

2)　实训设备

根据任务的需求和实训拓扑，每实训小组的实训设备配置清单，如表 5-10 所示。

表 5-10　实训设备配置清单

设备类型	设备型号	数　量
交换机	H3C E126A	1
防火墙	锐捷 RG-WALL160M	1
计算机	PC，Windows XP	3
服务器	Windows Server 2003	1
双绞线	RJ-45	5

3)　IP 地址规划

根据任务的需求分析和 VLAN 的规划，本实训任务中各部门的 IP 地址网段规划为 192.168.1.0/24，外部 IP 网段规划为 202.1.1.0/30。各实训设备的 IP 地址规划如表 5-11 所示。

表 5-11　实训设备的 IP 地址规划

接　口	IP 地址	网关地址
防火墙 GE1	192.168.1.1/24	
防火墙 GE2	202.1.1.1/30	
PC1	192.168.10.200/24	
PC2	192.168.1.2/24	192.168.1.1
PC3	202.1.1.2/30	

续表

接　口	IP 地址	网关地址
服务器	192.168.1.3/24	192.168.1.1
交换机	192.168.1.4/24	192.168.1.1

2. 实施步骤

任务的实施步骤如下。

(1) 根据实训拓扑图进行交换机、防火墙、计算机的线缆连接，配置 PC1、PC2、PC3 和 Server 的 IP 地址，配置交换机 SW1 的 VLAN1 IP 地址为 192.168.1.4。Server 安装 IIS，配置 WEB、SMTP 服务。

(2) 防火墙的初始化配置。锐捷 RG-WALL160M 防火墙及相关系列可采用 Web 方式进行配置，进行初始化配置，其配置过程依次为配置管理主机、安装认证管理员身份证书(文件)、开始配置管理。

> **提示：** 防火墙的管理接口(MGM LAN 口)为专门用于管理和配置的接口，该接口的初始 IP 地址为 192.168.10.100，管理主机的 IP 必须设置为 192.168.10.200/24。

① 配置管理主机。使用 PC1 作为管理防火墙的管理主机，使用双绞线将其连接到防火墙管理口。在管理主机运行 ping 192.168.10.100 验证是否真正连通，如不能连通，请检查管理主机的 IP(192.168.10.200)是否设置正确，是否连接在与防火墙的管理接口上。

② 安装认证管理员身份证书。打开防火墙随机光盘中的 Admin Cert 目录，找到 admin.p12 管理员证书文件，双击打开导入 IE 浏览器，导入密码为 123456。

在 PC1 上运行 IE 浏览器，在地址栏中输入 https:// 192.168.10.100:6666，弹出一个对话框提示接受 RG-WallAdmin 数字证书，如图 5-26 所示，单击“确定”按钮即可。

③ 开始配置管理。系统提示输入管理员账号和口令，如图 5-27 所示。在默认情况下，管理员账号是 admin，密码是 firewall。单击“登录”按钮，即可进入防火墙管理主界面，如图 5-28 所示。防火墙管理界面左侧为树形结构的菜单，右侧为配置管理界面，单击各菜单项熟悉各项菜单内容。

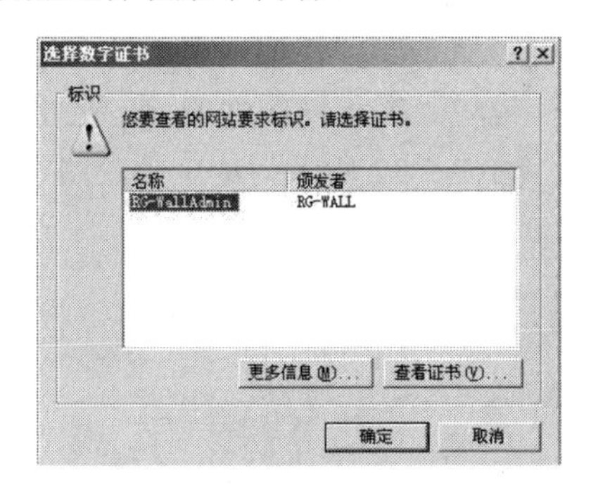

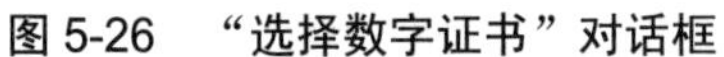
图 5-26 “选择数字证书”对话框

图 5-27 防火墙登录界面

(3) 防火墙的接口 IP 配置。进入防火墙的配置页面，依次选择“网络配置”“接口”选项，单击“添加”按钮分别为接口添加 IP 地址。根据任务拓扑添加作为防火墙内部接口的 IP 地址。作为 LAN 口的接口可设为“允许所有主机 PING”，如图 5-29 所示。

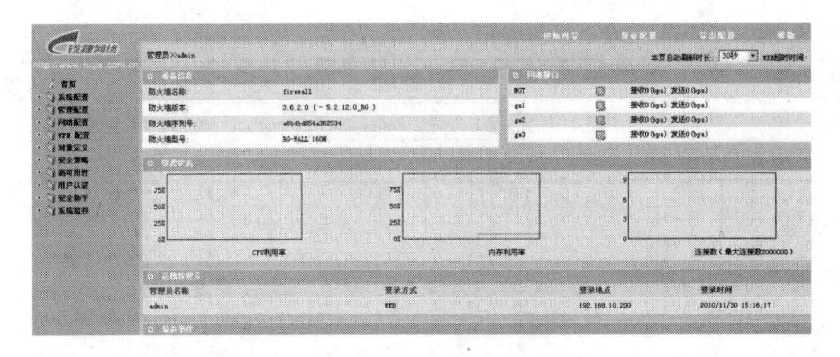

图 5-28　防火墙管理主界面

根据任务拓扑添加作为防火墙外部接口的 IP 地址，如图 5-30 所示。

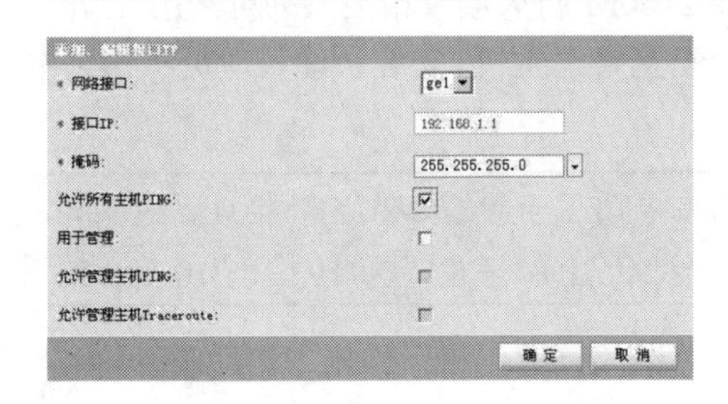

图 5-29　内部接口 IP 地址配置

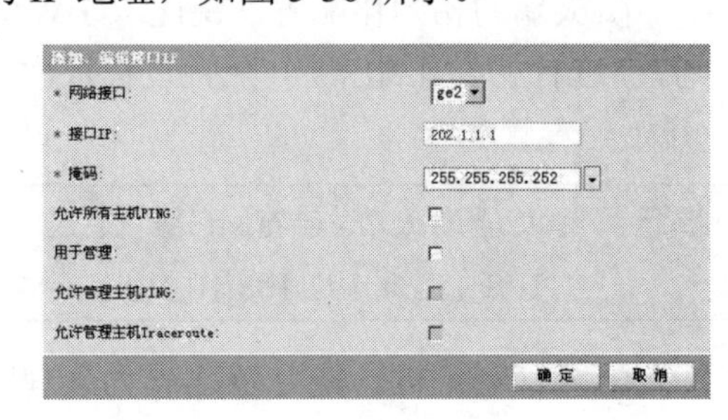

图 5-30　外部接口 IP 地址配置

接口配置 IP 地址完成后的状态如图 5-31 所示。

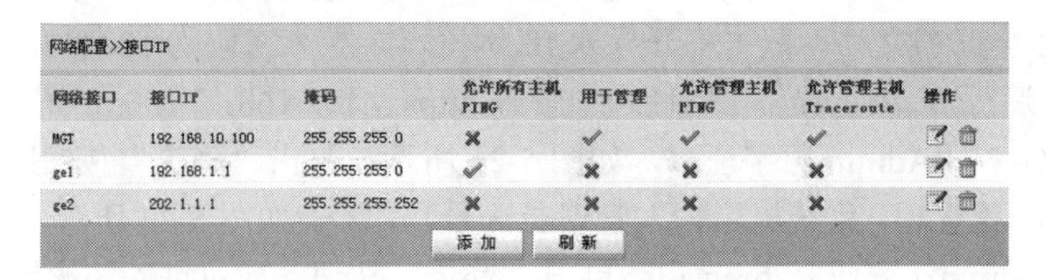

网络配置>>接口IP

网络接口	接口IP	掩码	允许所有主机PING	用于管理	允许管理主机PING	允许管理主机Traceroute	操作
MGT	192.168.10.100	255.255.255.0	✗	✓	✓	✓	
ge1	192.168.1.1	255.255.255.0	✓	✗	✗	✗	
ge2	202.1.1.1	255.255.255.252	✗	✗	✗	✗	

添 加　刷 新

图 5-31　接口 IP 地址配置状态

增加接口 IP 后单击在管理界面首页右上部的“保存配置”进行配置的保存。

(4) 对象的定义。为了简化防火墙安全规则的定义和便于配置管理，引入了对象的定义，通过预先定义的地址、服务、代理、时间等对象，可将具有相同属性或一定范围的目标进行定义，在配置安全规则时可以方便地进行调用。如图 5-32 所示为地址列表的定义。系统预定义了三个地址 DMZ、Trust、Untrust 均为 0.0.0.0。

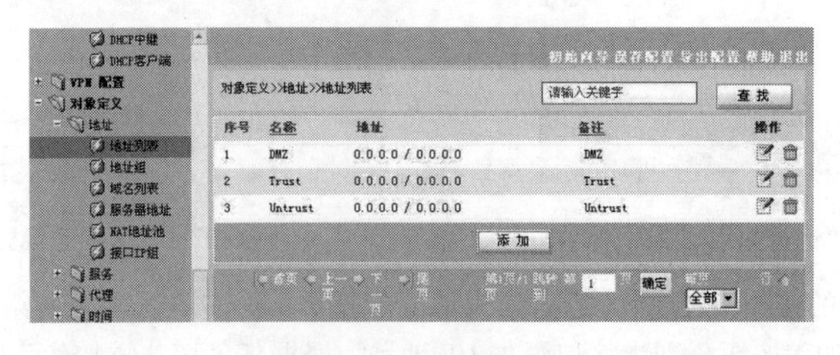

对象定义>>地址>>地址列表

序号	名称	地址	备注	操作
1	DMZ	0.0.0.0 / 0.0.0.0	DMZ	
2	Trust	0.0.0.0 / 0.0.0.0	Trust	
3	Untrust	0.0.0.0 / 0.0.0.0	Untrust	

图 5-32　地址列表的定义

在地址列表里添加内部局域网 IP 子网，如图 5-33 所示。

在服务器地址里添加服务器地址 192.168.1.3，如图 5-34 所示。

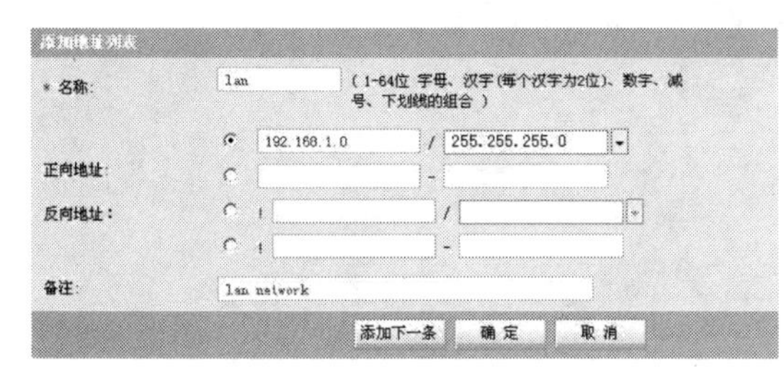

图 5-33 内部子网地址定义

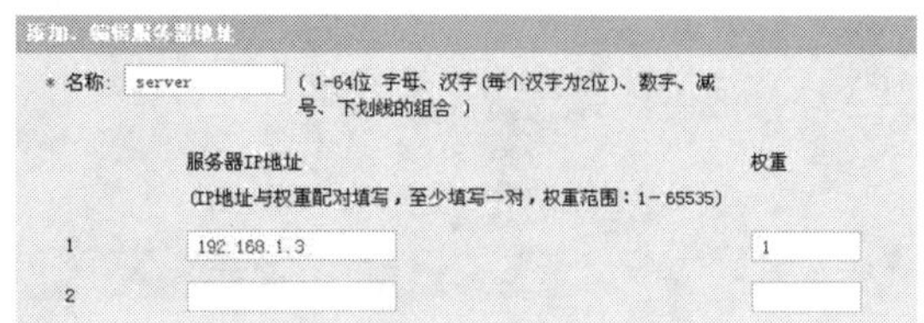

图 5-34 服务器地址定义

(5) 安全规则的配置。

安全策略是防火墙的核心功能，防火墙的所有访问控制均根据安全规则的设置完成。安全规则主要包括包过滤规则、NAT 规则(网络地址转换)、IP 映射规则、端口映射规则等。

提示：防火墙的基本策略是只要没有明确被允许的行为都是被禁止的。

根据管理员定义的安全规则完成数据帧的访问控制，规则策略包括“允许通过”“禁止通过”“NAT 方式通过”“IP 映射方式通过”“端口映射方式通过”“代理方式通过”“病毒过滤方式通过”等。支持对源 IP 地址、目的 IP 地址、源端口、目的端口、服务、流入网口、流出网口等进行控制。防火墙还可以根据管理员定义的基于角色控制的用户策略，并与安全规则策略配合完成访问控制，包括限制用户在什么时间、什么源 IP 地址可以通过防火墙访问相应的服务。

提示：防火墙按从上到下的顺序进行规则匹配，按上一条已匹配的规则执行，不再匹配该条规则以下的规则。锐捷防火墙初始无任何安全规则，即拒绝所有数据包通行。

安全规则的配置，依次选择“安全策略”→“安全规则”选项，然后单击“添加”按钮，如图 5-35 所示。

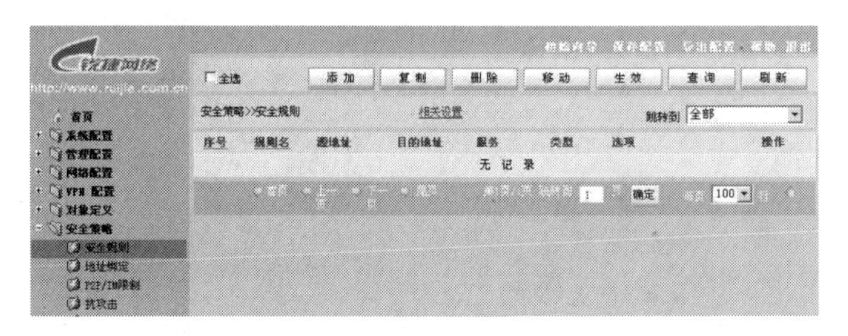

图 5-35 安全规则的配置

根据任务需求和实训拓扑，配置防火墙规则，使内部网络能够通过 NAT 转换访问外部网络。在安全规则界面添加 NAT 规则，如图 5-36 所示。主要进行配置的内容有：“类型”为 NAT，“源地址”为预先定义的内部子网 lan，“目的地址”为 any，“服务”为 any，操作的源地址转换选取防火墙外部网络接口的 IP202.1.1.1。

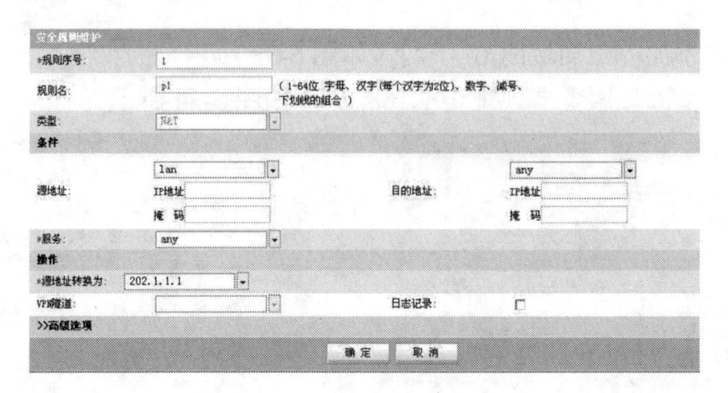

图 5-36　NAT 规则配置

配置防火墙规则，使外部网络能够通过端口映射转换访问内部服务器 Server 的 Web、SMTP 服务。在安全规则界面添加端口映射规则，如图 5-37 所示。以配置 Web 服务映射为例，主要进行配置的内容有：“类型”为“端口映射”，“源地址”为 any，“公开地址”为防火墙的外部网络接口的 IP202.1.1.1，“对外服务”为 http，公开地址映射为预先定义的防火墙外部接口的 IP 地址 202.1.1.1，对外服务映射为 http。

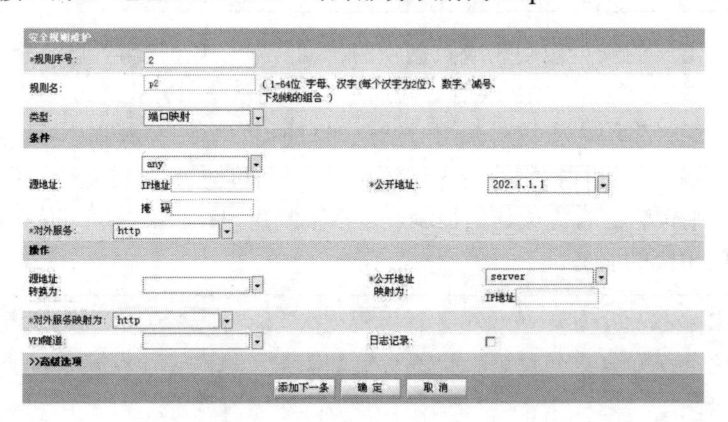

图 5-37　http 端口映射规则配置

对于 Server 的 SMTP 服务进行类似配置，再增加一条端口映射的安全规则，如图 5-38 所示。

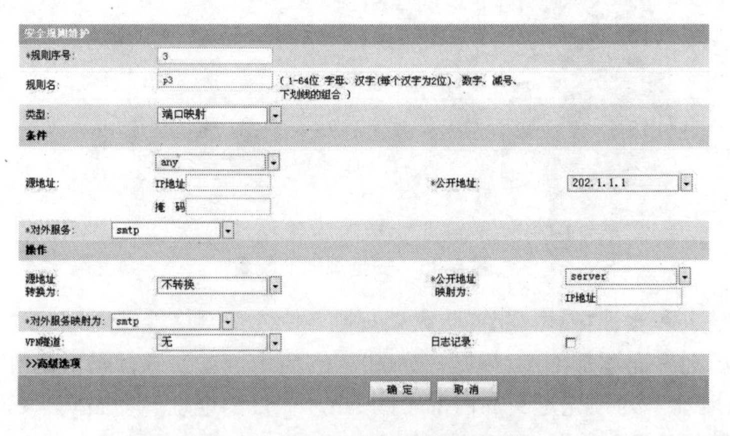

图 5-38　SMTP 端口映射规则配置

通过以上步骤，完成了防火墙的基本配置、对象定义、安全规则的配置，实现任务的需求。

5.3.6　防火墙任务验收

1. 设备验收

根据实训拓扑图检查验收计算机、交换机、防火墙的线缆连接，检查 PC1、PC2、PC3、Server、防火墙的 IP 地址。

2. 配置验收

1)　接口 IP 配置

在防火墙管理界面的网络配置菜单的接口 IP 项，检查各网络接口的 IP 参数是否符合实训参数规划。

2)　对象定义配置

在防火墙管理界面的对象定义菜单的地址项，检查定义的地址列表和服务器地址是否符合实训参数规划。

3)　安全规则配置

在防火墙管理界面的安全策略菜单的安全规则项，检查添加的各项安全规则是否符合任务需求，如图 5-39 所示。

安全策略>>安全规则　　相关设置

序号	规则名	源地址	目的地址	服务	类型	选项
□ 1	p1	lan	any	any	NAT规则	
□ 2	p2	any	202.1.1.1	http	端口映射	
□ 3	p3	any	202.1.1.1	smtp	端口映射	

图 5-39　安全规则配置

3. 防火墙功能验收

1)　NAT 功能

在 PC2 上使用 Ping 命令检查与 PC3 的连通性，NAT 功能配置正确应能连通 PC3 的 IP 地址，此时 PC2 的 IP 地址被转换成了防火墙的外部接口 IP 地址，如图 5-40 所示。

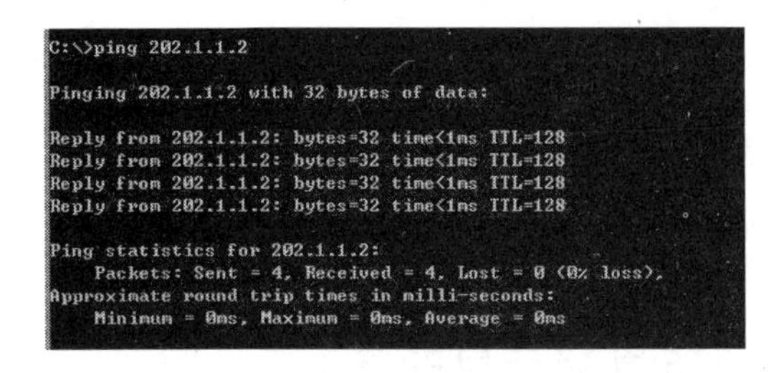

图 5-40　PC2 与 PC3 通过 NAT 连通

2)　端口映射功能

在 PC3 上访问 Server 上的 Web、SMTP 服务，在端口映射功能配置正确的情况下，PC3

的内部 IP 地址和端口被映射为了防火墙的外部接口地址和端口，使用防火墙的外部接口地址和端口能访问 Server 上的 Web、SMTP 服务(如 http://202.1.1.1)。此时可以通过防火墙管理界面的系统监控菜单的网络监控项里的实时监控查看端口映射的转换情况，如图 5-41 所示，图中目的地址 202.1.1.1 的 TCP 80 端口(Web)和 TCP 25 端口(SMTP 服务)被转换映射为了 Server 的 IP 地址 192.168.1.3 的 TCP 80 端口和 TCP 25 端口。

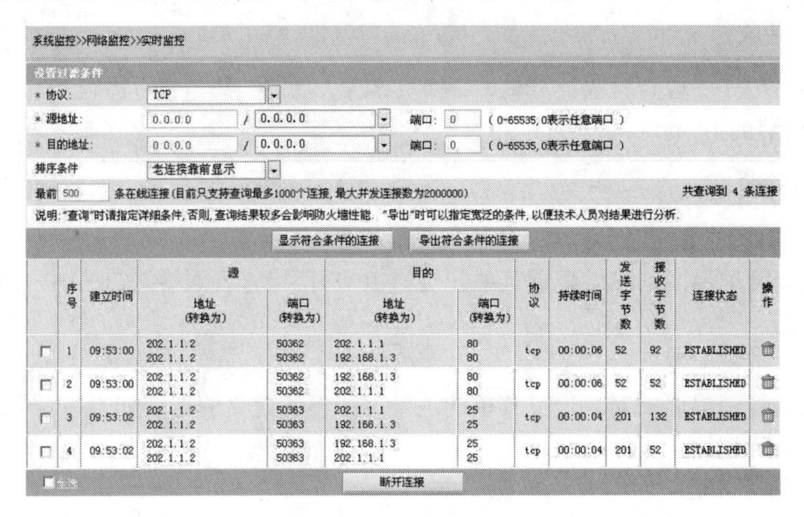

序号	建立时间	源 地址(转换为)	源 端口(转换为)	目的 地址(转换为)	目的 端口(转换为)	协议	持续时间	发送字节数	接收字节数	连接状态	操作
1	09:53:00	202.1.1.2 202.1.1.2	50362 50362	202.1.1.1 192.168.1.3	80 80	tcp	00:00:06	52	92	ESTABLISHED	
2	09:53:00	202.1.1.2 202.1.1.2	50362 50362	192.168.1.3 202.1.1.1	80 80	tcp	00:00:06	52	52	ESTABLISHED	
3	09:53:02	202.1.1.2 202.1.1.2	50363 50363	202.1.1.1 192.168.1.3	25 25	tcp	00:00:04	201	132	ESTABLISHED	
4	09:53:02	202.1.1.2 202.1.1.2	50363 50363	192.168.1.3 202.1.1.1	25 25	tcp	00:00:04	201	52	ESTABLISHED	

图 5-41　端口映射监控

5.3.7　防火墙任务总结

针对某集团公司互联网安全访问的任务内容和目标，通过需求分析进行了实训的规划和实施，通过本任务进行了防火墙基础配置、安全规则配置等方面的实训。

5.4　任务 4：移动用户访问企业网资源

5.4.1　SSL VPN 任务描述

某公司已经建立了企业网并通过防火墙与互联网连接。由于业务需要，公司经常有员工到外地出差，假期时员工在家也需要访问公司内部信息资源。针对这种情况，需要使出差及在家的公司用户都能通过互联网安全地访问到公司的内部资源。在安全上要能提供认证、访问授权及审核功能。

5.4.2　SSL VPN 任务目标与目的

1. 任务目标

要求实现用户在公司外部时通过互联网安全访问公司资源。

2. 任务目的

通过本任务进行 VPN 的安全实训，以帮助读者了解 SSL VPN 的功能，了解 VPN 设备的 SSL VPN 配置方法，具备 VPN 实施的能力。

5.4.3 SSL VPN 任务需求与分析

1. 任务需求

企业员工在外要能通过互联网访问公司信息资源。公司内部的信息资源在防火墙内部，不能直接放在互联网上。

2. 需求分析

需要通过互联网访问公司内部信息资源，采用 SSL VPN 是一种安全、方便的方式。SSL 既能实现数据的加密，又能实现访问用户访问的认证，访问资源的授权及审核功能。

5.4.4 SSL VPN 知识链接

1. VPN

在传统的企业网络配置中，要进行异地局域网之间的互联，传统的方法是租用 DDN(数字数据网)专线或帧中继。这样的通信方案必然导致高昂的网络通信和维护费用。对移动用户与远端个人用户而言，一般通过拨号线路(Internet)进入企业的局域网，而这样必然带来安全上的隐患。

VPN(Virtual Private Network，虚拟专用网络)是通过公共网络(包括因特网、帧中继、ATM 等)在局域网络之间或单点之间安全地传递数据的技术。

VPN 通过一个私有的通道来创建一个安全的私有连接，将远程用户、公司分支机构、公司的业务伙伴等跟企业网连接起来，形成一个扩展的公司企业网。VPN 通过一个公用网络(通常是因特网)建立一个临时的、安全的连接，是一条穿过公用网络的安全、稳定的隧道。使用这条隧道可以对数据进行加密，达到安全使用私有网络的目的。

VPN 的组网结构如图 5-42 所示。

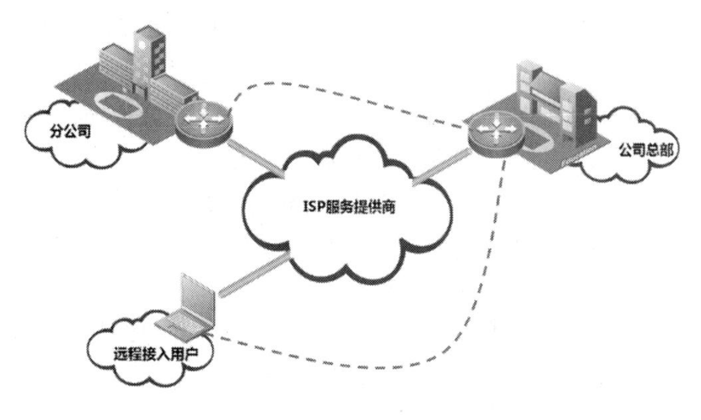

图 5-42　VPN 的组网结构

1) VPN 的特点

VPN 主要采用了隧道技术、加解密技术、密钥管理技术和使用者与设备身份认证技术。VPN 的主要特点有以下几个方面。

(1) 安全保障。VPN 通过建立一个隧道，利用加密技术对传输数据进行加密，以保证数据的私有和安全性。

(2) 服务质量保证(QoS)。VPN 可以按不同要求提供不同等级的服务质量保证。VPNQoS 通过流量预测与流量控制策略，可以按照优先级分别实现带宽管理，使得各类数据被合理地先后发送，并预防阻塞的发生。

(3) 可扩充性和灵活性。VPN 必须能够支持通过 Intranet 和 Extranet 的任何类型的数据流，方便增加新的节点，支持多种类型的传输媒介，可以满足同时传输语音、图像、数据等新应用对高质量传输以及带宽增加的需求。

(4) 可管理性。VPN 能从用户角度和运营商角度方便地进行管理、维护。VPN 管理主要包括安全管理、设备管理、配置管理、访问控制列表管理、QoS 管理等内容。

2) VPN 的分类

根据不同的划分标准，VPN 可以按几个标准进行分类。

(1) 按 VPN 的协议分类。VPN 的隧道协议主要有 PPTP、L2TP、IPSec 以及 SSL，其中 PPTP 和 L2TP 协议工作在 OSI 模型的第二层，又称为二层隧道协议；IPSec 是第三层隧道协议，是最常见的用于 Lan To Lan(网对网)的协议；SSL VPN 采用了 SSL 协议，该协议是介于 HTTP 层及 TCP 层的安全协议。

(2) 按 VPN 的应用分类。Access VPN(远程接入 VPN)：客户端到网关，使用公共网络作为骨干网在用户与网关设备之间传输 VPN 的数据流量。

Intranet VPN(内联网 VPN)：网关到网关，通过公共网络或专用网络连接来自公司的资源。

Extranet VPN(外联网 VPN)：与合作伙伴企业网构成 Extranet，将一个公司与另一个公司的资源进行连接。

3) VPN 的部署模式

VPN 的部署模式是指 VPN 设备以什么样的工作模式部署到客户网络中去，不同的部署方式对企业的网络影响各有不同，具体以何种部署方式需要综合客户具体的网络环境和客户的功能需求而定。VPN 的部署模式一般分为网关模式和单臂模式。

(1) 网关模式。网关模式时 SSL 设备工作层次基本与路由器或包过滤防火墙相当，具备基本的路由转发及 NAT 功能。一般在客户原有网络环境中添加部署 SSL 设备时不采用这种模式，因为这种部署模式需要对客户的网络环境做较大的改动。一般此种部署模式的客户网络环境规模比较小，用 SSL 设备替换原有部署在出口的路由器或防火墙，或者是客户在规划新网络建设时将 SSL 部署为网关模式。网关模式的典型网络结构如图 5-43 所示。

(2) 单臂模式。单臂模式时 SSL 设备工作模式基本与一台内网服务器相当，由前置设备将 SSL 服务对外发布，该模式下仅处理 VPN 数据。一般在客户原有网络环境中添加部署 SSL 设备时将采用这种模式，因为这种部署模式需要对客户的网络环境无变动，哪怕设备宕机也不会影响网络。

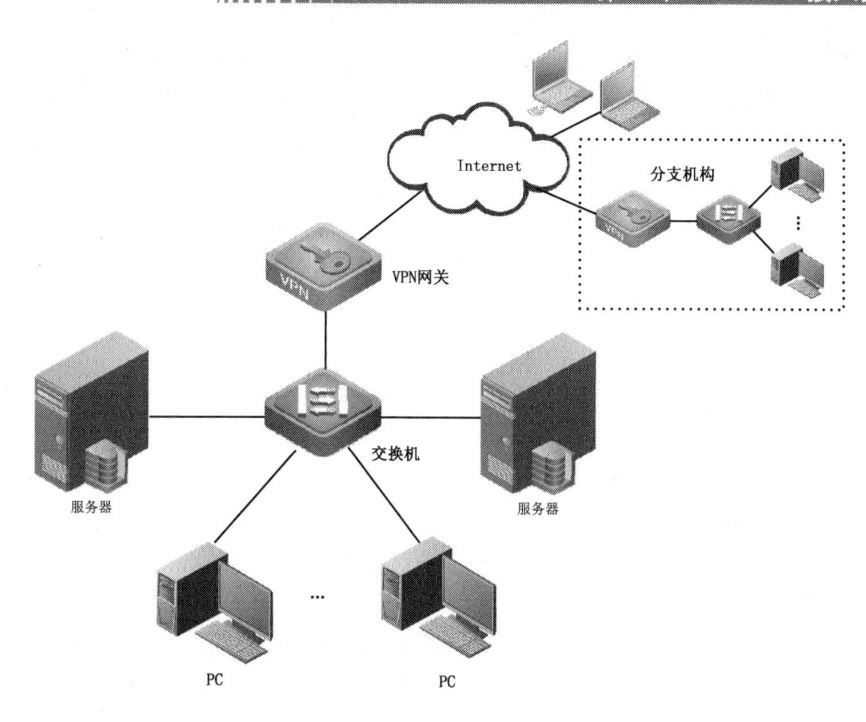

图 5-43　VPN 的网关模式

单臂模式部属只需要连接 LAN 口到内网，防火墙、NAT、DHCP 等功能无法使用，如客户出口有前置防火墙或网络规模比较大建议用单臂模式。单臂模式的典型网络结构如图 5-44 所示。

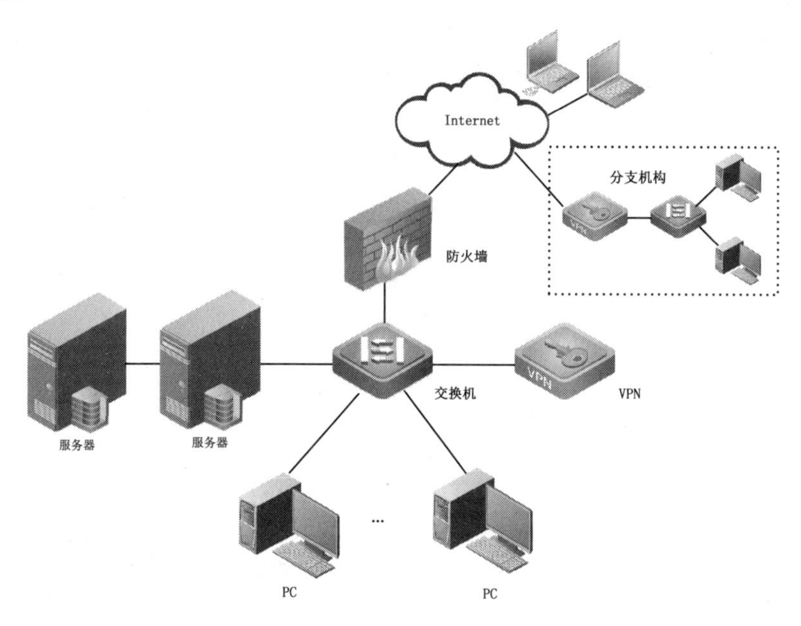

图 5-44　VPN 的单臂模式

2. SSL VPN

SSL VPN 即指采用 SSL (Security Socket Layer)协议来实现远程接入的一种新型 VPN 技

术。SSL 协议是网景公司提出的基于 Web 应用的安全协议，它包括服务器认证、客户认证(可选)、SSL 链路上的数据完整性和 SSL 链路上的数据保密性。对内、外部应用来说，使用 SSL 可保证信息的真实性、完整性和保密性。目前，SSL 协议被广泛应用于各种浏览器应用，也可以应用于 Outlook 等使用 TCP 协议传输数据的 C/S 应用。正因为 SSL 协议被内置于 IE 等浏览器中，使用 SSL 协议进行认证和数据加密的 SSL VPN 就可以免于安装客户端。相对于传统的 IPSEC VPN 而言，SSL VPN 具有部署简单、无客户端、维护成本低、网络适应强、安全性高等优点。

SSL VPN 技术主要具有以下几个特点。

(1) 适合点对网的连接。

(2) 无须手动安装任何 VPN 客户端软件。

(3) 兼容性好，支持各种操作系统和终端，不会与终端防火墙、杀毒软件冲突。

(4) 细致的访问权限控制。

目前，各主流网络产品厂商(CISO、H3C、锐捷、深信服)都有专用的 VPN 设备提供 SSL VPN、IPSec VPN，其中深信服是 IPSec VPN 和 SSL VPN 国家标准参与制定者，其 VPN 设备融合了 IPSec VPN 和 SSL VPN，在国内具有较高的市场占有率。

3. IPSec VPN

IPSec VPN 即指采用 IPSec 协议来实现远程接入的一种 VPN 技术。IPSec VPN 主要通过隧道模式来实现两个网络通过公共网络进行安全加密的连接。

IPSec 是一种开放标准的框架结构，特定的通信方之间在 IP 层通过加密和数据摘要等手段，来保证数据包在 Internet 网上传输时的私密性、完整性和真实性。

IPSec 协议工作在 OSI 模型的第三层，使其在单独使用时适于保护基于 TCP 或 UDP 的协议。通常，两端都需要 IPSec 配置(称为 IPSec 策略)来设置选项与安全设置，以允许两个系统对如何保护它们之间的通信达成协议。

IPSec 是一组协议套件，其各种协议统称为 IPSec。IPSec 主要由两大部分组成：①IKE(Internet Key Exchange)协议，用于交换和管理在 VPN 中使用的加密密钥，建立和维护安全联盟的服务。②保护分组流的协议，包括加密分组流的封装安全载荷协议(ESP 协议)或认证头协议(AH 协议)，用于保证数据的机密性、来源可靠性(认证)、无连接的完整性并提供抗重播服务。

1) 安全联盟

安全联盟(Security Association，SA)是 IPSec 的基础，也是 IPSec 的本质。SA 是通信对等体间对某些要素的约定。例如，使用哪种协议(AH、ESP 还是两者结合使用)、协议的操作模式(传输模式和隧道模式)、密码算法(DES 和 3DES)、特定流中保护数据的共享密钥以及密钥的生存周期等。通过 SA，IPSec 能够对不同的数据流提供不同级别的安全保护。例如，某个组织的安全策略可能规定来自特定子网的数据流应同时使用 AH 和 ESP 进行保护，并使用 3DES(三重数据加密标准)进行加密。

安全联盟是单向的，在两个对等体之间的双向通信，最少需要两个安全联盟来分别对两个方向的数据流进行安全保护。同时，如果希望同时使用 AH 和 ESP 来保护对等体间的数据流，则分别需要两个 SA，一个用于 AH，另一个用于 ESP。

安全联盟由一个三元组来唯一标识，这个三元组包括 SPI(Security Parameter Index，安全参数索引)、目的 IP 地址、安全协议号(AH 或 ESP)。SPI 是为唯一标识 SA 而生成的一个 32 比特的数值，它在 AH 和 ESP 头中传输。

2) AH 与 ESP

IPSec 提供了两种安全机制：认证和加密。认证机制使 IP 通信的数据接收方确认数据发送方的真实身份以及数据在传输过程中是否遭篡改。加密机制通过对数据进行加密运算来保证数据的机密性，以防数据在传输过程中被窃听。

鉴别首部协议 AH 协议定义了认证的应用方法，提供数据源认证、数据完整性校验和防报文重放功能，它能保护通信免受篡改，但不能防止窃听，适合用于传输非机密数据。AH 的工作原理是在每一个数据包上添加一个身份验证报文头，此报文头插在标准 IP 包头后面，对数据提供完整性保护。可选择的认证算法有 MD5(Message Digest)、SHA-1(Secure Hash Algorithm)等。AH 报文的封装如图 5-45 所示。

图 5-45 鉴别首部协议 AH 报文的封装

封装安全有效载荷 ESP 协议定义了加密和可选认证的应用方法，提供加密、数据源认证、数据完整性校验和防报文重放功能。ESP 的工作原理是在每一个数据包的标准 IP 包头后面添加一个 ESP 报文头，并在数据包后面追加一个 ESP 尾。与 AH 协议不同的是，ESP 将需要保护的用户数据进行加密后再封装到 IP 包中，以保证数据的机密性。常见的加密算法有 DES、3DES、AES 等。同时还可以选择 MD5、SHA-1 等算法保证报文的完整性和真实性。ESP 报文的封装如图 5-46 所示。

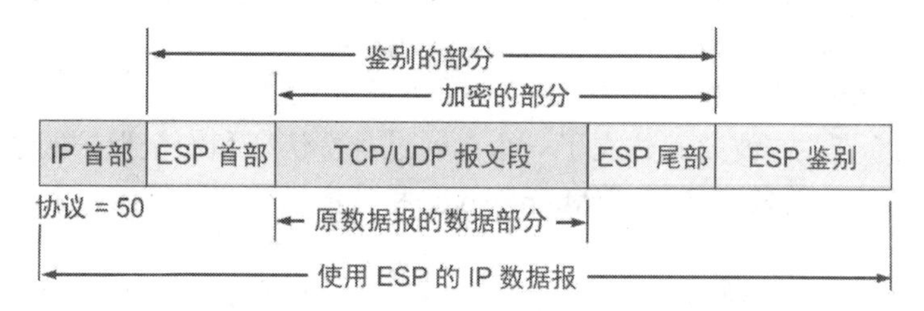

图 5-46 封装安全有效载荷 ESP 报文的封装

在实际进行 IP 通信时，可以根据实际安全需求同时使用这两种协议或选择使用其中的一种。AH 和 ESP 都可以提供认证服务。不过，AH 提供的认证服务要强于 ESP。同时使用 AH 和 ESP 时，设备支持的 AH 和 ESP 联合使用的方式为：先对报文进行 ESP 封装，再对报文进行 AH 封装，封装之后的报文从内到外依次是原始 IP 报文、ESP 头、AH 头和外部 IP 头。

3) 工作模式

IPSec 在不同的应用需求下会有不同的工作模式，分别为传输模式(Transport Mode)及隧道模式(Tunnel Mode)。

(1) 传输模式：只是传输层数据被用来计算 AH 或 ESP 头，AH 或 ESP 头以及 ESP 加密的用户数据被放置在原 IP 包头后面。通常，传输模式应用于两台主机之间的通信，或一台主机和一个安全网关之间的通信。

(2) 隧道模式：用户的整个 IP 数据包被用来计算 AH 或 ESP 头，AH 或 ESP 头以及 ESP 加密的用户数据被封装在一个新的 IP 数据包中。通常，隧道模式应用于两个安全网关之间的通信。

在传输模式和隧道模式下的安全协议数据封装形式如图 5-47 所示。图 5-47 中的 Data 为原来的 IP 报文。

工作模式 / 安全协议	传输模式 (Transport Mode)	隧道模式 (Tunnel Mode)
AH	IP | AH | Data	IP | AH | IP | Data
ESP	IP | ESP | Data | ESP-T	IP | ESP | IP | Data | ESP-T
AH-ESP	IP | ESP | AH | Data | ESP-T	IP | AH | ESP | IP | Data | ESP-T

图 5-47　不同模式下的安全协议数据封装形式

4) 因特网密钥交换协议 IKE

在实施 IPSec 的过程中，可以使用 IKE(Internet Key Exchange，因特网密钥交换)协议来建立 SA，该协议建立在由 ISAKMP(Internet Security Association and Key Management Protocol，互联网安全联盟和密钥管理协议)定义的框架上。IKE 为 IPSec 提供了自动协商交换密钥、建立 SA 的服务，能够简化 IPSec 的使用和管理，大大简化 IPSec 的配置和维护工作。

IKE 使用了两个阶段为 IPSec 进行密钥协商并建立 SA。

第一阶段，通信各方彼此间建立了一个已通过身份认证和安全保护的通道，即建立一个 ISAKMP SA。第一阶段有主模式(Main Mode)和野蛮模式(Aggressive Mode)两种 IKE 交换方法。

第二阶段，用在第一阶段建立的安全隧道为 IPSec 协商安全服务，即为 IPSec 协商具体的 SA，建立用于最终的 IP 数据安全传输的 IPSec SA。

以图 5-48 所示的两个网络访问为例，典型的 IPSec VPN 建立过程如下。

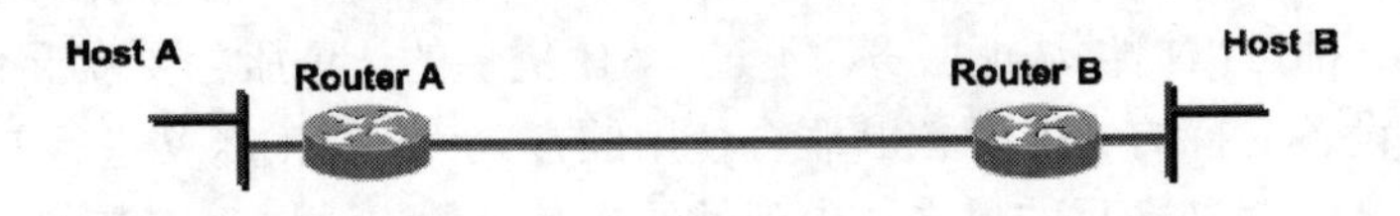

图 5-48　IPSec VPN 的初始建立

(1) 需要访问远端的数据流经路由器，触发路由器启动相关的协商过程。

(2) 启动 IKE 阶段 1，对通信双方进行身份认证，并在两端之间建立一条安全的通道。阶段 1 协商建立 IKE 安全通道所使用的参数，包括加密算法、Hash 算法、DH 算法、身份认证方法、存活时间等，如图 5-49 所示。

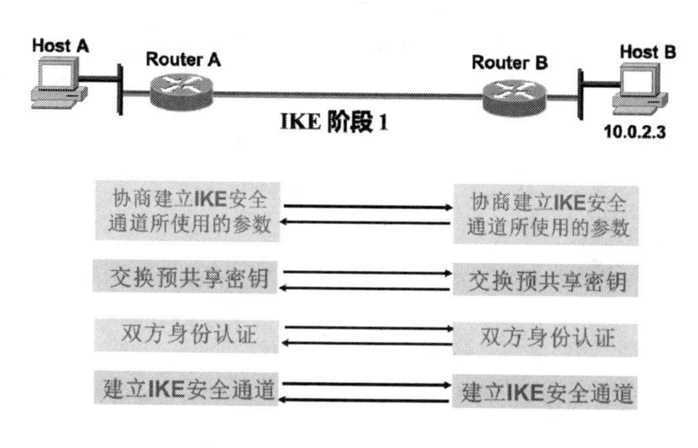

图 5-49　IKE 阶段 1

(3) 启动 IKE 阶段 2，在上述安全通道上协商 IPSec 参数。双方协商 IPSec 安全参数，称为变换集 transform set，包括加密算法、Hash 算法、安全协议、封装模式、存活时间、DH 算法等，如图 5-50 所示。

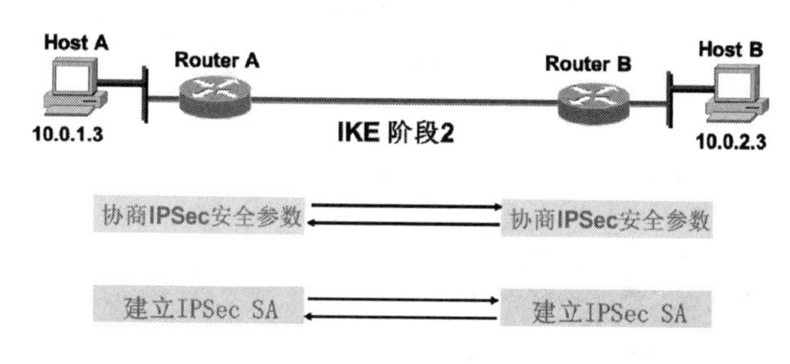

图 5-50　IKE 阶段 2

(4) 按协商好的 IPSec 参数对数据流进行加密、hash 等保护。

5.4.5　SSL VPN 任务实施

1. 实施规划

1) 实训拓扑结构

根据任务的需求与分析，实训的拓扑结构及网络参数如图 5-51 所示，Server 模拟公司内部网络 Web 服务器，PC1 为配置管理计算机，PC2 模拟外部用户计算机，PC3 模拟公司内部用户计算机。VPN 设备作为公司出口提供用户 VPN 访问。

2) 实训设备

根据任务的需求和实训拓扑，每实训小组的实训设备配置清单，如表 5-12 所示。

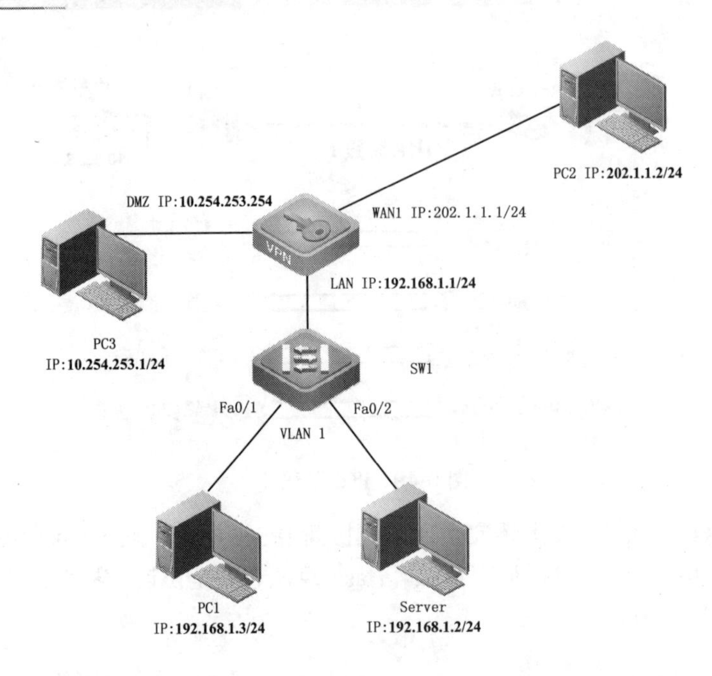

图 5-51　实训的拓扑结构及网络参数

表 5-12　实训设备配置清单

设备类型	设备型号	数　量
交换机	H3C E126A	1
VPN	深信服 VPN 2050	1
计算机	PC，Windows XP	3
服务器	Windows Server 2003	1
双绞线	RJ-45	4

3)　IP 地址规划

根据任务的需求分析和实训拓扑结构，本实训任务中公司内部的 IP 地址网段规划为 192.168.1.0/24，外部 IP 网段规划为 202.1.1.0/24，各实训设备的 IP 地址规划如表 5-13 所示。

表 5-13　实训设备的 IP 地址规划

接　口	IP 地址	网关地址
VPN WAN1	202.1.1.1/24	
VPN LAN	192.168.1.1/24	
Server	192.168.1.2/24	192.168.1.1
PC1	192.168.1.3/24	192.168.1.1
PC2	202.1.1.2/24	
PC3	10.254.253.1	

2. 实施步骤

1)　设备连接

根据实训拓扑图进行交换机、VPN、计算机的线缆连接，配置 PC1、PC2、PC3 和 Server

的 IP 地址。Server 安装 IIS，配置 Web 服务，能从局域网正常访问到 Server 的 Web 服务。

2) SSL VPN 的管理配置

深信服 SSL VPN 2050 及相关系列可采用 Web 方式进行配置管理，初次配置时可以采用 DMZ、LAN 默认的地址。

> **提示：** 深信服 VPN 的 LAN 接口的初始 IP 地址为 10.254.254.254/24，管理主机的 IP 应设置为 10.254.254.254/24 同一网段；DMZ 口接口的初始 IP 地址为 10.254.253.254/24，管理主机的 IP 应设置为 10.254.253.254/24 同一网段。

配置管理主机：使用 PC3 作为管理 VPN 的管理主机，使用双绞线将其连接到 VPN DMZ 口。在管理主机运行 ping10.254.253.254 验证是否真正连通，如不能连通，请检查管理主机的 IP 是否与 DMZ 口(10.254.253.254/24)在同一网段，是否连接在 VPN 的 DMZ 接口上。

在 PC3 上运行 IE 浏览器，在地址栏中输入 http://10.254.253.254:1000，弹出用户登录界面，如图 5-52 所示。

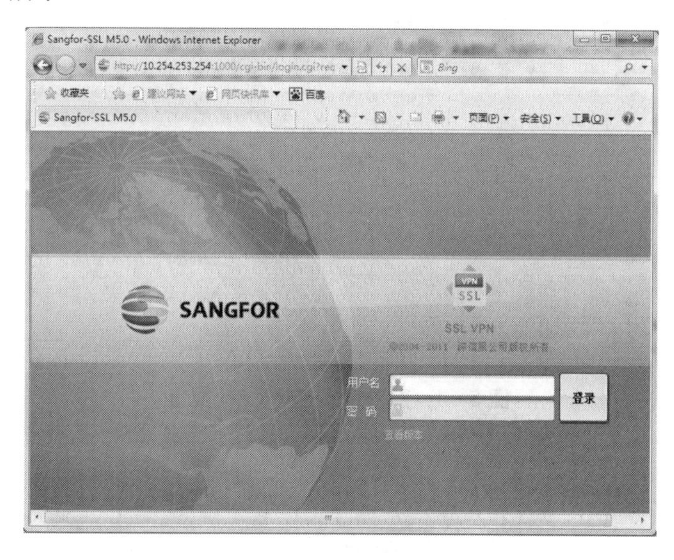

图 5-52 登录界面

输入管理员账号和口令，即可进入 SSL VPN 管理界面。在默认状态下，管理员账号是 Admin，密码是 Admin，如图 5-53 所示。SSL VPN 管理界面左侧为树形结构的菜单，右侧为配置管理界面，点击各菜单项熟悉各项菜单内容。

3) SSL VPN 的部署模式及接口 IP 配置

深信服 SSL VPN 分为网关(单线路和多线路)模式和单臂模式两种工作模式。进入 SSL VPN 的配置页面：依次选择“系统设置”→“网络配置”→“部署模式”选项，选中“网关模式”单选按钮，进行部署，内网接口 LAN 配置相应的内网 IP 与子网掩码地址，如图 5-54 所示。

根据实训任务的 IP 规划参数，配置外网接口 IP 地址单击“线路 1”，进行相应的地址配置，如图 5-55 所示。

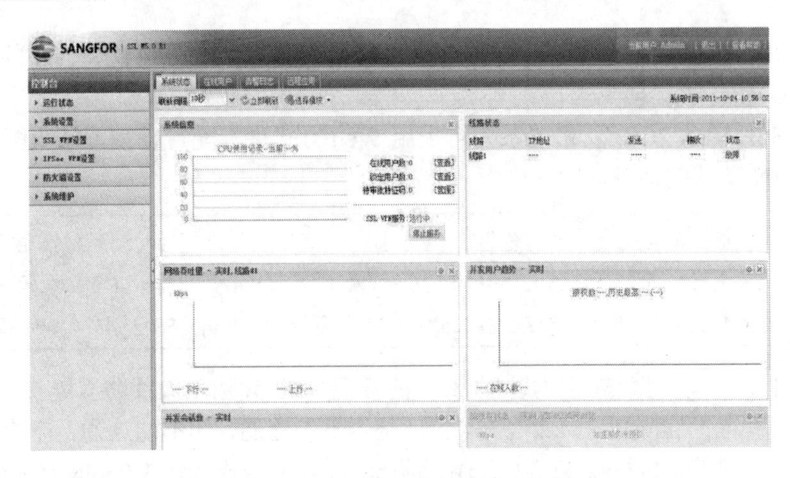

图 5-53　VPN 管理主界面

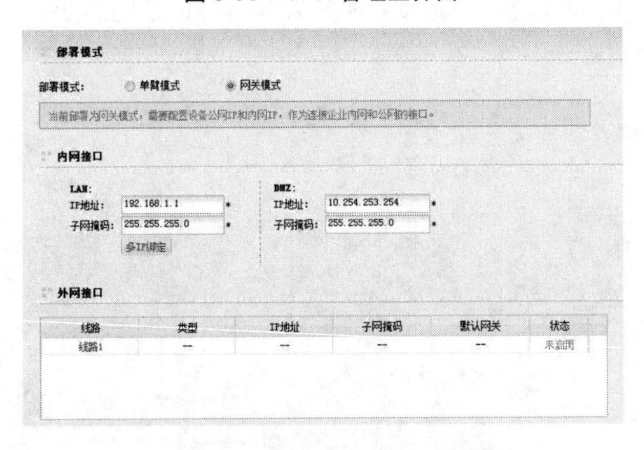

图 5-54　部署模式选择 LAN 配置

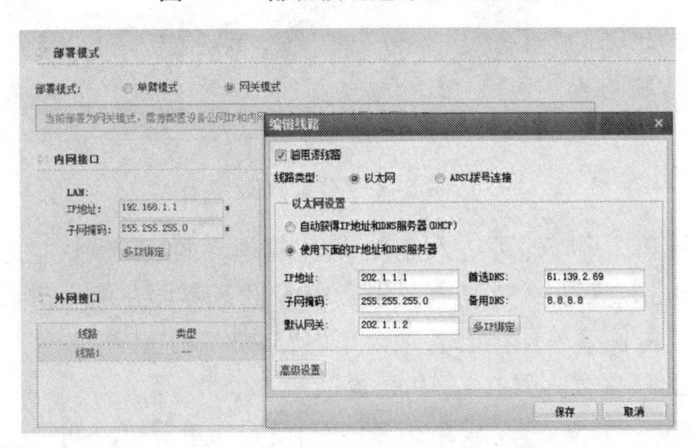

图 5-55　外部接口 IP 地址配置

提示： 增加接口 IP 后，单击管理界面首页左下部的“保存”按钮进行配置的保存。注意观察页面右上角有一个“立即生效”按钮，单击生效配置。

4)　资源的定义

资源是指各种规则要使用的对象的集合，在进行相关配置时进行调用。深信服 SSL

VPN 将资源分为 Web 资源、APP 资源和 IP 资源三类，为了满足 SSL VPN 接入用户访问不同的内网资源，需要对内网资源进行建立，提供给 SSL VPN 用户进行访问。依次选择“SL VPN 设置”→“资源管理”→“新建”选项，选择相应资源发布，如图 5-56 所示。

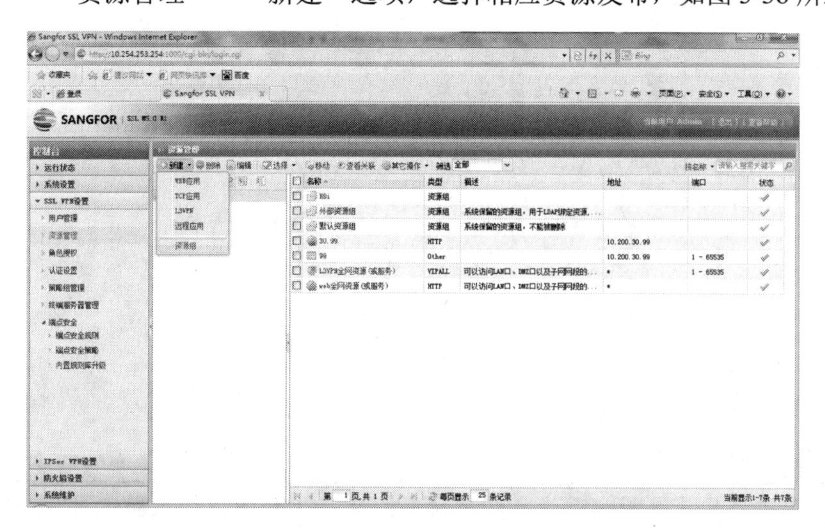

图 5-56 资源建立主界面

根据实训任务要求 SERVER 提供 Web 服务，所以针对 SERVER 的应用发布 Web 应用，如图 5-57 所示，主要设置“名称”(用户自定义)、“类型”(选择 HTTP)、“地址”(内网服务器的主机 IP)、“启用该资源”、“允许用户可见”等。

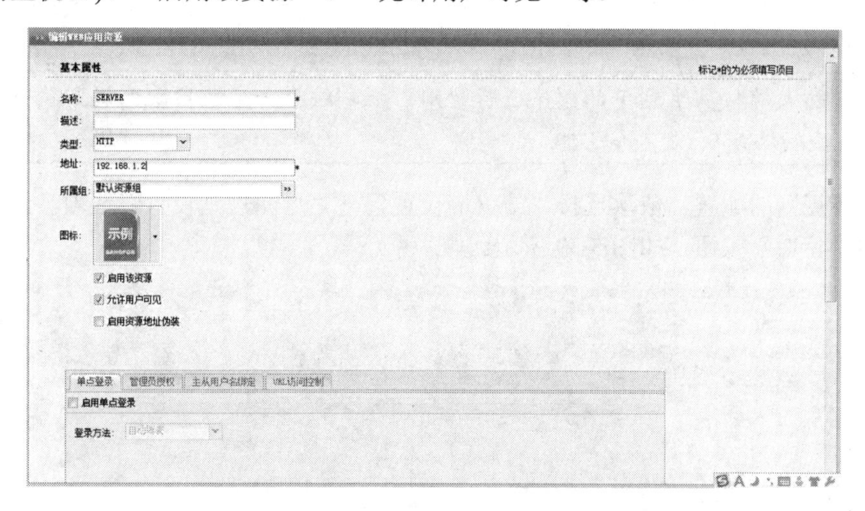

图 5-57 发布 Web 资源

在本次实训中为了保证 PC2 能够 Ping 通 PC1，所以 PC2 需要获取一个虚拟 IP 地址才能进行 PINGPC1，针对以上要求需要发布一个 L3VPN 资源(在旧版本里为 IP 资源)，主要设置“名称”(用户自定义)、“类型”(此处选择 Other)、“协议”(ICMP)、“地址”(需要 PING 通的内网主机 IP)、“启用该资源”、“允许用户可见”等，如图 5-58 所示。

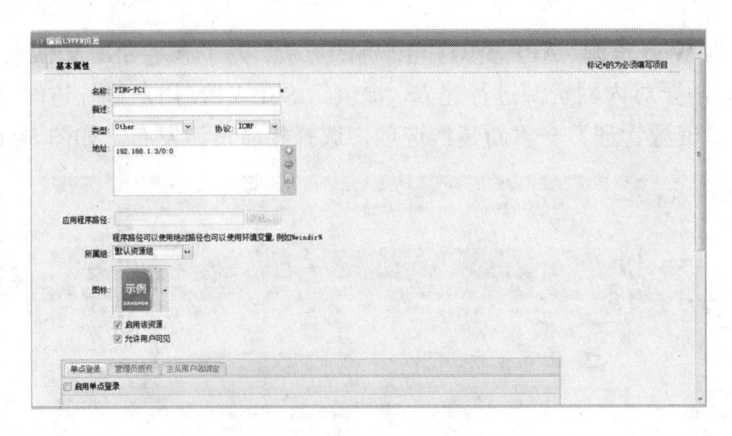

图 5-58　L3VPN 资源发布

5)　SSL VPN 防火墙规则的配置

SSL VPN 的所有访问控制均根据防火墙安全规则的设置完成。安全规则主要包括包过滤规则、NAT 规则(网络地址转换)、IP 映射规则、端口映射规则等。

提示：防火墙的基本策略是没有明确被允许的行为都是被禁止的。

根据管理员定义的安全规则完成数据帧的访问控制，规则策略包括“允许通过”“禁止通过”“端口映射方式通过”“代理方式通过”。支持对源 IP 地址、目的 IP 地址、源端口、目的端口、服务、流入网口、流出网口等进行控制。防火墙还可以根据管理员定义的基于角色控制的用户策略，并与安全规则策略配合完成访问控制，包括限制用户在什么时间、什么源 IP 地址可以通过防火墙访问相应的服务。

提示：防火墙按从上到下的顺序进行规则匹配，按上一条已匹配的规则执行，不再匹配该条规则以下的规则。

防火墙规则的配置，依次选择“防火墙设置”→“过滤规则设置”选项，然后单击相应方向的“新增”按钮，如图 5-59 所示。

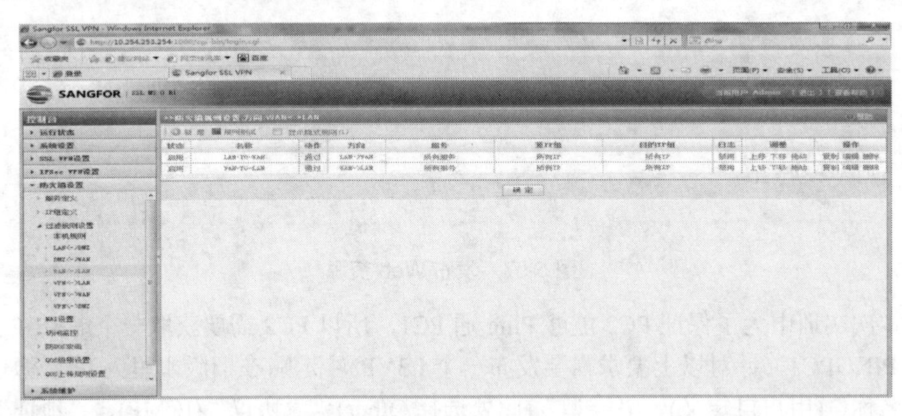

图 5-59　安全规则的配置

根据任务需求和实训拓扑，需要配置防火墙规则，使内部网络通过 NAT 转换访问外部网络。在防火墙设置规则界面添加 NAT 规则，依次选择“防火墙设置”→“NAT 设置”

选项，设置“名称”为 nat，“内网接口”为 LAN，定义内网网段，启用该策略，如图 5-60 所示。

提示： SSL VPN 默认使用 WAN 口地址进行转换，目的地址服务为 ANY。

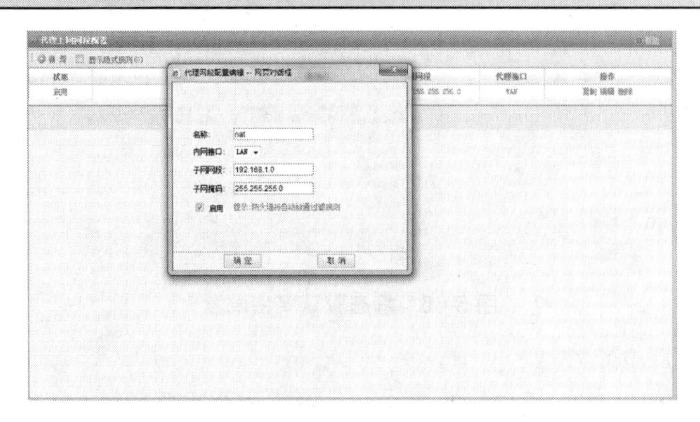

图 5-60　NAT 规则配置

配置防火墙规则，对来自分公司的 IP 允许 Web 访问为例进行配置：依次选择“防火墙设置”→“过滤规则”→“VPN<->LAN”等选项，点击“新增”按钮访问服务器。相关内容设置如图 5-61 所示。其余依次选择“WAN<->LAN”“VPN<->LAN”“VPN<->WAN”等选项，根据情况分别进行双向放通，如图 5-62～图 5-64 所示。

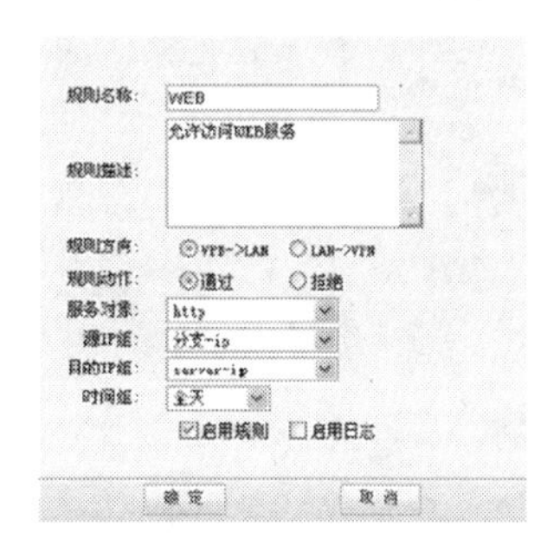

图 5-61　包过滤规则的具体配置

状态	名称	动作	方向	服务	源IP组	目的IP组	日志	调整	操作
启用	VPN-TO-LAN	通过	VPN->LAN	所有服务	所有IP	所有IP	禁用	上移 下移 拖动	复制 编辑 删除
启用	LAN-TO-VPN	通过	LAN->VPN	所有服务	所有IP	所有IP	禁用	上移 下移 拖动	复制 编辑 删除

图 5-62　VPN<->LAN 方向规则

状态	名称	动作	方向	服务	源IP组	目的IP组	日志	调整	操作
启用	LAN-TO-WAN	通过	LAN->WAN	所有服务	所有IP	所有IP	禁用	上移 下移 拖动	复制 编辑 删除
启用	WAN-TO-LAN	通过	WAN->LAN	所有服务	所有IP	所有IP	禁用	上移 下移 拖动	复制 编辑 删除

图 5-63　WAN<->LAN 方向规则

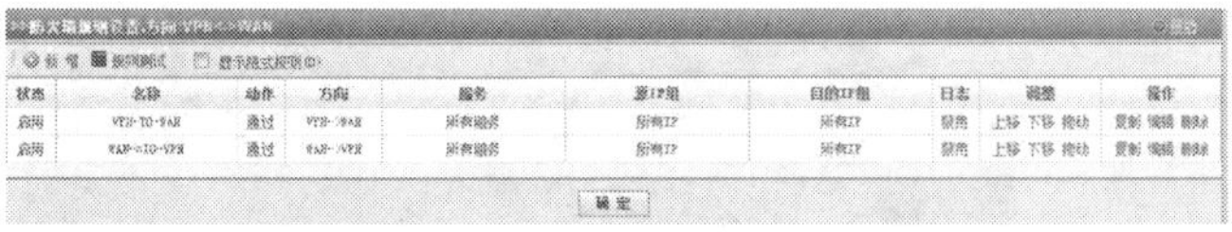

状态	名称	动作	方向	服务	源IP组	目的IP组	日志	调整	操作
启用	VPN-TO-WAN	通过	VPN->WAN	所有服务	所有IP	所有IP	禁用	上移 下移 拖动	复制 编辑 删除
启用	WAN-TO-VPN	通过	WAN->VPN	所有服务	所有IP	所有IP	禁用	上移 下移 拖动	复制 编辑 删除

图 5-64　VPN<->WAN 方向规则

6)　路由配置

为了保证内网用户通过 NAT 后能访问互联网，需要配置一条静态默认路由，下一跳指向互联网网关。具体步骤为：依次选择“系统设置”→“网络配置”→“路由设置”选项，单击“新增”按钮，如图 5-65 所示。

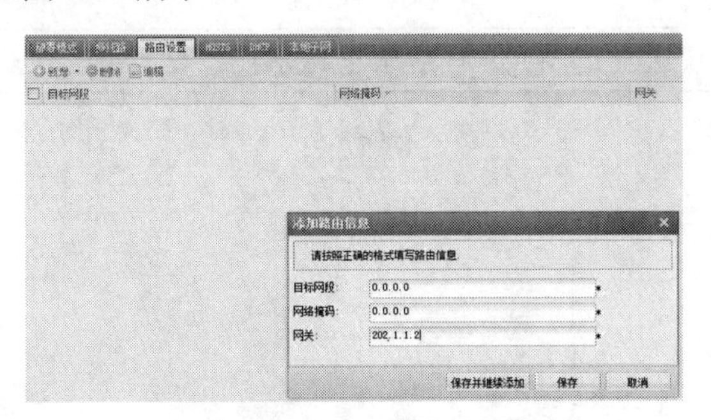

图 5-65　静态默认路由配置

7)　用户与用户组配置

深信服 SSL VPN 用户与用户组的建立，是对每一个需要通过 SSL VPN 方式对内部资源访问的用户建立一个相应的用户名与密码，为方便管理员对用户的管理可以采用分组方式。用户和用户组的建立配置步骤为：依次选择“SSL VPN 设置”→“用户管理”→“新建”→“用户组”或“用户”选项，如图 5-66 所示。

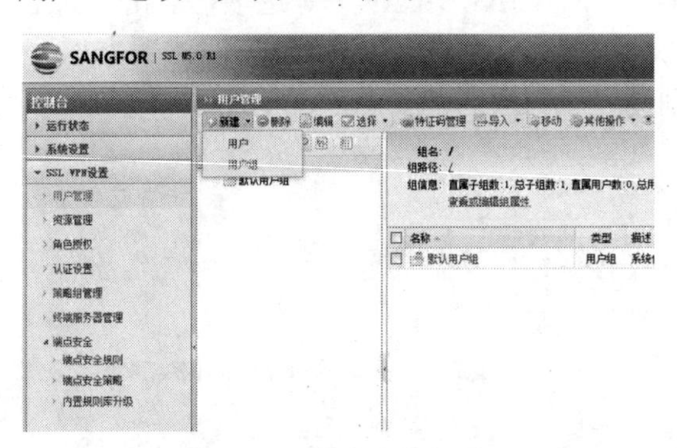

图 5-66　用户或用户组建立

根据本次实训要求建立实验组 1，如图 5-67 所示。

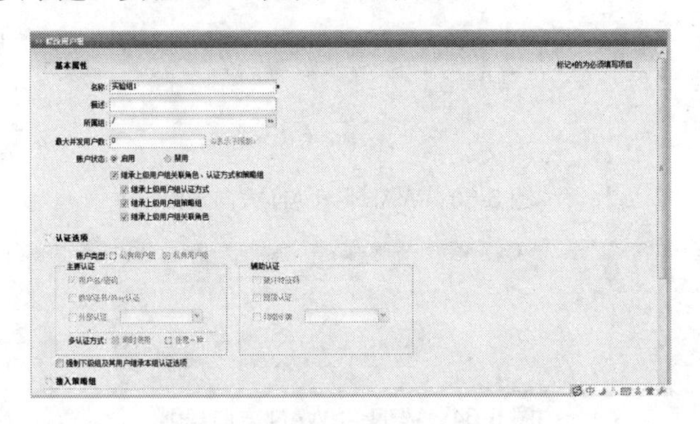

图 5-67　用户组建立

用户组已经建立完毕，在用户组中建立 TEST 用户，如图 5-68 所示，选中用户所属组。

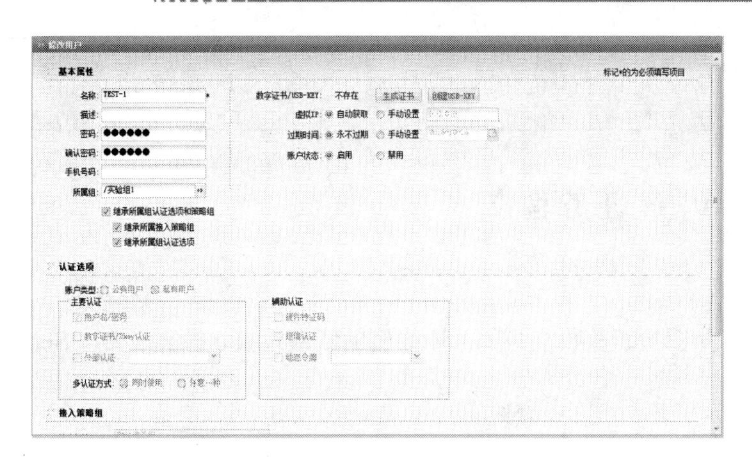

图 5-68 用户的建立

8) 角色的定义

在 SSL VPN 中角色是用户和资源之间的纽带，合理的定义角色有利于合理用户与合理资源的结合，提高用户与资源的合理性。角色建立步骤为：依次选择“SSL VPN 设置”→“角色授权”→“新建”选项，建立相应的角色，如图 5-69 所示。

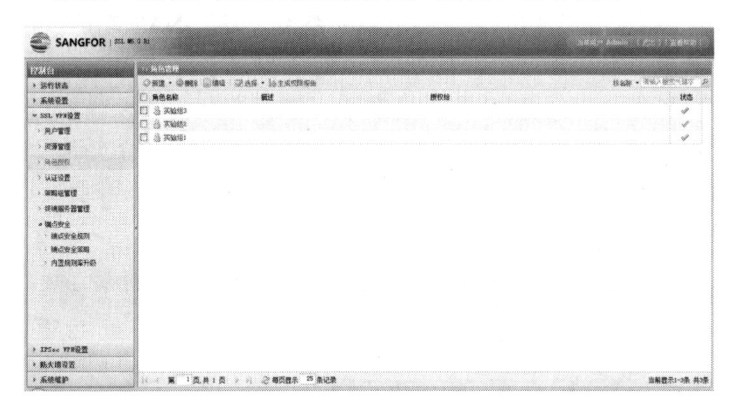

图 5-69 建立角色主界面

建立角色后进入相应的角色，关联用户对用户进行资源授权，如图 5-70 所示。

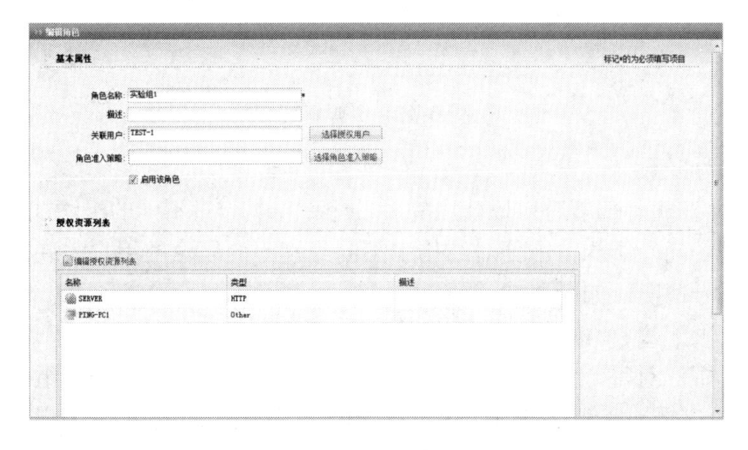

图 5-70 角色、资源、用户关联

> 提示：在 SSL VPN 设置的过程中要注意单击“完成”“确定”“立即生效”等按钮保证配置的生效。

5.4.6 SSL VPN 任务验收

1. 设备验收

根据实训拓扑图检查验收交换机、计算机的线缆连接，检查 VPN、Server、PC1、PC2、PC3 的 IP 地址。

2. 配置验收

1) 接口 IP 配置

在 VPN 管理界面的网络接口配置菜单的接口 IP 项，检查各网络接口的 IP 参数是否符合实训参数规划。

2) NAT 配置

深信服 VPN 工作模式分为网关模式和单臂工作模式，网关模式时 VPN 设备工作层次基本与路由器或包过滤防火墙相当，具备基本的路由转发及 NAT 功能。根据实训的拓扑，VPN 为网关工作模式，检查 NAT 配置。

3) 资源管理配置

在 VPN 管理界面的资源管理项，检查资源的定义是否符合实训参数规划。深信服 SSLVPN 将资源分为 Web 资源、APP 资源和 IP 资源三类，登录控制台查看已发布的内网资源和类型是否正确，如图 5-71 所示。

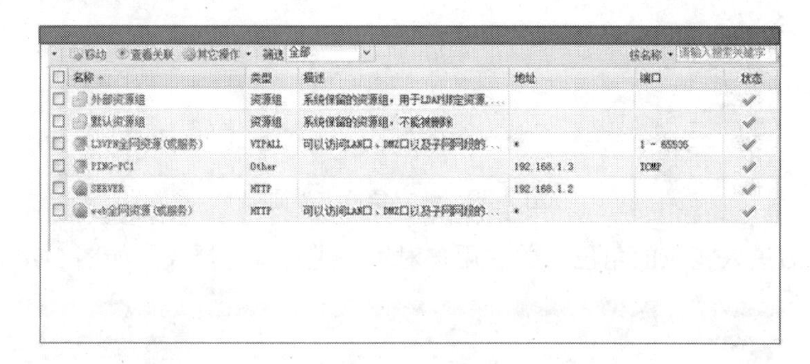

图 5-71 资源管理

4) 用户账号配置

深信服 VPN 在实际部署时可以建立完备的组织结构，对不同的组添加相应的用户，构成整个用户管理的树形结构，方便对结构中不同级别不同职位的用户关联不同的资源。检查设定的用户账号情况，如图 5-72 所示。

5) 资源权限配置

在角色菜单中，对每个角色的设置分为用户、用户组、资源、资源组、准入、授权六项，对于用户/用户组、资源/资源组可以任意组合，赋予相应的用户/用户组应用的访问权限。在角色授权菜单项下检查资源的权限配置。

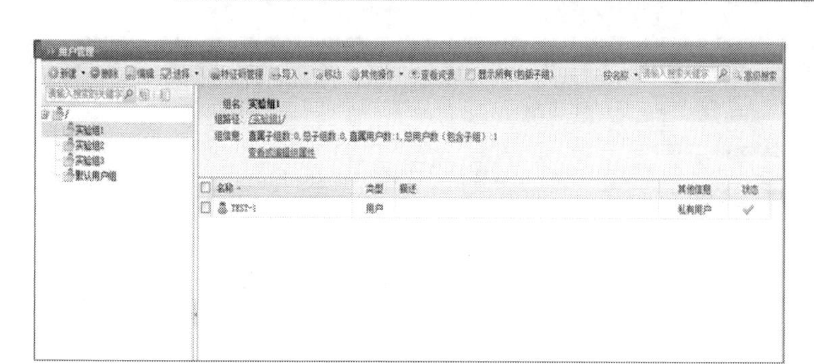

图 5-72 用户账号管理

3. 功能验收

(1) 在 PC1 上检查与 PC2 的连通性，PC1 通过 VPN 的 NAT 功能与 PC2 连通。

(2) 在 PC2 上的浏览器中输入 SSL VPN 登录网址：https://202.1.1.1，当页面进行跳转之后，地址栏显示颜色变色，并在右端显示一把锁头的标志，表示该网页是通过 SSL 进行加密处理的网页。

在登录界面中输入设定的用户名和密码，通过相应的认证后加载必要的插件可以进入资源页面，资源页面上列出该用户可以访问的资源列表，如图 5-73～图 5-75 所示。

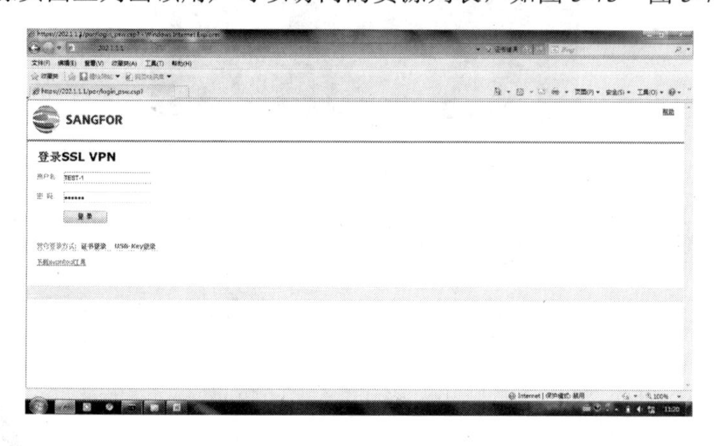

图 5-73 输入用户名密码

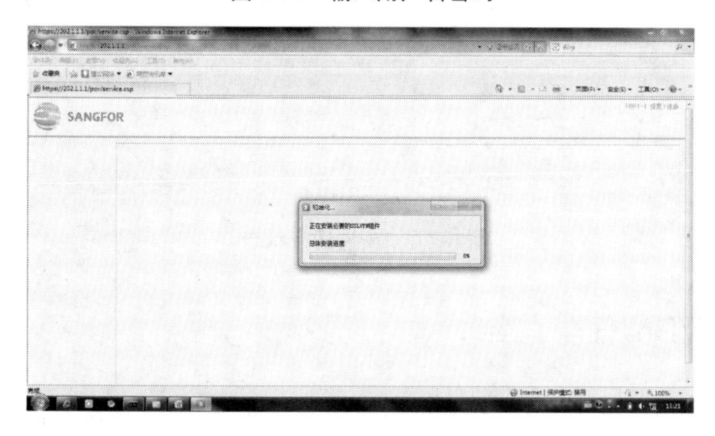

图 5-74 加载必要插件

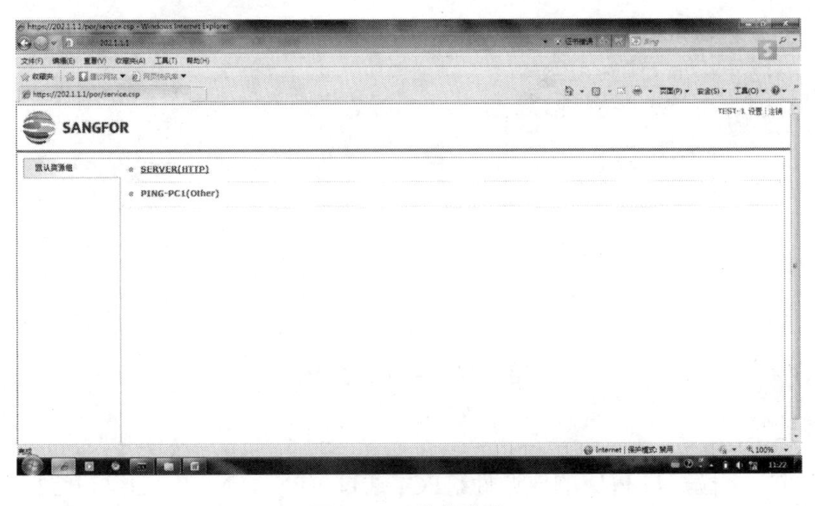

图 5-75　成功登录

在 PC2 上验证访问内部资源，点击资源页面的 Server，能正常访问到 Server 的 Web 服务，同时 PING PC1 能够连通，如图 5-76 所示。

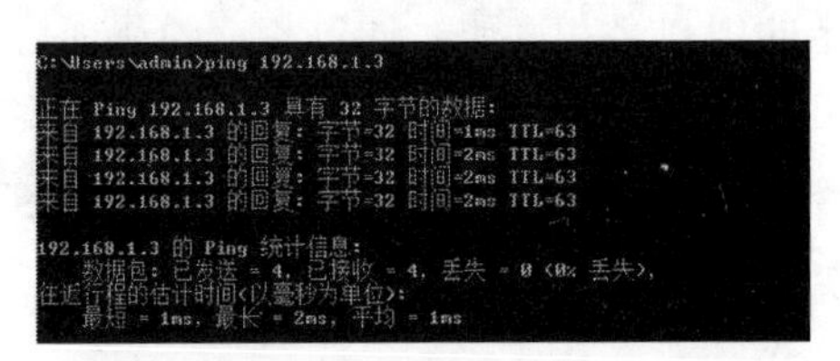

图 5-76　验证与内部计算机的连通

在 SSL VPN 控制台的运行状态菜单项里查看 SSL VPN 的系统状态、在线用户、告警日志等，如图 5-77 所示。

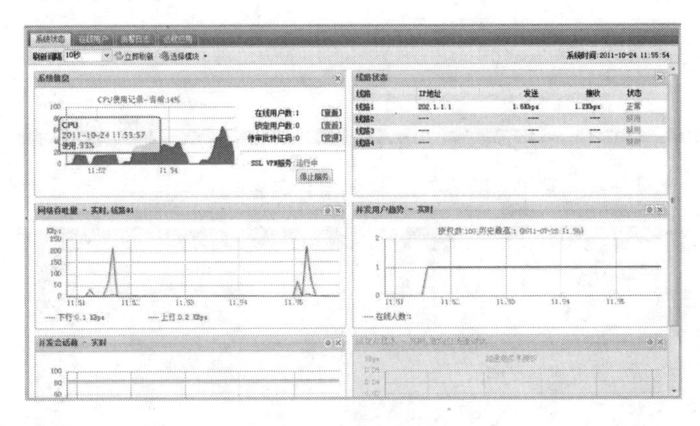

图 5-77　VPN 运行状态

5.4.7　SSL VPN 任务总结

针对公司移动用户访问企业网资源的任务内容和目标，通过需求分析进行了实训的规划和实施，进行了 SSL VPN 的配置及验证。

第 6 章　网络管理理论基础

教学目标

通过本章学习，学生应该了解计算机网络管理基本概念、网络管理涉及的范围、网络管理功能、常见网络管理协议(SNMP、Netconf 等)网络管理基础理论知识，为后续章节的学习打下坚实基础。

教学要求

任务要点	能力要求	关联知识
计算机网络管理基本概念	(1)掌握网络管理基本概念 (2)掌握网络管理涉及的范围 (3)掌握网络管理常见功能	(1)网络管理定义 (2)网络管理涉及的范围 (3)网络管理的功能 (4)网络管理员定义
简单网络管理协议 SNMP	(1)掌握 SNMP 基本概念 (2)掌握 SNMP 系统构成 (3)掌握 SNMP 实现原理	(1)SNMP 定义 (2)SNMP 系统构成 (3)SNMP 实现原理 (4)SNMP 报文格式
网络配置协议 Netconf	(1)掌握 Netconf 基本概念 (2)了解 Netconf 系统构成	(1)Netconf 基本概念 (2)Netconf 系统构成

重点难点

- 网络管理基本概念。
- 网络管理涉及的范围。
- 网络管理的功能。
- 简单网络管理协议 SNMP。
- 网络配置协议 Netconf。
- 网络故障排除基本流程和方法。

6.1　计算机网络管理概述

当前企业计算机网络发展的规模不断扩大，复杂性不断增加，一个企业网络，往往包含着若干子系统，集成了多种网络操作系统及网络软件，包含不同公司生产的网络设备和通信设备。网络管理作为一项重要技术，是保障网络安全、可靠、高效和稳定运行的必要手段。

6.1.1 计算机网络管理的基本概念

一般来讲，网络管理是指监督、组织和控制网络通信服务以及信息处理所必需的各种活动的总称。由于网络系统的复杂性、开放性，要保证网络能够持续、稳定、安全、可靠、高效地运行，使网络能够充分发挥其作用，就必须实施一系列管理措施。

因此，网络管理的任务就是收集、监控网络中各种资源的使用和各种网络活动，如设备和设施的工作参数、工作状态信息，并及时通知管理员进行处理，从而使网络的性能达到最优，以实现对网络的管理。

具体来说，网络管理包含两大任务：一是对网络运行状态的监测；二是对网络运行状态进行控制。通过对网络运行状态的监测可以了解网络当前的运行状态是否正常，是否存在瓶颈和潜在的危机；通过对网络运行状态的控制可以对网络状态进行合理的调节，提高性能，保证服务质量。

1. 网络管理的范围

管理网络是网络高效运行的前提和保障，管理的对象不仅是网络链路的畅通、服务器的正常运行等硬因素，更包括网络应用、数据流转等软因素。

1) 设计规划网络

根据企业财力情况、应用需求和建筑布局情况，规划设计合理的网络建设方案，包括网络布线方案、设备购置方案和网络应用方案。协助有关部门拟定招标书，并对网络施工情况进行实时监督。当企业对网络的需求进一步增大时，还应当及时制定网络扩容和升级方案。

2) 配置和维护网络设备

在网络建设初期，应当根据性能最优化和安全最大化的原则，配置网络设备实现计算机互连。定期备份配置文件，随时监控网络设备的运行情况，保证网络安全稳定运行，并根据网络需求和拓扑结构的变化，及时调整网络设备的配置。

3) 搭建网络服务器

网络服务器的搭建是实现网络服务的基础。显然，每种网络服务都需要相应网络服务器的支持。因此，根据企业需要搭建并实现各种类型的网络服务，就成为网络管理的首要任务。Windows Server 2000、Windows Server 2003、Windows Server 2008 都提供了丰富的网络服务，可以实现所有基本的 Internet/Intranet 服务，并且搭建、配置和管理都非常简单。

4) 保障系统正常运行

只有网络系统正常运行，才能提供正常的网络服务，无论是链路中断、设备故障，还是系统瘫痪，都将直接影响网络服务的提供。因此，网络管理员还担负着维护企业网络正常运行的职责。网络管理员必须定期检查网络链路、网络设备和服务器的运行状况，认真查看和记录系统日志，及时更新安全补丁和病毒库，及时发现潜在的故障隐患，防患于未然。

5) 制作和维护企业网站

网站是企业在 Internet 上的名片。Internet 促成了网站经济的形成，特别是电子商务网站，是未来企业开展电子商务的基础设施和信息平台，可用于展示企业的产品与服务，宣扬企业文化，接受用户咨询和反馈信息，向用户提供技术支持和帮助，等等。因此，制作和维护网站也就成为网络管理的一项重要内容。

6)　保护网络安全

Internet 已经成为企业获取和发布信息的重要工具。企业服务器中往往保存着非常重要或非常敏感的数据，如发展计划、人事档案、行政文件、会计报表、客户资料、销售策略、合同书、投标书等，采取各种必要的措施(如网络防火墙、安全策略)来保护网络安全，就成为网络管理的一项重要任务。

7)　保证数据安全

由于绝大多数重要数据都被集中存储在网络服务器上，必须采取切实有效的手段保证数据的存储安全和访问安全。保证数据存储安全通常采用磁盘冗余的方式，确保不会由于硬盘损坏导致数据丢失。同时，还要对重要数据进行定期备份，以备不测。保证数据访问安全的方式通常采用控制访问权限的方式，拒绝非授权用户的访问。

2. 网络管理系统的构成

在一个网络的运营管理中，网络管理人员是通过网络管理系统对整个网络进行管理的。一个网络管理系统一般由管理进程、管理代理、管理信息库(MIB)和管理协议四部分构成。网络管理系统的逻辑模型如图 6-1 所示。

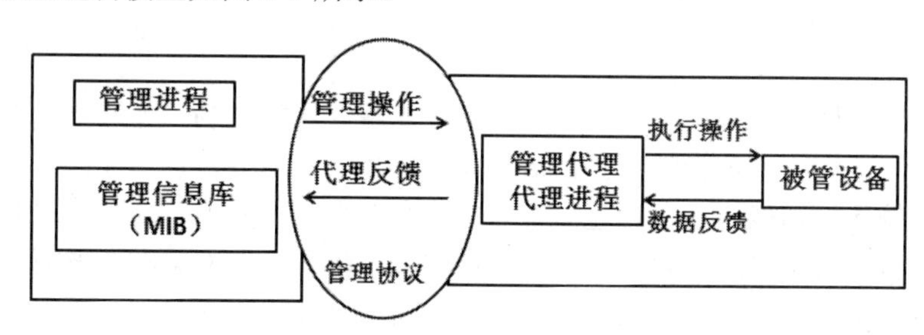

图 6-1　网络管理系统的逻辑模型

管理进程是一个或一组软件程序，一般运行在网络管理站(网络管理中心)的主机上，它负责发出管理操作的指令；管理代理是一个软件模块，它驻留在被管设备上，它的功能是把来自网络管理者的命令或信息的请求转换成本设备特有的指令，完成管理程序下达的管理任务，如系统配置和数据查询等；管理信息数据库(MIB)是一个信息存储库，定义了一种对象数据库，由系统内的许多被管对象及其属性组成，管理程序可以通过直接控制这些数据对象去控制或配置网络设备；管理协议规定了管理进程与管理代理会话时所必须遵循的规则，网络管理进程通过网络管理协议来完成网络管理，目前最有影响的网络管理协议是简单网络管理协议(SNMP)和公共管理信息协议(CMIP)。

6.1.2　计算机网络管理的功能

国际标准化组织定义的网络管理有五种功能：配置管理、性能管理、故障管理、安全管理和计费管理。

1. 配置管理

配置管理是最基本的网络管理功能，它负责监测和控制网络的配置状态。具体来讲，就是在网络的建立、扩充、改造以及开展工作的过程中，对网络的拓扑结构、资源配备、使用状态等配置信息进行定义、监测和修改。配置管理主要有资源清单管理、资源提供、业务提供及网络拓扑结构服务等功能。

2. 性能管理

性能管理保证有效运营网络和提供约定的服务质量，在保证各种业务服务质量的同时，尽量提高网络资源利用率。性能管理包括性能检测功能、性能分析和性能管理控制功能。从性能管理中获得的性能检测和分析结果是网络规划和资源提供的重要根据，因为这些结果能够反映当前(或即将发生)的资源不足。

3. 故障管理

故障管理的作用是迅速发现、定位和排除网络故障，动态维护网络的有效性。故障管理的主要功能有告警监测、故障定位、测试、业务恢复以及修复等，同时还要维护故障目标。在网络的监测和测试中，故障管理会参考配置管理的资源清单来识别网络元素。当维护状态发生变化，或者故障设备被替换，以及通过网络重组迂回故障时，要对配置 MIB(管理信息库)中的有关数据进行修改。

4. 安全管理

安全管理的作用是提供信息的保密、认证和完整性保护机制，使网络中的服务数据和系统免受侵扰和破坏。安全管理主要包括风险分析、安全服务、告警、日志和报告功能以及网络管理系统保护功能。安全管理与管理功能有着密切的关系。安全管理要调用配置管理中的系统服务，对网络中的安全设施进行控制和维护。发现网络安全方面的故障时，要向网络管理员通报安全故障事件以便进行故障诊断和恢复。权限管理是安全管理的重要组成部分。在企业网络中，对各种权限(VLAN 访问权限、文件服务器访问权限、Internet 访问权限等)的划分非常重要。

5. 计费管理

计费管理的作用是正确计算和收取用户使用网络服务的费用，进行网络资源利用率的统计和网络成本效益的核算。计费管理的目标是衡量网络的利用率，以便一个或一组用户可以按规则利用网络资源，这样的规则使网络故障降到最小(因为网络资源可以根据其能力的大小而合理地分配)，也可以使所有用户对网络的访问更加公平。为了实现合理的计费，计费管理必须和性能管理相结合。

6.1.3 计算机网络管理员

随着网络规模的不断扩大和复杂性的日益提高，网络的构建和日常维护变得重要且棘手。因此，要求网络管理员具备相应的网络知识结构和分析问题的能力，才能够在出现问题时做出正确的判断并及时解决。一般而言，一名合格的网络管理员应该具备以下能力。

(1) 网络管理员应该具备一定的设计能力，能够规划设计包含路由的局域网和广域网，为中小型企业网络(500 节点以下)提供完全的解决方案。

(2) 深入了解 TCP/IP 网络协议，能够独立完成路由器、交换机等网络设备的安装、连接、配置和操作，搭建多层交换的企业网络，实现网络互连和 Internet 连接。

(3) 掌握网络软件工具的使用，迅速诊断、定位和排除网络故障，正确使用、保养和维护硬件设备。

(4) 网络管理员应当为企业设计完整的网络安全解决方案，以降低收益损失和攻击风险。根据企业对其网络安全弱点的评估，针对已知的安全威胁，选择适当的安全硬件、软件、策略以及配置以提供保护选择。

(5) 需要熟悉 Windows Server 2003/2008 网络操作系统，具备使用高级的 Windows 平台和 Microsoft 服务器产品，为企业提供成功的设计、实施和管理商业解决方案的能力。

(6) 要掌握数据库的基本原理，能够围绕 Microsoft SQL Server 数据库系统开展实施与管理工作，实现对企业数据的综合应用。

根据企业网建设的经验，技术培训是企业网建设能否成功的关键环节。因此，网络管理员还往往承担着繁重的技术培训任务，必须能够胜任教师的工作，能够根据企业网中不同人员的责任和地位，分别进行内容以及深度不同的培训。

6.2 网络管理协议

6.2.1 网络管理协议简介

网络管理系统中最重要的部分就是网络管理协议，它定义了网络管理者与被管理者之间进行通信统一的语法和规则。在网络管理协议产生以前，管理者要学习各种不同网络设备获取数据的方法，因为即使是相同功能的设备，各个生产厂家使用的收集数据的方法也可能不一样。这种状况已不能适应网络互连的发展需要。

最初研究网络管理通信标准问题的是国际上最著名的国际标准化组织 ISO，它对网络管理的标准化工作开始于 1979 年，主要针对 OSI 七层协议的传输环境而设计。ISO 的成果是 CMIS/CMIP(公共管理信息服务/公共管理信息协议)。CMIS 支持管理进程和管理代理之间的通信要求，CMIP 则是提供管理信息传输服务的应用层协议，二者规定了 OSI 系统的网络管理标准。

后来，Internet 工程任务组(IETF)为了管理以几何级数增长的 Internet，决定采用基于 OSI 的 CMIP 协议作为 Internet 的管理协议，并对它做了修改，修改后的协议被称作 CMOT。但由于 CMOT 迟迟未能出台，IETF 决定把已有的 SGMP(简单网关监控协议)进一步修改后，作为临时的解决方案。这个在 SGMP 基础上开发的解决方案就是著名的 SNMP(Simple Network Management Protocol，简单网络管理协议)，也称 SNMP v1(即 SNMP 协议的第 1 个版本)。

随着网络规模的不断扩大，网络复杂度的不断增加，异构性网络的普及，传统的简单网络管理协议 SNMP 已经不能很好地适应当前复杂的网络管理的需求，特别是不能满足配置管理的需求。为了应对此问题，IETF 在此背景下制定了下一代配置管理协议——Netcont。

因此，目前网络管理协议主要有 SNMP 和 Netcont。

6.2.2 SNMP

SNMP 提供了一种监控和管理计算机网络的系统方法，是较早提出的网络管理协议之一。由于它简单明了，实现起来比较容易，一经推出便得到了广泛的应用和支持，SNMP 已成为网络管理事实上的标准。

1. 管理信息库与管理信息结构(MIB/SMI)

网络管理中的资源是以对象表示的，每个对象表示被管资源的某一属性，这些属性就形成了管理信息库(MIB)。管理工作站通过查询 MIB 中多值对来实现监测功能，通过改变 MIB 对象的值来实现控制功能。MIB 中应包括系统与设备的状态信息，运行的数据统计和配置参数等。

如果没有一种约束机制，各个厂商定义的 MIB 都各不相同，在网络中实现对 MIB 中对象的协调管理就会变得非常困难。而管理信息结构(SMI)正是这样一种机制，它规定了被管对象的格式、MIB 库中包含哪些对象以及怎样访问这些对象等。

2. SNMP 报文格式

SNMP 是一种基于用户数据报协议(UDP)的应用层协议，在 SNMP 管理中，管理者和代理之间信息的交换都是通过 SNMP 报文实现的。管理者和代理之间交换的管理信息构成了 SNMP 报文，所有 SNMP 操作都嵌入在一个 SNMP 报文中。SNMP 报文由三部分构成，如图 6-2 所示。

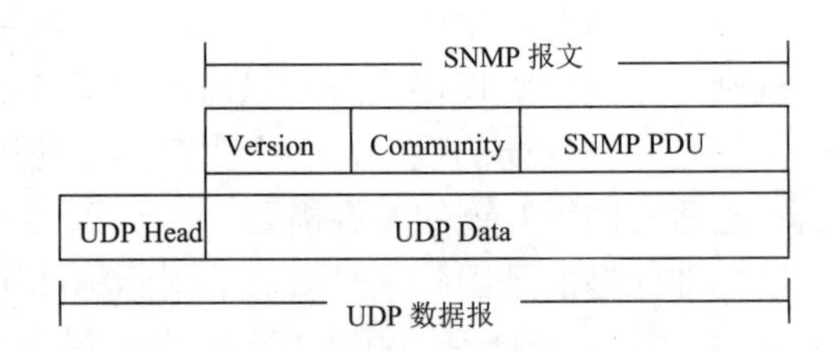

图 6-2　SNMP 报文的格式

(1) 版本号(Version)：指定 SNMP 协议的版本。

(2) 公共体(Community)：用于身份认证的一个字符串，是为增强系统安全性而引入的，作用相当于口令。代理进程要求管理进程在其发来的报文中填写这一项，以验证管理进程是否合法。

(3) 协议数据单元(PDU)：存放实际传送的报文，SNMP 定义了以下五种报文，分别对应以下介绍的五种基本操作。

① GetRequest：从代理进程查询一个或多个变量值。

② GetNextRequest：从代理进程提取 MIB 中下一个变量值。

③ SetRequest：对代理进程一个或多个变量进行设置。

④ GetResponse：返回响应值。由代理进程发出，是前面三种操作的响应操作。

⑤ rap：由代理进程主动发出，通知管理进程被管对象发生的事件。

3. SNMP 系统构成

SNMP 管理模型中有三个基本组成部分：管理代理(agent)、管理进程(manager)和管理信息库(MIB)，如图 6-3 所示。

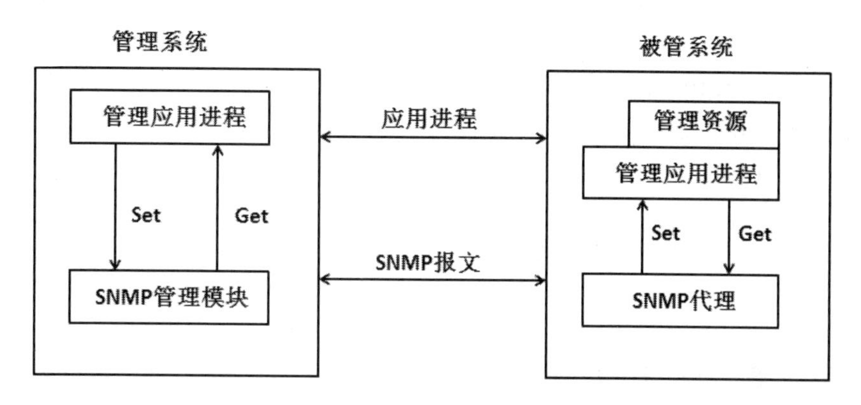

图 6-3　SNMP 管理模型

SNMP 通过 Get 操作获得被管对象的状态信息及回应信息；通过 Set 操作来控制被管对象，以上功能均通过轮询实现，即管理进程定时向被管对象的代理进程发送查询状态的信息，以维持网络资源的实时监控。

6.2.3　网络配置协议 Netconf

1. Netconf 简介

Netconf，即网络配置协议，是 IETF 设计的全新一代网络管理协议。NETCONF 协议是完全基于 XML 之上的，所有的配置数据和协议消息都用 XML 表示。XML 可以表达复杂的、具有内在逻辑关系的、模型化的管理对象。而且由于它是 W3C 提出的国际标准，因而受到广大软件提供商的支持，易于进行数据交流和开发。

2. Netconf 层次结构

如同 ISO/OSI 一样，NETCONF 协议也采用了分层结构，每个层分别对协议的某一个方面进行包装，并向上层提供相关的服务。分层结构能让每个层次只关注协议的一个方面，实现起来更加简单，同时合理地解耦各个层之间的依赖，可以将各层内部实现机制的变更对其他层的影响降到最低。NETCONF 协议分成四层：内容层、操作层、RPC 层、通信协议层。

1)　内容层

内容层表示的是被管对象的集合。内容层的内容需要来自数据模型中，而原有的 MIB 等数据模型对于配置管理存在着如不允许创建和删除行，对应的 MIB 不支持复杂的表结构等缺陷，因此内容层的内容没有定义在 RFC4741 中。到目前为止，NETCONF 内容层是唯一没有被标准化的层，没有标准的 NETCONF 数据建模语言和数据模型，其相关理论还在进一步讨论中。

2) 操作层

操作层定义了一系列在 RPC 中应用的基本的原语操作集，这些操作将组成 NETCONF 的基本能力。为了简单的目的，SNMP 只定义了五种基本操作，涵盖了取值、设值和告警三个方面。NETCONF 全面地定义了九种基础操作，功能主要包括三个方面取值操作、配置操作、锁操作和会话操作，其中 get、get-config 用来对设备进行取值操作，而 edit-config、copy-config、delete-config 则是用于配置设备参数，lock 和 unlock 则是在对设备进行操作时为防止并发产生混乱的锁行为，close-session 和 kill-session 则是相对比较上层的操作，用于结束一个会话操作。

3) RPC 层

RPC 层为RPC 模块的编码提供了一个简单的、传输协议无关的机制。通过使用<rpc> 和 <rpc-reply> 元素对 NETCONF 协议的客户端(网络管理者或网络配置应用程序) 和服务器端(网络设备) 的请求和响应数据(即操作层和内容层的内容) 进行封装，正常情况下<rpc-reply> 元素封装客户端所需的数据或配置成功的提示信息，当客户端请求报文存在错误或服务器端处理不成功时，服务器端在<rpc-reply> 元素中会封装一个包含详细错误信息的 <rpc-error> 元素来反馈给客户端。

一旦 NETCONF 会话开始，控制器和设备就会交换一组“特性”。这组“特性”包括一些信息，如 NETCONF 协议版本支持列表、备选数据是否存在、运行中的数据存储可修改的方式。除此之外，“特性”在 NETCONF RFC 中定义，开发人员可以通过遵循 RFC 中描述的规范格式添加额外的“特性”。

NETCONF 协议的命令集由读取、修改设备配置数据，以及读取状态数据的一系列命令组成。命令通过 RPCs 进行沟通，并以 RPC 回复来应答。一个 RPC 回复必须响应一个 RPC 才能返回。一个配置操作必须由一系列 RPC 组成，每个都有与其对应的应答 RPC。

4) 通信协议层

通信协议层主要提供一个客户端与服务器之间的通信路径。Netconf 可以基于任何能够提供基本传输需求的传输协议实现分层。

6.3 网络故障排除

网络故障大致可以分为四类，即链路故障、配置故障、协议故障和服务故障。

6.3.1 故障排除的一般步骤

1. 识别故障现象

网络管理员需要做到对问题的快速定位，能够及时找到处理问题的出发点。在识别故障现象之前，必须明了网络系统的正常运行特性。就好像医生必须知晓人在健康状况下的状态，及各种参数与指标，以便与患病后的检查化验结果相比较。作为网络管理员，了解网络拓扑结构、理解网络协议、掌握操作系统和应用程序，都是故障排除必不可少的知识准备。

识别故障现象时，应该询问以下几个问题。

(1) 当故障现象发生时，正在运行什么进程？

(2) 这个进程以前运行过吗？

(3) 以前这个进程的运行是否成功？

(4) 这个进程最后一次成功运行是什么时候？

(5) 从什么时候起发生了改变？

2. 对故障现象进行详细描述

当处理由用户报告的问题时，对故障现象的详细描述显得尤为重要。无法做出明确的判断时就要亲自到现场去试着操作一下，运行一下程序，并注意出错信息。如果确实不了解错误信息的确切含义，查一下用户手册。注意每一个错误信息，并在用户手册中找到它们，从而得到关于问题更详细的解释，这是解决问题的关键。另外，亲自到故障现场进行操作，也有机会检查用户操作系统或应用程序是否运行正常，各种选项和参数是否被正确地设定。

3. 列举可能导致错误的原因

接下来，网络管理员则应当考虑导致错误的原因可能有哪些，如网卡硬件故障、网络连接故障、网络设备故障、TCP/IP 设置不当，等等。可以根据出错的可能性把这些原因按优先级别进行排序，不要忽略其中的任何一个。

4. 缩小搜索范围

网络管理员须采用有效的软、硬件工具，从各种可能导致错误的原因中一一剔除非故障因素。对所有列出的可能导致错误的原因逐一进行测试，判断某一区域的网络是运行正常或是不正常。另外，也不要在自己认为已经确定了的头一个错误上停下来，而不再继续测试。因为此时既可能是搞错了，也有可能存在的错误不止一个，所以，尽量使用所有可能的方法来测试所有的可能性。

除了测试之外，还要注意辅助工具的使用。第一，观察网卡、交换机和路由器面板上的 LED 指示灯。通常情况下，绿灯表示连接正常，红灯表示连接故障，不亮表示无连接或线路不通，长亮表示广播风暴，指示灯有规律地闪烁才是网络正常运行的标志。第二，查看服务器、交换机或路由器的系统日志，因为在这些系统日志中，往往记载着产生错误发生的全部过程。第三，如果安装了诸如 Cisco Works 之类的网络管理软件，可以用它来检查一下哪些设备出现了问题。由于这些网络管理软件往往具有图形化的用户界面，因此，交换机各端口的工作状态可以一目了然地显示在屏幕上。更进一步，许多网络管理软件还具有故障预警和报警功能，从而使在缩小搜索范围时事半功倍。

5. 故障分析

处理完问题之后，网络管理员必须分析故障是如何发生的，是什么原因导致了故障的发生，以后如何避免类似故障的发生，拟定相应的对策，采取必要的措施，制定严格的规章制度。

对于一些非常简单明显的故障，上述过程看起来可能会显得有些烦琐，但是对于一些复杂的问题，这却是必须遵循的操作规程。

6.3.2 故障诊断与排错

1. 链路故障

当一台正常连接的服务器突然无法提供服务后，链路故障的可能性最大。当计算机出现上述链路故障现象时，应当按照以下步骤进行故障的定位。

1) 确认链路故障

当出现一种网络应用故障时，首先尝试使用其他网络应用，如果其他网络应用可正常使用，可排除链路故障原因。如果其他网络应用均无法实现，继续下述步骤。

2) 基本检查

查看网卡的指示灯是否正常。正常情况下，在不传送数据时，网卡的指示灯闪烁较慢，传送数据时，闪烁较快。无论是不亮，还是长亮不灭，都表明有故障存在。如果指示灯闪烁正常，继续下述步骤。

3) 初步测试

使用 Ping 命令，Ping 本地的 IP 地址或 127.0.0.1，检查网卡和 IP 网络协议是否安装完好。如果 Ping 通，说明该计算机的网卡和网络协议设置都没有问题，问题出在计算机与网络的连接上。因此，应当检查网线的链路和交换机及交换机端口的状态。如果无法 Ping 通，只能说明 TCP/IP 协议有问题，而并不能提供更多的情况。因此，需要继续下述步骤。

4) 排除网卡

在“控制面板”的“系统”中，查看网卡是否已经安装或是否出错。如果网卡已经正确安装，继续下述步骤。

5) 排除网络协议故障

使用 ipconfig /all 命令，查看本地计算机是否安装有协议 TCP/IP，以及是否设置好 IP 地址、子网掩码和默认网关、DNS 域名解析服务。如果协议设置完全正确，继续执行下述步骤。

6) 故障定位

到连接至同一台交换机上的其他计算机上进行网络应用测试。如果仍不正常，在确认网卡和网络协议都安装正确的前提下，可以初步认定是交换机发生了故障。为了进一步进行确认，可再换一台计算机继续测试，进而确定交换机的故障。如果其他计算机测试结果完全正常，则将故障定位在发生故障的计算机与网络的链路。

7) 故障排除

如果确定故障就发生在某一条连接上，首先，确认并更换有问题的网卡。其次，用网线测试仪对该连接中涉及的所有网线和跳线进行测试，确认网线的链路。如果问题就出在这里，重新制作网头或更换一条网线。第三，检查交换机相应端口的指示灯是否正常，换一个端口进行测试。

2. 协议故障

协议故障的表现在许多方面与链路故障有相似之处,以下原因可能导致协议故障：协议未安装、协议配置不正确、网络有两个或两个以上的计算机使用同一计算机名称。当计算机出现上述协议故障时，应当按照以下方法进行故障的定位。

(1) 检查计算机是否安装 TCP/IP 协议和 NetBEUI 协议。实现局域网通信，需要安装 NetBEUI 协议；实现 Internet 通信，需要安装 TCP/IP 协议。

(2) 检查计算机的 TCP/IP 配置参数是否正确。TCP/IP 协议涉及的基本配置参数有四个，即 IP 地址、子网掩码、DNS(域名解析服务)和默认网关，任何一个设置错误，都会导致故障发生。

(3) 使用 Ping 命令，测试与其他计算机和服务器的连接状况。

3. 配置故障

网络管理员对服务器、交换机、路由器的不当设置自然会导致网络故障。计算机使用者(特别是接触计算机时间不长的员工)对计算机设置的修改，也往往会产生意想不到的访问错误。服务器和网络设备的配置往往需要较多的理论知识和较高的技术水平。因此，在修改配置以前，必须做好原有的配置记录，并最好进行备份。

(1) 服务器配置错误。例如，服务器配置错误导致 Web 或 FTP 服务停止；代理服务器访问列表设置不当，阻止有权用户接入 Internet。

(2) 网络配置错误。例如，路由器访问列表设置不当，不仅会阻止有权用户接入 Internet，而且还会导致网络中所有计算机都无法访问 Internet，第三层交换机的路由设置不当，用户将无法访问另一 VLAN 中的计算机；当交换机设置有安全端口，非授权用户对该端口的访问，将导致端口锁死，从而导致该端口所连接的计算机无法继续访问网络。

(3) 用户配置错误。例如，浏览器的“连接”设置不当，用户将无法通过代理服务器接入 Internet；邮件客户端的邮件服务器设置不当，用户将无法收发 E-mail。

4. 网络服务故障

导致网络服务故障的可能性包括两个方面，即服务器硬件故障和操作系统故障。通常情况下，导致网络服务故障最主要的原因是操作系统故障。因此，当网络服务故障发生时，首先应当确认服务器是否感染病毒或被攻击。

1) 服务器硬件故障

由于服务器本身在硬件选用上非常严格，所以，在非人为干预情况下，发生服务器故障的可能性比较小。硬件故障往往是在安装新的板卡、修改系统配置文件，或者进行扩容后发生的。

(1) 当扩容后发生硬件故障时，应当检查扩容部件，去掉新增加的内存、CPU 或第三方 I/O 卡，检查硬盘、软驱、光驱的信号线有没有接反，跳线是否正确。拔除可能导致故障发生的板卡，直至故障排除。检查内存、CPU 或其他板卡插得是否牢靠，必要时拔下后重新安装。

(2) 当安装硬件驱动程序后发生故障，可以在系统启动时，按 F8 键，选择“安全模式”，只加载必需的硬件设备，然后，依次打开“管理工具”“计算机管理”窗口，删除新添加的硬件。利用系统恢复功能，将系统恢复至安装硬件前的状态，升级设备的驱动程序。

2) 操作系统故障

Windows Server 是可以长期稳定正常运行的。然而，Windows Server 本身也存在许多系统和安全漏洞，非常容易招致蠕虫病毒或其他各种恶意攻击。通常可以采取以下方式防范病毒攻击。

(1) 只提供网络服务。除非维护需要，否则，不要直接对服务器进行操作，更不要将服务器作为普通计算机使用。

(2) 关闭或删除系统中不需要的服务。只打开网络服务所必须使用的端口。提供的服务和打开的端口越少，可被利用的安全漏洞也就越少，服务器就越不容易被攻击，也就越安全。

(3) 安装系统补丁。绝大多数蠕虫病毒都是利用系统漏洞进行传播的。因此，一定要将服务器设置为自动下载并安装升级包，实时访问微软的 Windows Update 网站，及时下载并安装 Windows 系统的安全补丁。

(4) 安装病毒防火墙。仅有系统安全补丁是不够的，还必须安装专业的防病毒软件，并打开防病毒软件的实时监控功能，即时发现和清除(或隔离)已经感染的病毒。另外，应当及时升级防病毒程序的病毒库和引擎，以确保能够识别并清除最新发现的病毒。

本 章 小 结

本章对网络的概念及功能以及网络管理员应该具有的知识结构和能力做了说明，并分别从网络管理协议、地址冲突管理、数据管理、设备管理、故障管理等方面进行了分析和论述。

在网络管理协议方面，首先对网络管理协议的历史背景做了介绍，其次对 SNMP 和 Netconf 协议的管理模型进行了分析，使网络管理人员了解网络管理的基本原理，最后在故障管理方面首先对故障类型进行分析，其次给出了排除故障的一般流程和方法，以保证系统稳定、高效地运行。

本章的学习使读者认识到网络管理工作中各个方面工作的重要性，并且对每个方面的工作有全面的掌握，以期在开展计算机网络系统管理工作时能够科学系统地设计和实施。

第7章　企业网设备SNMP配置

教学目标

通过对校园网、企业网等园区网络进行网络设备SNMP协议配置的各种案例，以实训任务的内容和需求为背景，以完成企业园区网的各种网络设备SNMP协议配置为实训目标，通过任务方式由浅入深地模拟企业网设备SNMP配置的典型应用和实施过程，以帮助学生理解简单网络管理协议SNMP技术的典型应用，具备企业网网络设备SNMP的实施和灵活应用能力。

教学要求

任务要点	能力要求	关联知识
企业网设备SNMP配置	(1)掌握SNMP基本概念及实现原理 (2)掌握服务器SNMP配置 (3)掌握交换机、路由器SNMP配置	(1)服务器SNMP协议安装 (2)服务器SNMP协议配置 (3)交换机、路由器基础及配置命令 (4)交换机、路由器SNMP基础配置 (5)交换机、路由器SNMP Trap配置

重点难点

- SNMP基本概念。
- SNMP系统架构及实现原理。
- 服务器SNMP配置。
- 交换机、路由器SNMP基础配置。
- 交换机、路由器SNMP Trap配置。

任务：企业网设备SNMP配置

SNMP任务描述

某企业办公网采用层次化结构，整个网络分为核心层、汇聚层和接入层。办公网络具有较多的交换机、路由器和服务器，现需要对这些网络设备进行远程管理，为下一步的综合网络管理提供管理基础，请给出解决方法并实施。

SNMP 任务目标与目的

1. 任务目标

本任务针对企业办公网的路由器、交换机、服务器等相关网络设备进行 SNMP 功能配置。

2. 任务目的

通过本任务，进行路由器、交换机、服务器等网络设备 SNMP 功能配置，以帮助读者了解常用网络设备 SNMP 配置方法，并具备灵活应用的能力。

SNMP 任务需求与分析

1. 任务需求

该企业办公区分布于两层楼中，共有六个部门，每个部门配置不同数量的计算机。办公网络已组建完毕，且该企业办公网络构建了多台服务器，用于对内和对外提供相关的网络服务。要求能通过相关网络管理技术和管理系统对该企业网络内主要设备进行管理。根据实地考察，该企业的网络结构如图 7-1 所示。

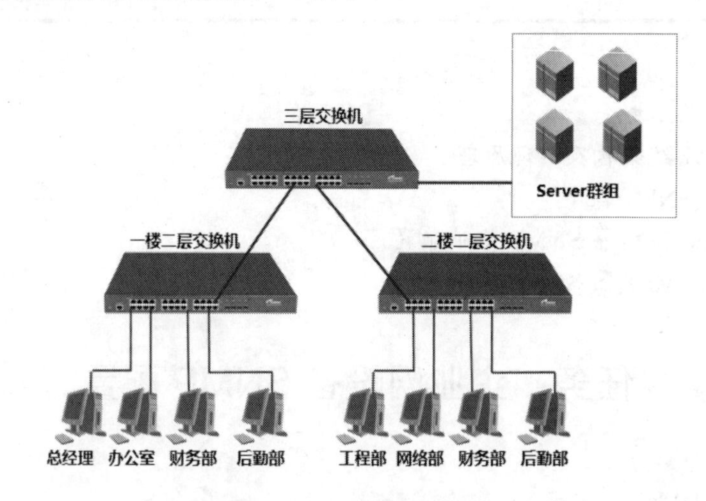

图 7-1　企业的网络结构

该企业网主要网络设备如表 7-1 所示。

表 7-1　企业网主要网络设备

设备类型	设备名称/型号	IP 地址	运行业务	用　途
三层交换机	H3C S3600	10.10.8.6	核心交换机	交换
二层交换机	H3C E126A	10.10.8.10	汇聚交换机	交换
二层交换机	H3C E126A	10.10.10.7	汇聚交换机	交换
服务器	DELL 1420	10.10.8.28	Web	网站

2. 需求分析

需求 1：能通过网络管理系统对网络服务器进行管理。
分析 1：对网络服务器配置 SNMP 功能。
需求 2：能通过网络管理系统对路由器、交换机进行管理。
分析 2：对路由器、交换机配置 SNMP 功能。
需求 3：当路由器、交换机出现故障时，能自动报警。
分析 3：对路由器、交换机配置 SNMP Trap 功能。

SNMP 知识链接

1. SNMP

1) SNMP 的基本概念

简单的网络管理协议(SNMP)，由一组网络管理的标准组成，包含一个应用层协议(application layer protocol)、数据库模型(database schema)和一组资源对象。该协议能够支持网络管理系统，用以监测连接到网络上的设备是否有任何引起管理上关注的情况。该协议是互联网工程工作小组(IETF，Internet Engineering Task Force)定义的 internet 协议簇的一部分。SNMP 的目标是管理互联网 Internet 上众多厂家生产的软硬件平台，因此 SNMP 受 Internet 标准网络管理框架的影响也很大。SNMP 已经出到第三个版本的协议，其功能较以前已经大大地加强和改进了。

相对于 OSI 标准，SNMP V1 简单而实用。SNMP 最大的特点是简单性，容易实现且成本低。此外，它的特点还包括：①可伸缩性，SNMP 可管理绝大部分符合 Internet 标准的设备；②扩展性，通过定义新的“被管理对象”，可以非常方便地扩展管理能力；③健壮性，即使在被管理设备发生严重错误时，也不会影响管理者的正常工作。近年来，SNMP 发展很快，已经超越传统的 TCP/IP 环境，受到更为广泛的支持，成为网络管理方面事实上的标准。支持 SNMP 的产品中最流行的是 IBM 公司的 NetView，Cabletron 公司的 Spectrum 和 HP 公司的 OpenView。

如同 TCP/IP 协议簇的其他协议一样，开始的 SNMP 没有考虑安全问题，为此许多用户和厂商提出了修改 SNMP V1，增加安全模块的要求。于是，IETF 从 1992 年开始了具有较高安全性的 SNMP V2 的开发工作。SNMP V2 在提高安全性和更有效地传递管理信息方面加以改进，具体验证、加密和时间同步机制。1997 年 4 月，IETF 成立了 SNMP V3 工作组。SNMP V3 的重点是安全、可管理的体系结构和远程配置。

SNMP 协议体系包括三个主要组成部分：管理信息库 MIB、管理信息结构 SMI 和简单网络管理协议 SNMP。

SNMP(Simple Network Management Protocol，简单网络管理协议)是基于 TCP/IP 的 Internet 网络管理标准，是最广泛的一种网络管理协议，它被设计成一个应用层协议而成为 TCP/IP 协议簇的一部分。SNMP 自身是采用无连接的信息传输方式，它是通过用户数据报协议(UDP)来实现的，因而带给网络系统的负载很低。总的来讲，SNMP 具有以下特点。

(1) SNMP 易于实现。

(2) SNMP 是被广泛接纳并被通信设备厂家使用的工业标准。

(3) SNMP 被设计成与协议无关，所以它可以在 IP、IPX、AppleTalk、OSI 以及其他用到的传输协议上被使用。

(4) SNMP 保证管理信息在任意两点间传送，只要 IP 可达且无防火墙限制。

(5) SNMP 定义基本的功能集收集被管设备的数据。

(6) SNMP 目前有三个版本 V1、V2、V3，其中 V1、V2 应用普遍。

(7) SNMP 是开放的免费产品。

(8) SNMP 具有很多详细的文档资料。

(9) SNMP 可用于控制各种设备。

目前，几乎所有的网络设备生产厂家都实现了对 SNMP 的支持。领导潮流的 SNMP 是一种从网络上的设备收集管理信息的公用通信协议。设备的管理者收集这些信息并记录在管理信息库(MIB)中。这些信息报告设备的特性、数据吞吐量、通信超载和错误等。MIB 有公共的格式，所以来自多个厂商的 SNMP 管理工具可以收集 MIB 信息，在管理控制台上呈现给系统管理员。

通过将 SNMP 嵌入数据通信设备，如路由器、交换机或集线器中，就可以从一个中心站管理这些设备，并以图形方式查看信息。目前可获取的很多管理应用程序通常可在大多数当前使用的操作系统下运行。

2) SNMP 实现原理

SNMP 管理模型中有三个基本组成部分：管理代理(agent)、管理进程(manager)和管理信息库(MIB)。SNMP 的实现原理如图 7-2 所示。

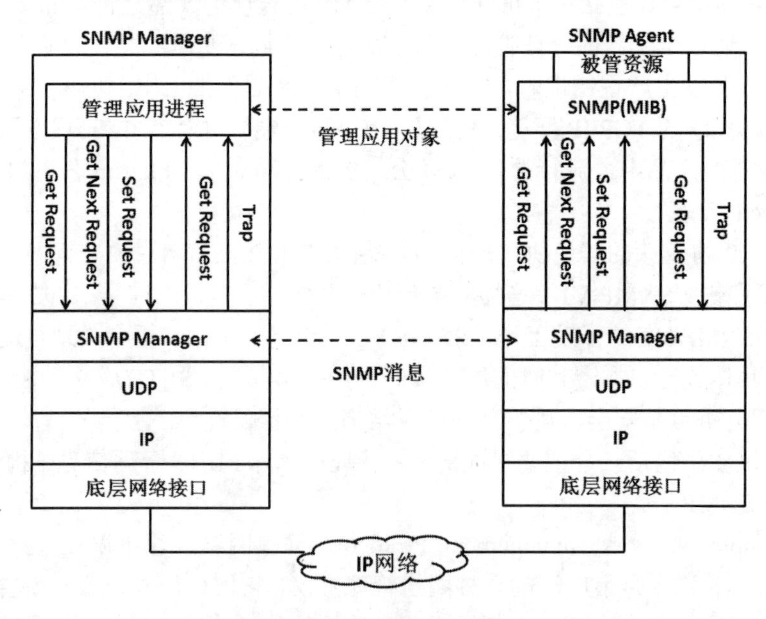

图 7-2　SNMP 的实现原理

一个被管理的设备有一个管理代理，它负责向管理站请求信息和动作，代理还可以借助于陷阱为管理进程提供被管理系统的动态信息。因此，一些关键的网络设备(如路由器、交换机等)提供这一管理代理，又称 SNMP 代理，以便通过 SNMP 管理站进行管理。SNMP 通过 Get 操作获得被管对象的状态信息及回应信息；通过 Set 操作来控制被管对象，以上功能均通过轮询实现，即管理进程定时向被管对象的代理进程发送查询状态的信息，以维持网络资源的实时监控。

2. 配置命令

H3C 系列和 Cisco 系列交换机、路由器关于 SNMP 配置的相关命令与对应关系如表 7-2 所示。

表 7-2　SNMP 配置命令

功　能	H3C 系列交换机		Cisco、锐捷系列交换机	
	配置模式	基本命令	配置视图	基本命令
使能 SNMP		[H3C]snmp-agent		
设置 SNMP 版本		[H3C]snmp-agent sys-info version v1		
设置读操作团体号		[H3C]SNMP-agent community read public		Cisco(config)#SNMP-server community public rw
设置写操作团体号		[H3C]snmp-agent community write public		
启用 SNMP TRAP 功能	系统视图	[H3C]SNMP-agent trap enable	全局配置模式	Cisco(config)#SNMP-server enable traps
设置接收 SNMP TRAP 数据主机		[H3C] SNMP-agent target-host trap address udp-domain 192.168.2.3params security name public v1		Cisco(config)#SNMP-server host 192.168.2.3 private
设置触发 TRAP 事件		[H3C] SNMP-agent trap enable standard coldstart		Cisco(config)#SNMP-server enable traps SNMP authentication coldstart

SNMP 任务实施

1. 实施规划

1)　实训拓扑结构

根据任务的需求与分析，实训的拓扑结构及网络参数如图 7-3 所示，以 swA 模拟该企业网交换机，Web 服务器模拟该企业网络服务器，验证机模拟该企业网络管理员计算机。

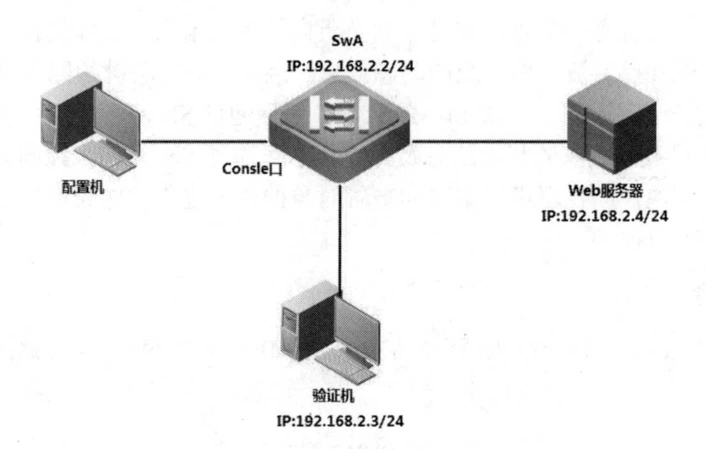

图 7-3　实训的拓扑结构及网络参数

2)　实训设备

根据任务的需求和实训拓扑，每实训小组的实训设备配置清单，如表 7-3 所示。

表 7-3　实训设备配置清单

设备类型	设备型号	数　量
交换机	H3C S3600(含配置线)	1
计算机	PC，Windows 2003	2
服务器	PC，Windows Server 2003	1
双绞线	RJ-45	3
软件	SNMP tester、receive_trap	1

3)　IP 地址规划

根据实训需求，实训环境相关设备 IP 地址规划如表 7-4 所示。

表 7-4　IP 地址规划

设备类型	设备名称/型号	IP 地址
计算机	验证机	192.168.2.3/24
服务器	Web 服务器	192.168.2.4/24
交换机	SwA	192.168.2.2/24

2. 实施步骤

任务的实施步骤如下。

(1)　根据实训拓扑图进行交换机、计算机等网络设备的线缆连接，配置 PC、服务器的 IP 地址，搭建好实训环境。

(2)　安装和配置服务器 SNMP 功能。

在 Web 服务器上通过“开始”菜单，打开“添加/删除程序”对话框，再选择“添加/删除 Windows 组件”，选中“管理和监视工具”复选框，如图 7-4 所示。

单击“详细信息”按钮，弹出“管理和监视工具”对话框，在组件列表框中选中“简单网络管理协议(SNMP)”复选框，如图 7-5 所示。

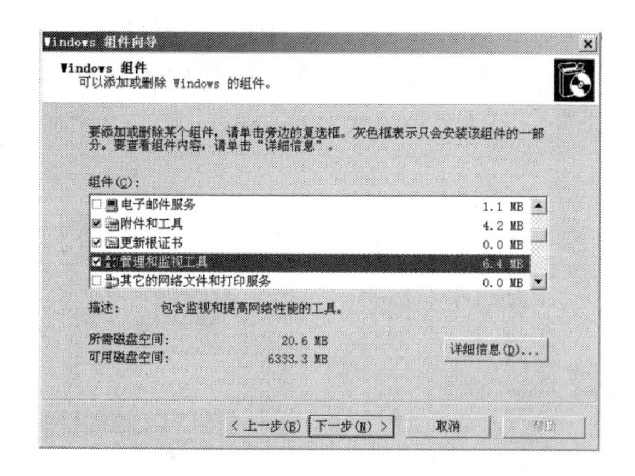

图 7-4 选中“管理和监视工具”复选框

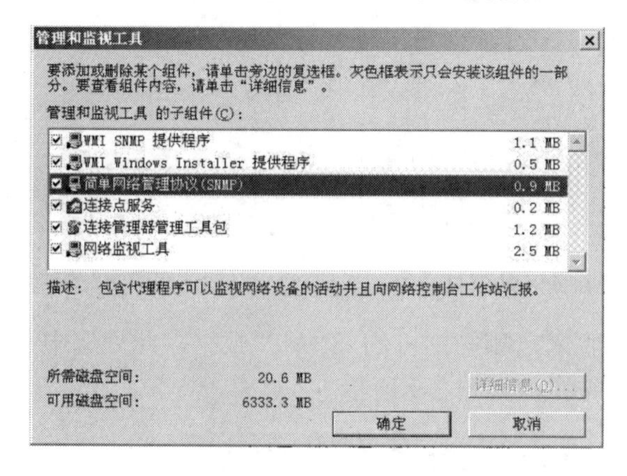

图 7-5 “管理和监视工具”对话框

单击“确定”按钮，开始进行 SNMP 协议的安装。再单击“确定”按钮，完成 SNMP 安装。

通过“开始”菜单，依次选择“程序”→“计算机管理”→“服务”选项，打开“服务”窗口，找到 SNMP，如图 7-6 所示。

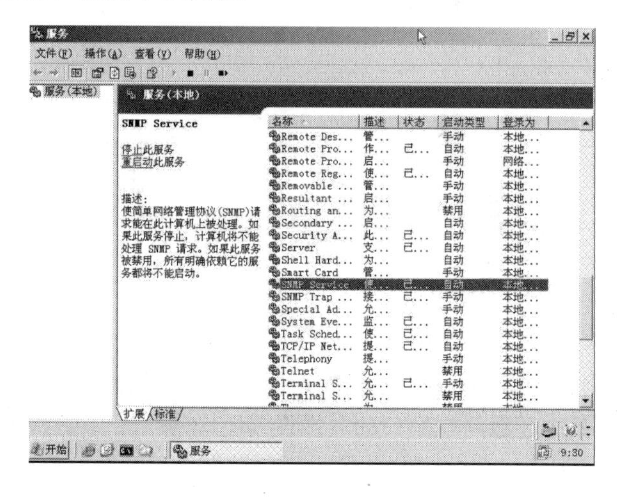

图 7-6 SNMP 服务

双击 SNMP Service，打开“SNMP Service 的属性”对话框，如图 7-7 所示。

切换到“安全”选项卡，单击“添加”按钮，设置 SNMP 团体权限和团体名称，此处将团体权限设置为“只读”，团体名称设置为 public，单击“添加”按钮，即完成团体名称的设置，如图 7-8 所示。

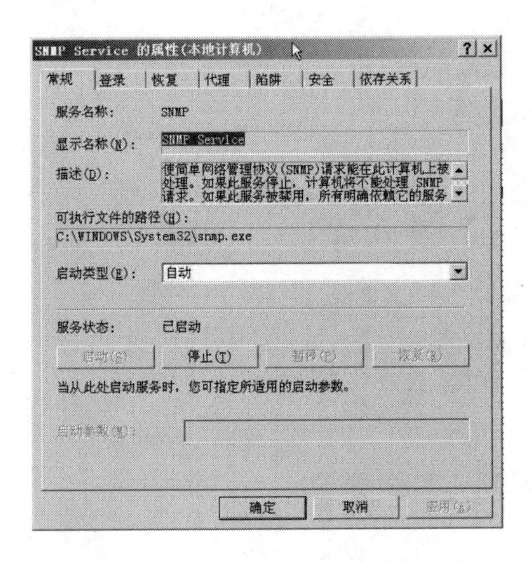

图 7-7　SNMP Service 的属性

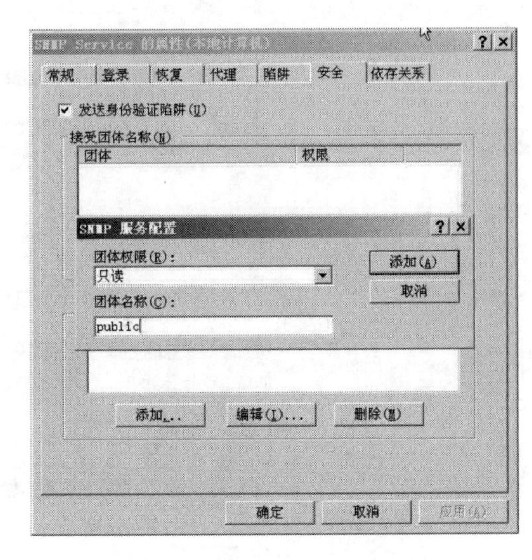

图 7-8　设置 SNMP 团体

设置该台服务器接收来自哪些主机的 SNMP 数据，此处选中“接受来自任何主机的 SNMP 数据包(c)”单选按钮，如图 7-9 所示。

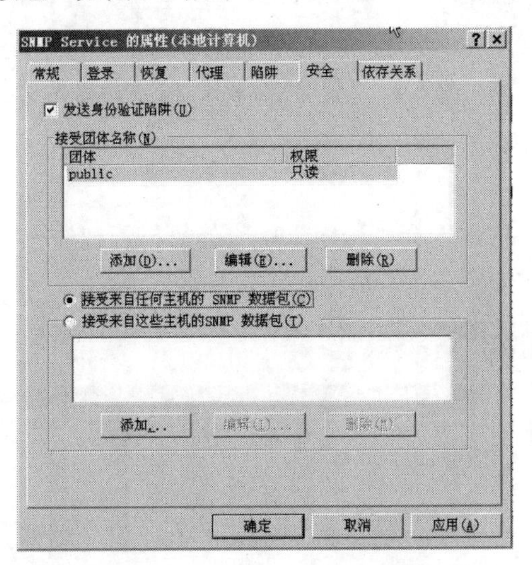

图 7-9　接收主机的 SNMP 数据包

(3)　配置交换机 SNMP 功能。

在配置机上，使用计算机 Windows 操作系统的“超级终端”组件程序，通过串口连接到交换机的配置界面，其中超级终端串口的属性设置还原为默认值(每秒位数 9600、数据位 8、奇偶校验无、数据流控制无)。

在 SwA 上进行 SNMP 功能配置，主要配置清单如下。

```
一、初始化配置
<H3C>system-view
 [H3C]sysname swA
 [swA]interface Vlan-interface 1
 [swA-Vlan-interface1]ip address   192.168.2.2 255.255.255.0
二、SNMP 基础配置
1.使能 SNMP 协议
[swA]snmp-agent
2.设置 SNMP 协议版本
[swA]snmp-agent sys-info version v3
3.设置读操作团体号
[swA]snmp-agent community read public
4.设置写操作团体号
[swA]snmp-agent community write   public
三、SNMP Trap 配置
1.使能 SNMP Trap 功能
[swA]snmp-agent trap enable
2.设置接收 SNMP Trap 事件主机地址
[swA]snmp-agent target-host trap address udp-domain 192.168.2.3 params security name public v1
3.设置触发 trap 的事件
[swA]snmp-agent trap enable standard coldstart
四、保存配置
[swA]save
```

(4) 验证机安装 SNMP 测试软件。

在验证机上安装 SNMP tester、receive_trap 软件，以验证 SNMP 的配置。

SNMP 任务验收

1. 设备验收

根据实训拓扑结构图，查看交换机、服务器等设备的连接情况。

2. 配置验收

在 Web 服务器上查看 SNMP 配置情况。

3. 功能验收

1) 服务器 SNMP 功能验收

在验证机上运行 SNMP Tester 软件，并进行 SNMP 测试的设置，如图 7-10 所示。

在 Device IP 文本框中输入服务器的 IP 地址，单击 Run Test 按钮，即可读出该服务器的相关 SNMP 信息。

2) 交换机 SNMP 基本功能验收

步骤与服务器 SNMP 功能验收相同，在 Device IP 文本框中输入交换机的 IP 地址。

3) 交换机 SNMP Trap 功能验收

在验证机上运行 receive_trap 软件，依次选择“控制菜单”/“启用”选项，开启 receive_trap 接收 Trap 数据包的功能，如图 7-11 所示。

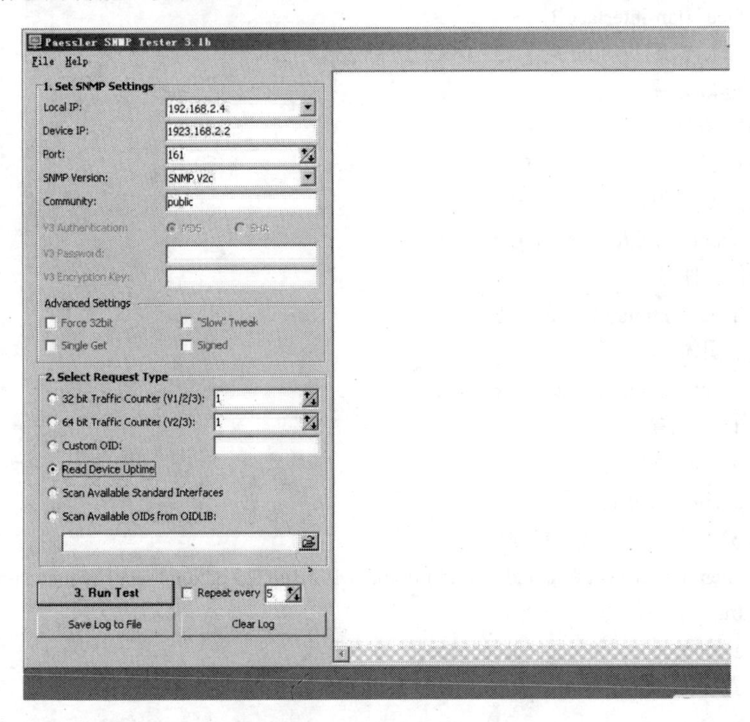

图 7-10 SNMP Tester 设置

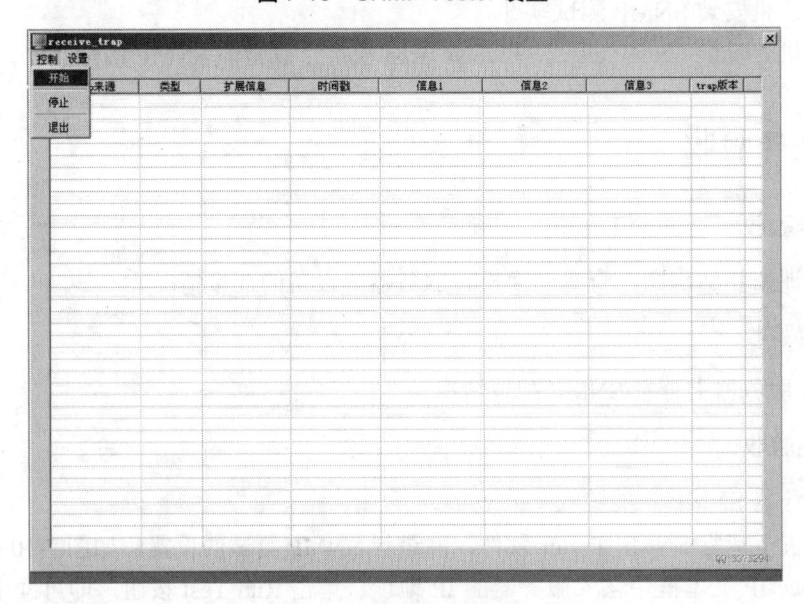

图 7-11 receive_trap 配置

此时通过 shutdown 命令将交换机 swA 的 VLAN 1 关闭，receive_trap 程序将接收报警信息，如图 7-12 所示。

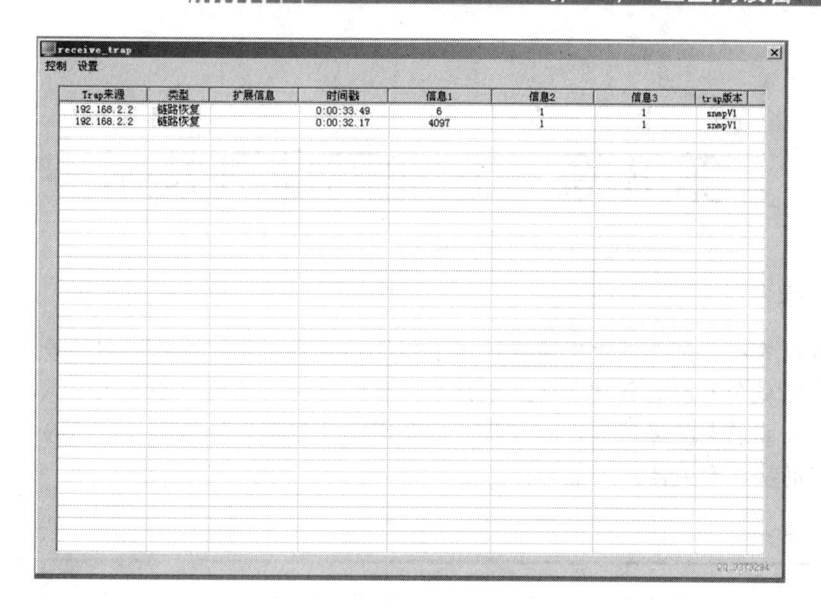

图 7-12 接收 Trap 报警信息

SNMP 任务总结

针对某公司办公区内部网络的网络管理系统的建设，通过需求分析进行了实训的规划和实施，通过本任务进行了服务器SNMP配置、交换机SNMP基本配置、交换机SNMP TRAP配置等方面的实训。

第8章　企业网监测技术

教学目标

通过对校园网、企业网等网络进行网络监测的各种案例，以各实训任务的内容和需求为背景，以完成企业网的各种网络监测技术为实训目标，通过任务方式由浅入深地模拟各类网络监测技术的典型应用和实施过程，以帮助学生理解网络监测技术的典型应用，具备企业网监测的实施和灵活应用能力。

教学要求

任务要点	能力要求	关联知识
企业网设备运行状态监控	(1)掌握端口监测技术基本原理 (2)掌握网络设备运行状态监控的一般思路 (3)掌握 IPsentry 网络状态监控软件使用方法	(1)交换机基础及配置命令 (2)端口监测技术 (3)IPsentry 网络状态监控软件
企业网线路流量监测	(1)掌握网络带宽的基本概念 (2)掌握网络带宽监测的意义与一般实现思路 (2)掌握 PRTG 流量监控软件的使用基本方法	(1)网络带宽 (2)PRTG 流量监控软件的使用

重点难点

- 端口监测技术。
- IPsentry 网络状态监控软件。
- 网络带宽。
- PRTG 流量监控软件。

8.1　任务1：企业网设备运行状态监测

8.1.1　设备状态监控任务描述

某企业办公网采用层次化结构，整个网络分为核心层、汇聚层和接入层，同时为企业员工提供了多种网络服务，办公园区网具有较多的交换机和多台服务器，现在需要实时监控各主要交换设备和服务器设备的运行状态。请给出解决方法并实施。

8.1.2 设备状态监控任务目标与目的

1. 任务目标

本任务针对企业办公网的交换设备和服务器的运行状态进行监控，能实时监控各设备的运行状态，在出现异常时给出告警。

2. 任务目的

通过本任务利用 IPsentry 软件对网络设备运行情况进行监控，实时监控各设备的运行状态，以帮助读者了解常用的网络设备运行状态监控的思路以及 IPsentry 的使用方法，并具备灵活运用的能力。

8.1.3 设备状态监控任务需求与分析

1. 任务需求

该企业办公区分布于两层楼中，共有六个部门，每个部门配置不同数量的计算机。办公网络已组建完毕，且该企业办公网络构建了多台服务器，用于对内和对外提供相关的网络服务。要求能通过相关网络管理技术实时监控主要网络设备的运行情况。根据实地考察，该企业的网络结构如图 8-1 所示。

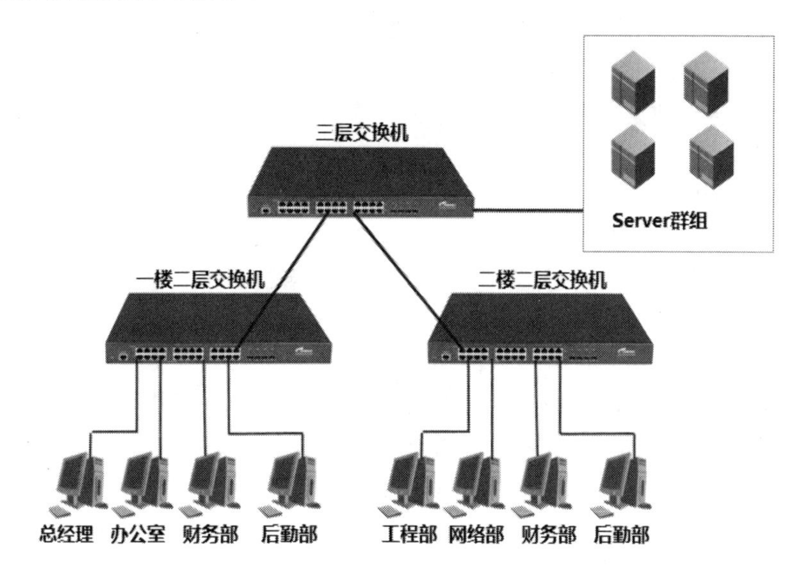

图 8-1 企业的网络结构

该企业办公区网络的主要设备如表 8-1 所示。

表 8-1　企业办公区网络的主要设备

设备类型	设备名称/型号	IP 地址	运行业务	用　途
三层交换机	锐捷 RG-3760	10.10.8.6	核心交换机	交换
二层交换机	锐捷 RG-S2328G	10.10.8.10	核心交换机	交换
二层交换机	锐捷 RG-S2328G	10.10.10.7	汇聚交换机	交换
服务器	DELL 1420	10.10.8.28	WEB	网站

2. 需求分析

需求 1：在不能改动原有拓扑结构的情况下，对办公网主要设备进行监控，应不影响设备的运行可靠性和稳定性，导致网络故障和效率低下。

需求 2：采用先进的网络管理技术对办公网设备的实时运行状态进行监控，能管理不同厂家和类型的设备，并在出现故障时进行告警。

分析：使用 IPsentry 网络监测软件对校园网设备和线路进行监控。

8.1.4　设备状态监控知识链接

1. 端口监测

1)　传输层

TCP/IP 体系中的传输层是整个网络体系结构的关键层次之一，它向上面的应用层提供通信服务。传输层有两个不同的协议：用户数据报协议 UDP(User Datagram Protocol)和传输控制协议 TCP(Transmission Control Protocol)。

(1)　UDP 在传送数据之前不需要先建立连接。对方的运输层在收到 UDP 报文后，不需要给出任何确认。虽然 UDP 不提供可靠交付，但在某些情况下 UDP 是一种最有效的工作方式。UDP 适用于多次少量数据的传输和实时性要求高的业务。

(2)　TCP 则提供面向连接的服务，但不提供广播或多播服务。由于 TCP 要提供可靠的、面向连接的运输服务，因此不可避免地增加了许多的开销。这不仅使协议数据单元的首部增大很多，还要占用许多的处理机资源。TCP 适用于一次传送大批量的数据。

2)　端口

端口是应用程序在传输层传送数据时的标识，是用来标志应用层的进程。端口的作用就是让应用层的各种应用进程都能将其数据通过端口向下交付给运输层，以及让运输层知道应当将其报文段中的数据向上通过端口交付给应用层相应的进程。端口在应用进程之间的通信中所起的作用如图 8-2 所示。

端口用一个 16 bit 端口号进行标志。端口号只具有本地意义，即端口号只是为了标志本计算机应用层中的各进程。在因特网中不同计算机的相同端口号是没有联系的。

根据服务类型的不同，端口分为两种：一是 TCP 端口；二是 UDP 端口。它们分别对应传输层的两种协议(TCP、UDP)。

端口号的分配是一个重要问题，有两种基本分配方式：熟知端口分配和一般端口分配。

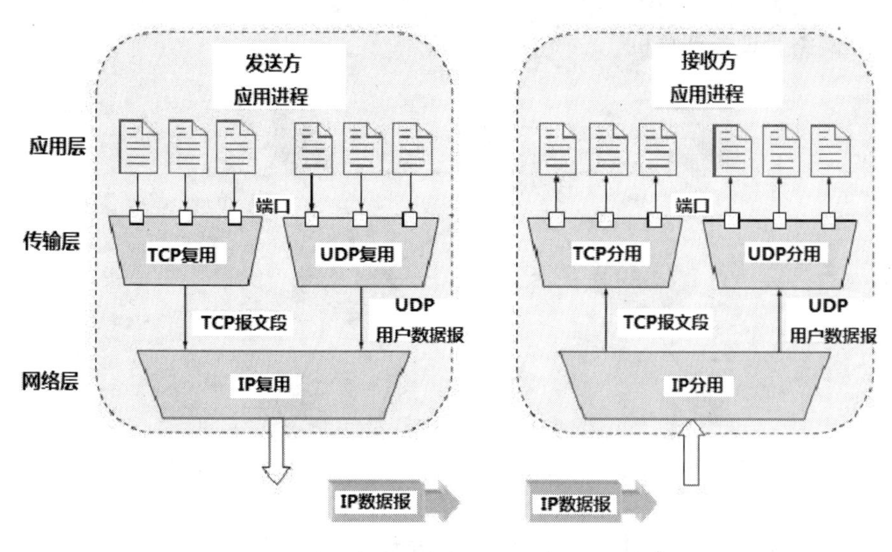

图 8-2 端口在进程之间的通信中所起的作用

熟知端口分配：由 ICANN 负责分配给一些常用的应用层程序固定使用的端口，其数值一般为 0~1023。常见的服务和端口对应关系如表 8-2 所示。

表 8-2 常见的服务和端口对应关系

应用程序	FTP	TELNET	SMTP	DNS	HTTP	SNMP	RIP
服务类型	TCP	TCP	TCP	UDP	TCP	UDP	UDP
端口号	21	23	25	53	80	161	520

一般端口分配：用来随时分配给请求通信的客户进程，一般是数值大于 1024 的端口号。

端口监测通过选用远程 TCP/IP 主机不同的端口的服务，并记录目标给予的回答，通过这种方法，可以搜集到很多关于目标主机的各种有用的信息，通过对一些熟知端口的监测能获取主机上运行的服务的状态，从而达到远程监控网络运行状态的目的。

2. IPSentry 网络状态监控软件

IPSentry 是一款网络状态监控软件，它周期性轮循检测网络节点通断或主机上运行的业务，自动产生 HTML 格式的检测结果，并按日期记录 log 文件。这些 log 文件可以被导入数据库中，按任意时间段做出网络统计报表。IPSentry 能实时检测网络设备的各类服务和通断情况，当某服务停止或网络中断时，该软件会通过 EMAIL、声音或运行其他软件来发出提醒和通知。

8.1.5 设备状态监控任务实施

1. 实施规划

1) 实训拓扑结构

根据任务的需求与分析，实训的拓扑结构及网络参数如图 8-3 所示，以 swA 模拟该企业网主交换机，swB、swC 模拟部门交换机，Web 服务器模拟该企业网络服务器，验证机模拟该企业网络管理员计算机。

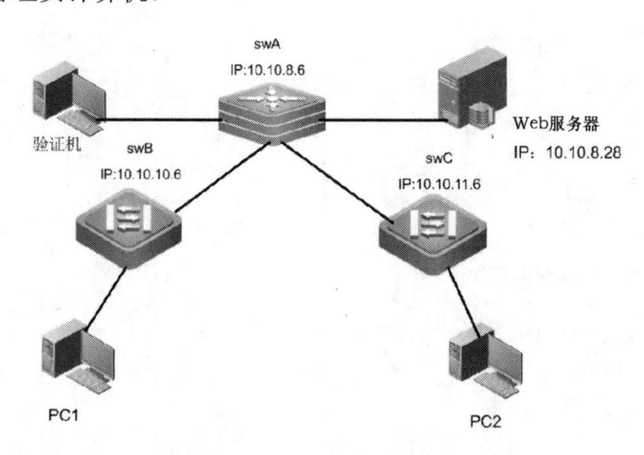

图 8-3　实训的拓扑结构及网络参数

2)　实训设备

根据任务的需求和实训拓扑，每实训小组的实训设备配置清单如表 8-3 所示。

表 8-3　实训设备配置清单

设备类型	设备型号	数　量
交换机	H3C S3600	1
交换机	H3C E126A	2
计算机	PC，Windows XP	3
服务器	PC，Windows Server 2003	1
软件	IPSentry5.1.1	1
双绞线	RJ-45	若干

3)　监控参数

办公网络需要监控的网络设备的主要参数配置如表 8-4 所示。

表 8-4　办公网络需要监控的网络设备的主要参数配置

设备类型	设备名称/型号	IP 地址	监控业务	监控参数
三层核心交换机	H3C S3600	10.10.8.6	通断情况	Ping
二层汇聚交换机	H3C E126A	10.10.10.6	通断情况	Ping
二层汇聚交换机	H3C E126A	10.10.11.6	通断情况	Ping
服务器	PC Windows Server 2003	10.10.8.28	Web	TCP:80

2. 实施步骤

任务的实施步骤如下。

(1)　根据实训拓扑图进行交换机、计算机等网络设备的线缆连接，配置 PC、服务器的 IP 地址，配置交换机的 VLAN、IP、路由等参数，连通整个网络，搭建好实训环境。

(2)　正确配置需要监控的网络设备的 SNMP，具体配置步骤参考教材“第 7 章　企业网设备 SNMP 配置”。

(3) 安装 IPSentry。

从 IPSentry 网站下载 IPSentry 软件的评估版本，评估版本为 21 天试用期，下载站点为 http://www.ipsentry.com/download。

在 PC1 或 PC2 上运行安装程序 ipssetup.exe，并单击 install IPsentry 按钮进行安装程序，如图 8-4 所示。

在接下来的界面中同意安装 IPSentry 许可，根据向导完成安装。

(4) 配置 IPSentry 的监控参数。

启动 IPSentry 进行配置选项，选择 Action 选项，如图 8-5 所示。

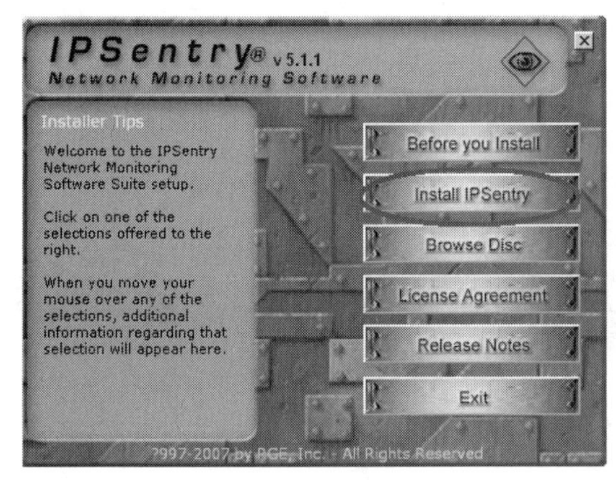

图 8-4 安装 IPSentry

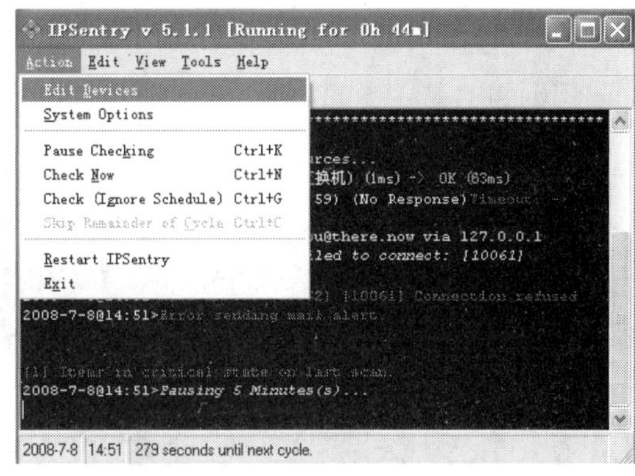

图 8-5 启动 IPSentry 配置选项

选择 Edit Devices 栏，根据监控的对象添加各项监控项，选择 Network Monitor 下面的 PING 以监控设备通断情况，如果需要监控其他服务根据实际情况选择，如监控各种网络服务、磁盘空间、Windows 服务等，如图 8-6 所示。

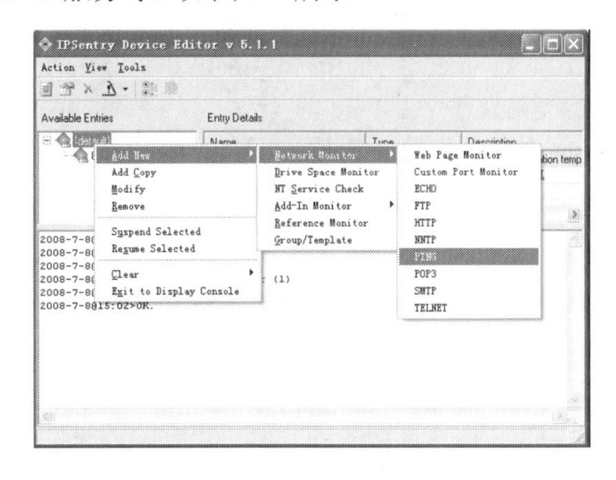

图 8-6 添加 PING 监控项

> **提示：** 如要选择监控其他内容(磁盘空间、Windows 服务等)需要输入 SNMP 参数或具有权限的操作系统账号。

添加第一台要监控的设备，设置 Ping 的监控参数(类型、姓名、IP 地址、端口等)，如图 8-7 所示。

切换到 Alerts 选项卡以设置该项的报警方式，第一栏为音频报警，也可选择其他报警方式(短信、邮件、程序、日志等)，如图 8-8 所示。

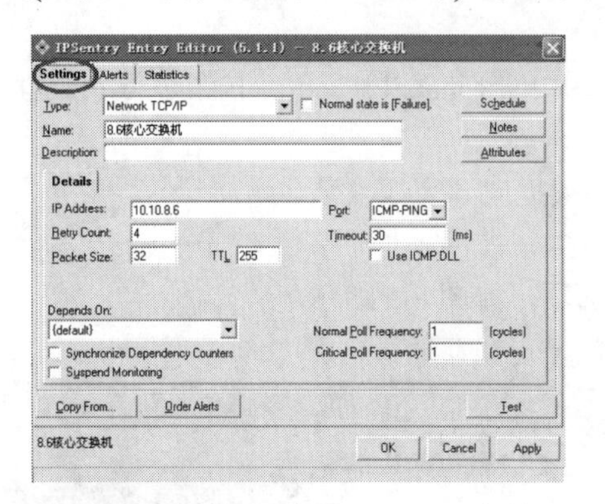

图 8-7　配置 Ping 的监控参数

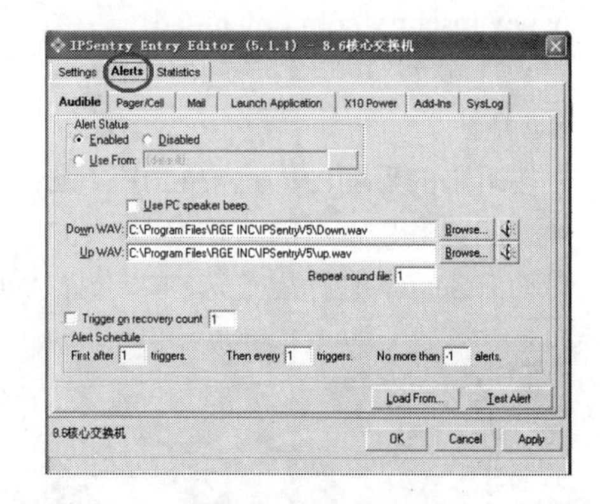

图 8-8　设置报警方式

根据监控对象和监控参数不同，按以上步骤分别进行配置，完成各网络设备的添加。

配置完各项监控内容，IPSentry 开始执行对各监控对象的循环监控，将其中的监控目标中断服务或断开网络以验证 IPSentry 的告警是否执行。

8.1.6　设备状态监控任务验收

1. 设备验收

根据实训拓扑结构图，查看交换机、服务器等设备的连接情况，确认各设备连通。

2. 配置验收

在安装了 IPSentry 软件的计算机上查看配置情况，检查各项监控目标。

3. 功能验收

根据核心交换机的 Ping 参数监控配置，进行功能验收。在如图 8-9 所示的窗口下单击 Test Alert 按钮，检查监控对象是否正常，如果正常将显示 Alert OK 提示框，达到配置效果，如图 8-10 所示。

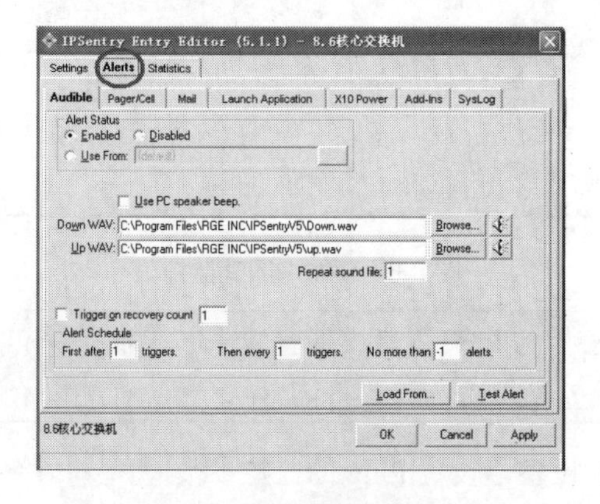

图 8-9　检查监控对象

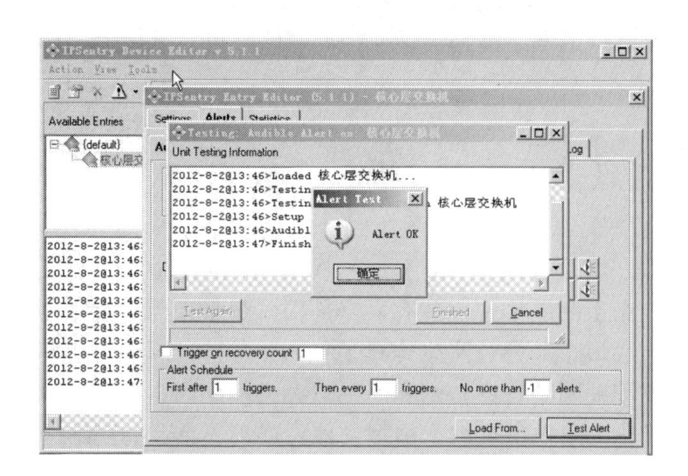

图 8-10 核心交换机状态验收效果

断开监控对象的连线或服务，当网络中断后，IPSentry 监控主机界面将显示报警，并以声音方式发出告警。

8.1.7 设备状态监控任务总结

针对企业网设备运行状态监测的建设内容和目标，通过需求分析进行了实训的规划和实施，通过本任务进行了各主要监控设备的配置和验收，达到了通过运用网络管理软件对网络设备运行状态进行监测，保障网络的正常运行和性能优化。

8.2 任务 2：企业网线路流量监测

8.2.1 流量监控任务描述

某企业办公网采用层次化结构，整个网络分为核心层、汇聚层和接入层，同时为企业员工提供了多种网络服务。办公网具有较多的交换机和多台服务器，需要实时监测主要交换机的线路流量情况。请给出解决方法并实施。

8.2.2 流量监控任务目标与目的

1. 任务目标

本任务针对办公网交换设备的线路流量进行监控，能实时监控各主要线路的流量状态，以便能及时调整和优化网络带宽。

2. 任务目的

通过本任务利用 PRTG 软件对交换机的线路流量进行监控，实时监控各线路的流量状态，以帮助读者了解常用的网络线路流量监控的思路，以及掌握 PRTG 的使用方法，并具备灵活应用能力。

8.2.3　流量监控任务需求与分析

1. 任务需求

该企业办公区分布于两层楼中，共有六个部门，每个部门配置不同数量的计算机。办公网络已组建完毕，且该企业办公网络构建了多台服务器，用于对内和对外提供相关的网络服务。要求能通过相关网络管理技术和产品对办公网络内主要线路流量进行实时监控，以便为网络管理员优化网络提供依据。根据实地考察，该企业的网络结构如图 8-11 所示。

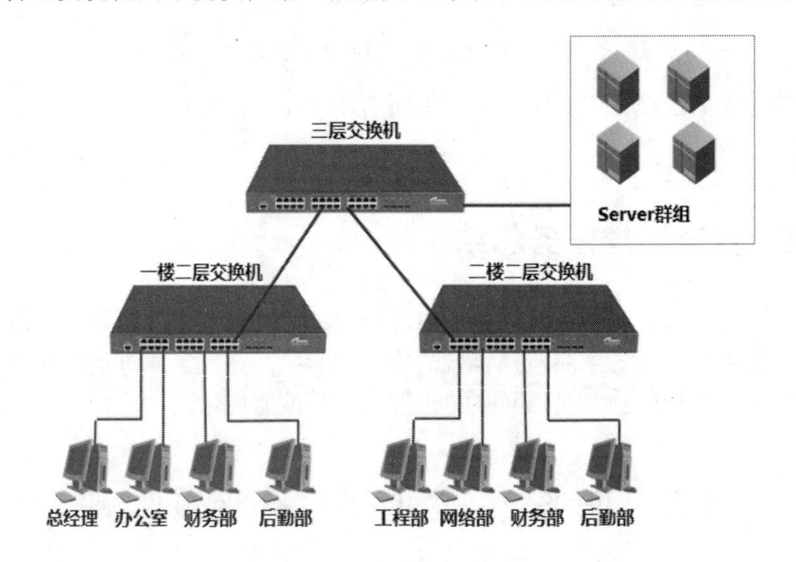

图 8-11　企业的网络结构

该企业需要监控企业网主要线路的线路流量，具体各线路情况如表 8-5 所示。

表 8-5　企业网主干线路表

线路类型	发起端设备(IP)	发起端口	对端设备(IP)	对端设备口	对端位置
双绞线	10.10.8.6	Port 1/0/1	10.10.10.6	Port 24	一楼
双绞线	10.10.8.6	Port 1/0/2	10.10.11.6	Port 25	二楼
双绞线	10.10.8.6	Port 1/0/24	10.10.9.28		WEB 服务器

2. 需求分析

需求：采用先进的网络管理技术对线路中的流量进行监控和管理，监控实时运行状态。能管理不同厂家和类型的设备，并在出现故障时进行告警。

分析：使用 PRTG 网络监测软件对办公网设备和线路进行监控和管理。

8.2.4 流量监控知识链接

1. 网络带宽

网络带宽是指网络设备的接口或线路在一个固定的时间内(1s)，能通过的最大位数据，通常包括出数据、入数据的速度、总流量。网络带宽作为衡量网络使用情况的一个重要指标，日益受到人们的普遍关注。它不仅是政府或单位制定网络通信发展策略的重要依据，也是互联网用户和单位选择互联网接入服务商的主要因素之一。由于网络带宽、网络流量和网络传输速率的计算方法相同，单位都采用 bps(bit/s，位每秒)来表示，在日常生活中，将网络带宽与网络流量、网络传输速率视为相同。

在通信领域和计算机领域，应特别注意计算机中的数量单位用字节作为度量单位，1 字节(Byte)=8 位(bit)。同时数量单位“千”“兆”“吉”等的英文缩写所代表的数值。“千字节”的“千”用大写 K 表示，它等于 2^{10}，即 1024，而不是 1000。

在实际上网应用中，下载软件时常常看到诸如下载速度显示为 128KB(KB/s)、256KB/s 等宽带速率大小字样，因为 ISP 提供的线路带宽使用的单位是比特(bit)，而一般下载软件显示的是字节(1 字节=8 比特)，所以要通过换算才能得到实际值。以 2M 带宽为例，按照下面换算公式换算：

2Mb/s=2×1024Kb/s=2×1024K/8B/s=256KB/s

2. PRTG

PRTG(Paessler Router Traffic Grapher，线路流量监测系统)是一款功能强大的免费且可以通过路由器、交换机等设备上的 SNMP 取得流量信息，并产生图形报表的软件。可以产生企业内部网络相关设备，包括服务器、路由器、交换机、网络终端设备等多种设备的网络流量图形化报表，并能够对这些报表进行统计和绘制，帮助网络管理员找到企业网络的问题所在，分析网络的升级方向。该软件可以在绘制完毕后将图形图表以网页的形式反馈出来，可以通过网络中的任何一台计算机访问配置了 PRTG 的计算机，以实现远程管理，以及查看和维护网络流量的目的。

8.2.5 流量监控任务实施

1. 实施规划

1) 实训拓扑结构

根据任务的需求与分析，实训的拓扑结构及网络参数如图 8-12 所示，以 swA 模拟该企业网主交换机，WEB 服务器模拟该企业网络服务器。

2) 实训设备

根据任务的需求和实训拓扑，每实训小组的实训设备配置清单如表 8-6 所示。

3) 参数规划

企业办公网需要监控的主要线路参数配置如表 8-7 所示。

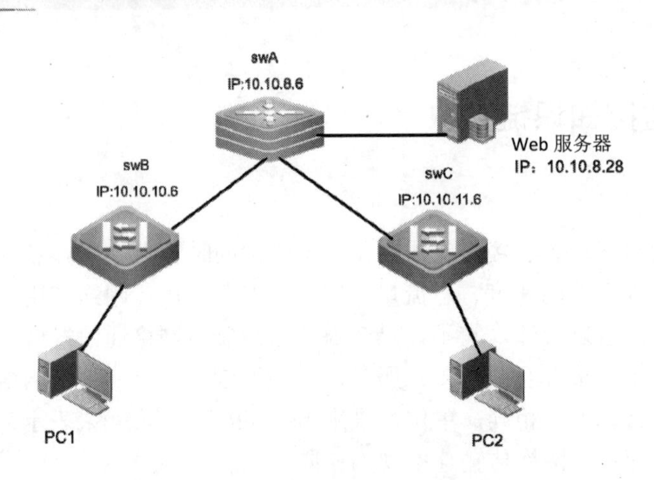

图 8-12　实训的拓扑结构及网络参数

表 8-6　实训设备配置清单

设备类型	设备型号	数　量
交换机	H3C S3600	1
交换机	H3C E126A	2
计算机	PC，Windows XP	2
服务器	PC，Windows 2003	1
软件	PRTG	1
双绞线	RJ-45	若干

表 8-7　企业办公网主干线路表

线路类型	发起端设备(IP)	发起端口	对端设备(IP)	对端设备口	对端位置
双绞线	10.10.8.6	Port 1/0/1	10.10.10.6	Port 1/0/1	一楼
双绞线	10.10.8.6	Port 1/0/2	10.10.11.6	Port 1/0/1	二楼
双绞线	10.10.8.6	Port1/0/24	10.10.8.28		Web 服务器

2. 实施步骤

(1) 根据实训拓扑图进行交换机、计算机等网络设备的线缆连接，配置 PC、服务器的 IP 地址，配置交换机的 VLAN、IP、路由等参数，连通整个网络，搭建好实训环境，具体配置步骤可参考第 5 章。

(2) 正确配置需要监控的网络设备的 SNMP 和参数，配置步骤参考本章任务 1。

(3) 安装 PRTG。

从 PRTG 网站下载 PRTG 软件的评估版本，评估版本为 30 天试用期，下载站点为 http://www.paessler.com/prtg/download。

> 说明：本任务采用的 PRTG 版本为 v6.0.5，从 PRTG 网站下载的最新版本的安装和配置界面会有所不同。

在 PC1 或 PC2 上运行解压缩后的安装程序，进入安装向导，如图 8-13 所示。

单击 Next 按钮，进入下一对话框，选择接受安装协议。

单击 Next 按钮，进入下一对话框，选择安装目录和组件。

单击 Next 按钮，选择需要额外安装的 PRTG 任务，默认 PRTG 可提供 Web 服务访问，选择防火墙允许通过 Web 访问和安装 PRTG Watchdog 服务，如图 8-14 所示。

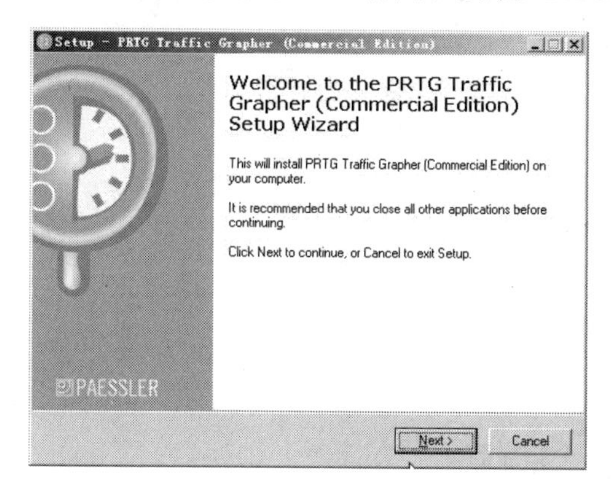

图 8-13　安装向导

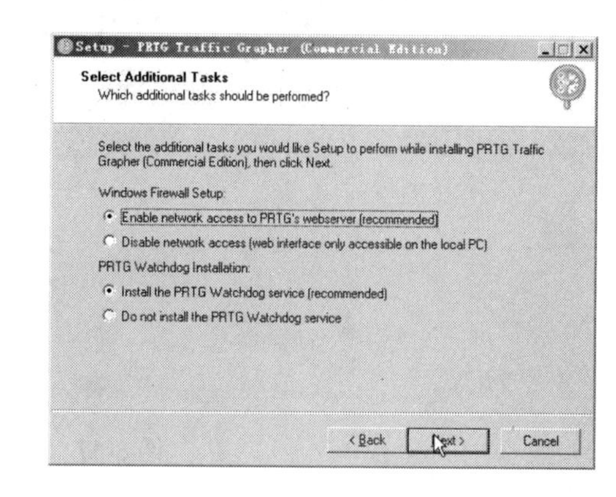

图 8-14　需要额外安装的 PRTG 服务

单击 Next 按钮，完成安装，如图 8-15 所示。

单击 Finish 按钮，会首次启动 PRTG，选择版本的类型，免费测试版本选择默认第一项，如果购买了正式版本选择其他项输入产品序列号，如图 8-16 所示。

图 8-15　完成安装向导

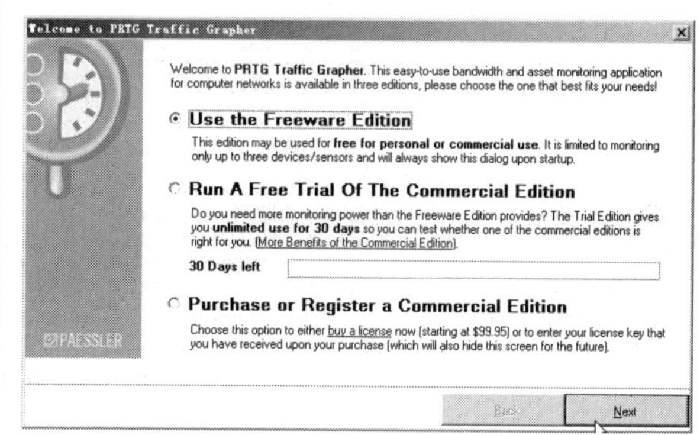

图 8-16　版本选择

单击 Next 按钮后单击 Finish 按钮完成版本选择。

(4)　配置 PRTG。

启动 PRTG 后，单击 Add Sensor 添加一个扫描器，如图 8-17 所示。

在出现的监测方式中选择 SNMP，单击 Next 按钮，如图 8-18 所示。

在 SNMP 传感器类型里选择 Standard Traffic Sensor，单击 Next 按钮，如图 8-19 所示。

在设备选择窗口中对要监控的设备参数进行设置，包括 device name 设备名、设备的 IP 地址或域名、SNMP 团体名称、SNMP 端口，名称设为“中心交换机”，IP 地址设为 10.10.8.6，单击 Next 按钮，如图 8-20 所示。

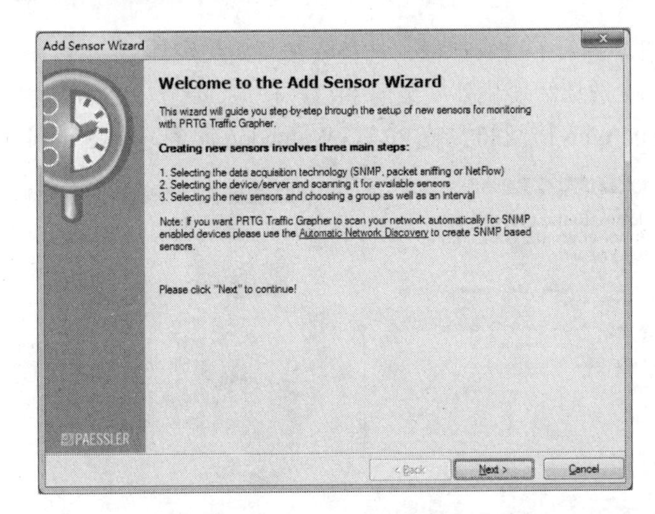

图 8-17　添加一个扫描器

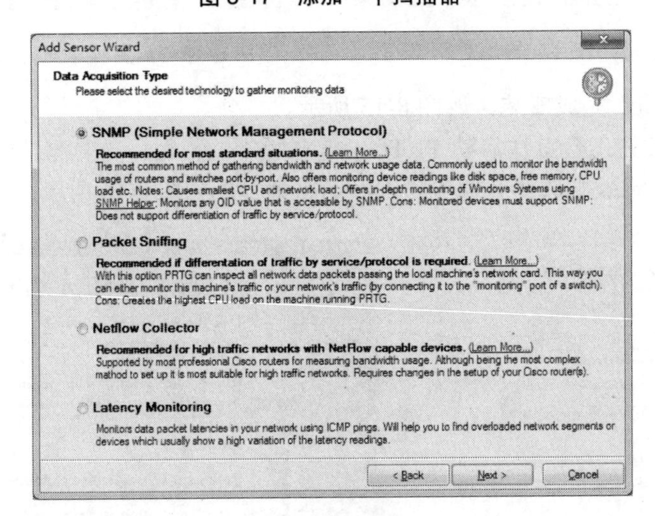

图 8-18　选择管理协议

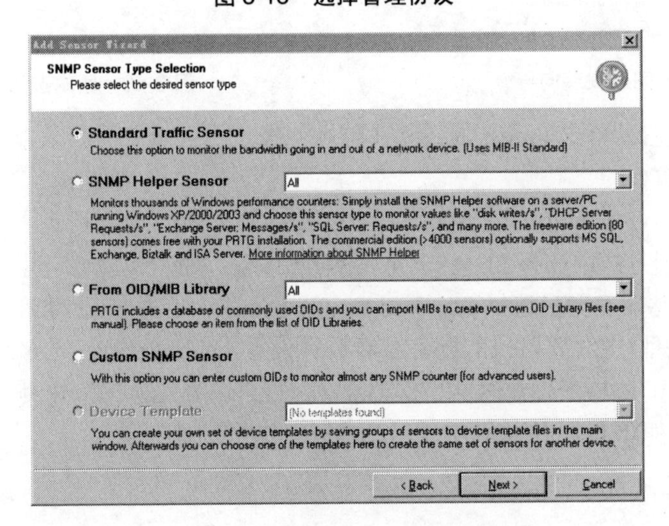

图 8-19　选择标准 SNMP 扫描器

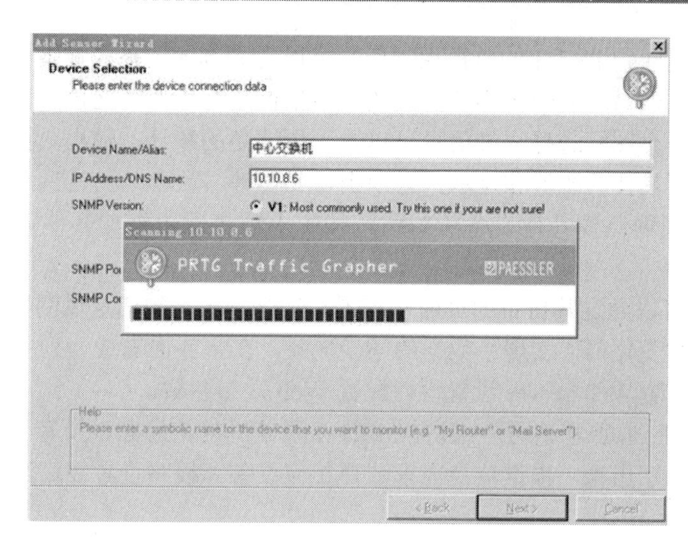

图 8-20　监控的设备参数

连接成功后会出现选择交换机端口的窗口，从 port selection 窗口中的上方可以看到已经读取出目标设备的 SNMP 相关信息，查看到目标设备的 IOS 信息以及存在的端口。

下拉菜单中可以设置要监控的信息，包括带宽、广播数据包和非广播数据包，每分钟错误信息数等，显示出目标设备连接的所有端口，包括已经连接设备的和没有连接任何网线的，通过 connected 和 not connected 来区分，而且端口信息和速度也将详细显示出来。通过选中某端口来指定 PRTG 要监控的端口，可以一次性选择多个端口进行监控，如图 8-21 所示。

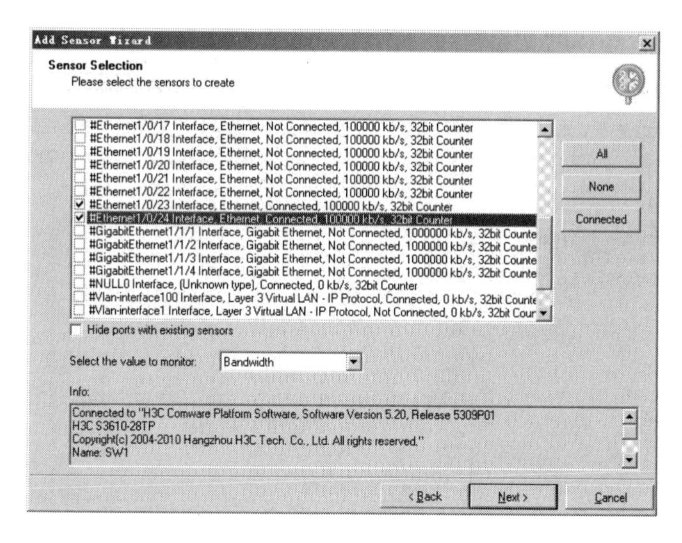

图 8-21　选择监控端口

单击 Next 按钮保存扫描器名称，设置扫描间隔。

设置扫描器生成的图表信息，包括自动建立新图表、实时绘制图表、绘制 5 分钟平均图、1 小时平均图、1 天平均图等。

设置完毕后返回到 PRTG 的监视控制台，可以看到刚才选择的设备上对应的几个端口的流量信息，每个端口对应一张详细流量图，横坐标是对应的时间，纵坐标是数据占用的带宽大小。单击每个图标选择详细信息可以看到更清楚的统计，输出数据流量总和与输入数据流量总和都有具体的统计和显示，详细到每 5 分钟。

继续添加监视器监控其他设备的线路，按照上述步骤再添加其他需要监控设备的监视器。

在 PRTG 中可以通过其自带的页面发布工具把绘制出来的信息以网页的形式展现，而显示信息也是实时变化的，实现了数据的同步更新。在主界面右边一列中找到 configuring the web server，启动 Web Server 设置窗口配置 Web 发布参数。

通过“http://IP 地址:端口号”来访问 PRTG 所绘制的信息图，所有设置好的扫描器监控端口信息都会显示出来，根据项目需求选择相应设备和线路查看线路流量。

8.2.6 流量监控任务验收

1. 设备验收

根据实训拓扑结构图，查看交换机、服务器等设备的连接情况，确认各设备连通。

2. 配置验收

在安装了 PRTG 软件的计算机上查看配置情况，检查各项监控目标是否正常。

3. 功能验收

在 PRTG 上查看添加的交换机接口的流量记录。以 Port 1/0/1、Port 1/0/24 为例，如图 8-22 和图 8-23 所示。

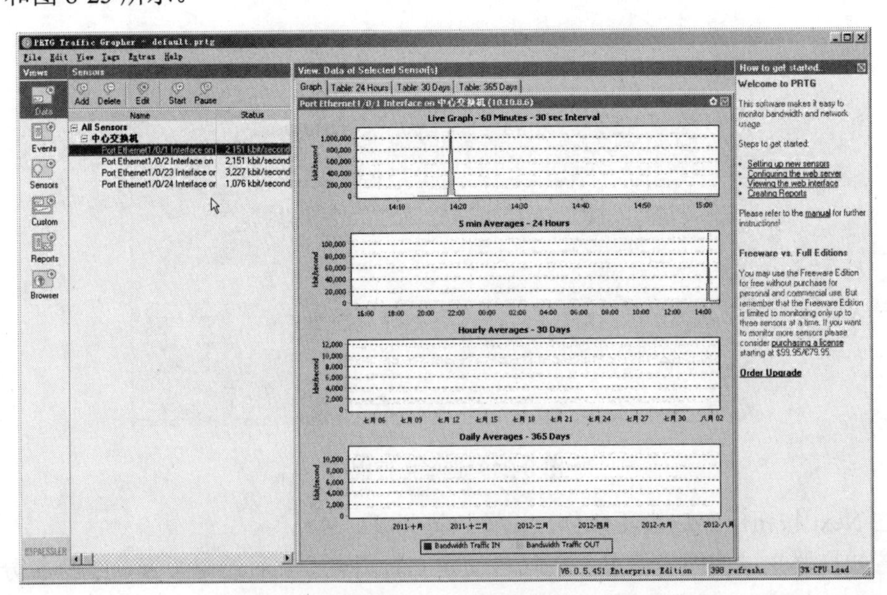

图 8-22 端口 1 流量图

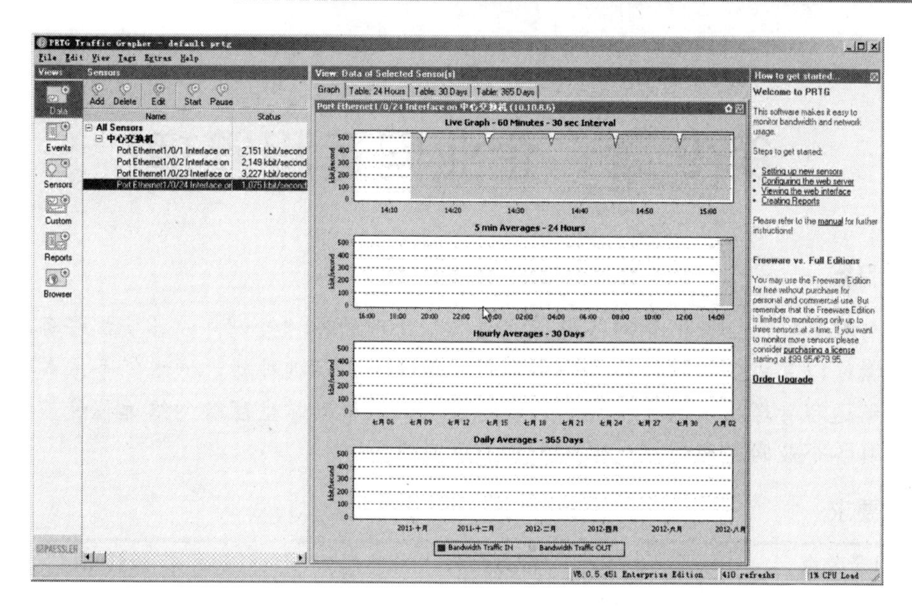

图 8-23　端口 24 流量图

8.2.7　流量监控任务总结

针对企业网线路流量监测的建设内容和目标，通过需求分析进行了实训的规划和实施，本任务进行了各主要监控设备的配置和验收。通过安装和配置 PRTG 软件对网络的网络设备、端口进行流量监测，保障网络的正常运行和性能优化。

第9章　企业网远程管理

教学目标

通过对校园网、企业网等网络进行网络远程管理的各种案例，以各实训任务的内容和需求为背景，以完成企业网的各种网络远程管理技术为实训目标，通过任务方式由浅入深地模拟网络远程管理技术的典型应用和实施过程，以帮助学生理解网络远程管理技术的典型应用，具备企业网远程管理的实施和灵活应用能力。

教学要求

任务要点	能力要求	关联知识
企业网设备远程管理 Telnet	(1)掌握交换机基础配置 (2)掌握 Telnet 的基本概念 (3)掌握 Telnet 的基本原理 (4)掌握 Telnet 的三种验证模式 (5)掌握网络设备 Telnet 配置 (6)掌握 H3C 用户等级	(1)Telnet 的基本概念 (2)Telnet 的实现原理 (3)H3C Telnet 的三种验证模式 (4)H3C 网络设备用户等级 (5)交换机基本配置 (6)交换机 Telnet 配置
企业网设备远程管理 SSH	(1)掌握 SSH 的基本概念 (2)掌握 SSH 的基本原理 (3)掌握网络设备 SSH 配置	(1)SSH 的基本概念 (2)SSH 的实现原理 (3)交换机基本配置 (4)交换机 SSH 配置
企业网服务器远程管理	(1)掌握服务器远程管理的基本概念 (2)掌握 Windows 系列操作系统远程桌面 (3)掌握 Radmin 远程管理软件安装、配置及使用	(1)Windows 系列操作系统远程桌面 (2)Radmin 远程管理软件安装、配置及使用
公司网 AAA 体系部署	(1)掌握交换机基础配置 (2)掌握交换机 Telnet 基础配置 (3)掌握交换机 Radius 基础配置 (4)掌握 Radius 服务器安装部署方法	(1)交换机基础及配置命令 (2)AAA 基本概念及架构体系 (3)Radius 基本概念及架构体系 (4)交换机 Telnet 基础及配置命令 (5)交换机 Radius 基础及配置命令 (6)Radius 服务器安装部署

重点难点

- Telnet 基本概念及原理。
- 交换机 Telnet 配置。
- H3C Telnet 三种验证模式。
- H3C 网络设备用户等级。

- SSH 的基本概念及原理。
- 交换机 SSH 配置。
- 远程桌面、Radmin 远程管理软件。
- AAA 的基本概念及架构体系。
- Radius 的基本概念及架构体系。
- 交换机 Radius 配置。
- Radius 服务器安装部署。

9.1　任务 1：企业网设备远程管理 Telnet

9.1.1　Telnet 任务描述

某公司构建了自己大型的企业内部网，公司网中分布了大量网络设备：交换机、路由器等。根据公司的统一管理和规范要求，要求公司网络技术人员在自己的办公场所实现对网络设备的远程管理，以便提高工作效率，降低管理难度和复杂度，请给出解决方法并实施。

9.1.2　Telnet 任务目标与目的

1. 任务目标

本项目针对公司的企业内部网的网络设备进行远程管理，以便执行日常检查、故障排除、配置等操作和管理。

2. 任务目的

通过本任务进行远程管理，利用常用的远程管理协议——Telnet 实现对网络设备的远程管理，以帮助读者了解网络设备常用的远程管理方法，熟练掌握远程管理协议，并能灵活运用。

9.1.3　Telnet 任务需求与分析

1. 任务需求

经调查，分公司需要管理的服务器数据如表 9-1 所示。

表 9-1　远程需要管理的设备信息

服务器类型	IP 地址	远程管理协议类型
核心交换机	192.168.5.254	Telnet

2. 需求分析

需求 1：对交换机、路由器进行远程管理，便于远程操作和控制网络设备。

分析 1：通过对交换机、路由器配置 Telnet 远程网络管理协议，使用 Telnet 远程管理协议对网络设备进行远程管理。使网络管理员在自己的办公室计算机上即可远程管理、配置网络中的网络设备，从而大大提高管理效率，降低管理难度。

9.1.4 Telnet 知识链接

1. Telnet

1) Telnet 的定义

Telnet 协议是 TCP/IP 协议族中的一员，是 Internet 远程登录服务的标准协议和主要方式。它为用户提供了在本地计算机上完成远程主机工作的能力。在终端使用者的计算机上使用 telnet 程序，用它连接到服务器。终端使用者可以在 telnet 程序中输入命令，这些命令会在服务器上运行，就像直接在服务器的控制台上输入一样，可以在本地就能控制服务器。要开始一个 telnet 会话，必须输入用户名和密码来登录服务器。Telnet 是常用的远程控制 Web 服务器的方法。

2) Telnet 的功能

Telnet 最初由 ARPANET 开发，现在主要用于 Internet 会话，它的基本功能是允许用户登录进入远程主机系统。

Telnet 可以让我们坐在自己的计算机前通过 Internet 网络登录到另一台远程计算机上，这台计算机可以是在隔壁的房间里，也可以是在地球的另一端。当登录上远程计算机后，本地计算机就等同于远程计算机的一个终端，我们可以用自己的计算机直接操纵远程计算机，享受远程计算机本地终端同样的操作权限。

Telnet 的主要用途就是使用远程计算机上所拥有的本地计算机没有的信息资源，如果远程的主要目的是在本地计算机与远程计算机之间传递文件，那么相比而言使用 FTP 会更加快捷有效。

3) Telnet 的原理

当我们使用 Telnet 登录进入远程计算机系统时，事实上启动了两个程序：一个是 Telnet 客户程序，运行在本地主机上；另一个是 Telnet 服务器程序，它运行在要登录的远程计算机上。本地主机上的 Telnet 客户程序主要完成以下功能。

(1) 建立与远程服务器的 TCP 连接。

(2) 接收从键盘输入的本地字符。

(3) 将输入的字符串变成标准格式并传送给远程服务器。

(4) 从远程服务器接收输出的信息。

(5) 将该信息显示在本地主机屏幕上。

远程主机的“服务”程序通常被昵称为“精灵”，它平时不声不响地守候在远程主机上，一接到本地主机的请求，就会立马活跃起来，并完成以下功能。

(1) 通知本地主机，远程主机已经准备好了。

(2) 等候本地主机输入命令。

(3) 对本地主机的命令做出反应(如显示目录内容，或执行某个程序等)。

(4) 把执行命令的结果送回本地计算机显示。

(5) 重新等候本地主机的命令。

Telnet 协议的交互过程如图 9-1 所示。

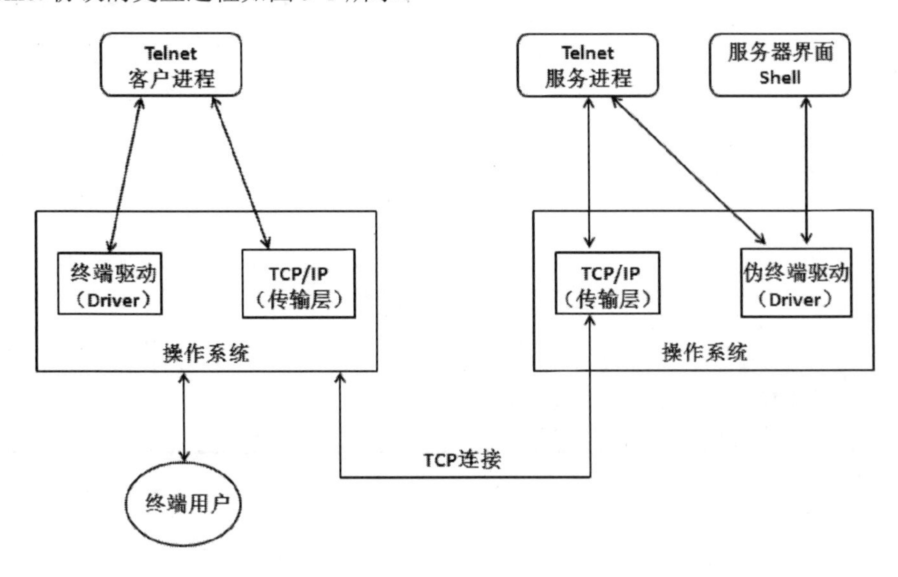

图 9-1 Telnet 协议的交互过程

4) Telnet 的缺点

虽然 Telnet 较为简单实用也很方便，但是在格外注重安全的现代网络技术中，Telnet 并不被重用。原因在于 Telnet 是一个明文传送协议，它将用户的所有内容，包括用户名和密码都明文在互联网上传送，具有一定的安全隐患，因此许多服务器都会禁用 Telnet 服务。如果我们要使用 Telnet 的远程登录，使用前应在远端服务器上检查并设置允许 Telnet 服务的功能。

5) H3C 网络设备 Telnet 验证模式

H3C 网络设备的 telnet 有三种验证模式。

(1) none 模式。即空验证模式，当用户登录时，不需要用户名和密码，安全性较差，一般不采用。

(2) password 模式。即密码模式，用户远程 telnet 时需要提供口令，安全性有所提升，但安全性也较低，一般也不采用。

(3) scheme 模式。即账户、密码验证模式，当用户远程登录网络设备时，既要提供用户名，也要提供用户名，与之对应的口令，安全性较高。

在现实应用中，配置 Telnet 时，一般采用 scheme 模式。

6) H3C 用户等级

为了限制不同用户对设备的访问权限，防止非法更改配置，Comware 5 系统也对用户进行了分级管理。用户的级别与命令级别一一对应，不同级别的用户登录后，只能使用等于或低于自己级别的命令。如用户属于 1 级别，则所使用的命令也仅限于 1 级别命令级别中的命令。反之亦然。

在 H3C Comware 系统中，命令级别由低到高共分为访问级、监控级、系统级和管理级四个级别，级别号分别为 0、1、2、3 级。H3C 网络设备用户等级如表 9-2 所示。

表 9-2 H3C 网络设备用户等级

命令级别	说　明
访问级(0)	该命令级别是包括用于网络诊断等功能的命令，以及从本设备访问外部设备的命令。该级别的命令配置后不允许保存，设备重启后，该级别命令会恢复到默认状态。在默认情况下，访问级的命令包括 ping、tracert、telnet、ssh2 等
监控级(1)	该级别的使用是包括用于系统维护、业务故障诊断等功能的命令。该级别命令配置后不允许保存，设备重启后，该级别命令会恢复到默认状态。在默认情况下，监控级的命令包括 debugging、terminal、refresh、reset、send 等
系统级(2)	该级别的命令包括业务配置命令，如路由、各个网络层次的命令。这些命令用于向用户提供直接网络服务。默认情况下，系统级的命令包括所有配置命令(管理级的命令除外)
管理级(3)	该级别包括系统的基本运行、系统支撑模块功能的命令，这些命令对业务提供支撑作用。在默认情况下，管理级的命令包括文件系统命令、FTP 命令、TFTP 命令、XModem 命令下载、用户管理命令、级别设置命令、系统内部参数设置命令(非协议规定、非 RFC 规定)等

2. 配置命令

H3C 系列和 Cisco 系列交换机上配置 Telnet 的相关命令如表 9-3 所示。

表 9-3 Telnet 配置命令

功　能	H3C 系列设备		Cisco 系列设备	
	配置视图	基本命令	配置模式	基本命令
进入 vlan 1 接口视图	系统视图	[H3C]interface Vlan-interface 1	全局配置模式	Cisco(config)#interface vlan 1
配置管理 IP 地址	具体视图	[H3C-Vlan-interface1] ip address 192.168.10.254 24	具体配置模式	Cisco(config-if)#ip address 192.168.10.254 255.255.255.0
使能 Telnet 功能	系统视图	[H3C]telnet server enable		
配置 VTY 视图	系统视图	[H3C]user-interface vty 0 4		Cisco(config)#line vty 0 4
允许本地用户登录				Cisco(config-line)#login local
设置验证模式	具体视图	[H3C-ui-vty0-4] authentication-mode scheme		
创建账户	系统视图	[H3C]local-user zhangsan		Cisco(config)#username zhangsan privilege 15 password 123
设置账户口令	具体视图	[H3C-luser-zhangsan] password cipher 123		Cisco(config)#enable password 123
设置账户类型为 Telnet	具体视图	[H3C-luser-zhangsan] service-type telnet		
设置账户等级	具体视图	[H3C-luser-zhangsan] authorization-attribute level 3		

9.1.5 Telnet 任务实施

1. 实施规划

1) 实训拓扑结构

根据需求，规划企业网网络设备远程管理的参数如表 9-4 所示。

表 9-4 企业网网络设备远程管理的参数

计算机	IP 地址	远程管理方式
核心交换机	192.168.10.254	Telnet

根据任务的需求与分析，实训的拓扑结构及网络参数如图 9-2 所示，以 Sw1 模拟该企业网核心交换机，验证机 PC1 模拟该企业网络管理员计算机。

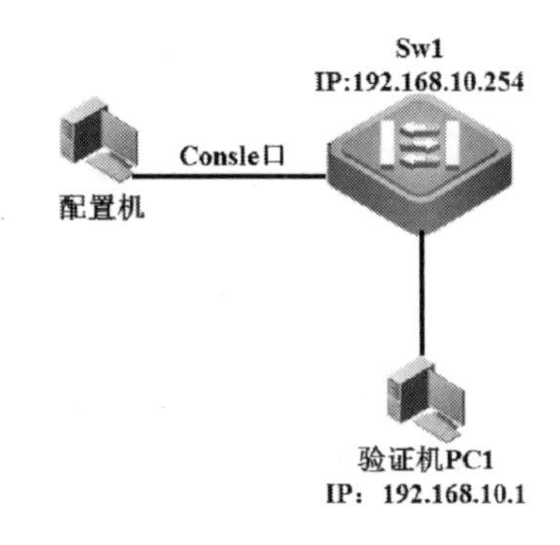

图 9-2 Telnet 实训的拓扑结构及网络参数

2) 实训设备

根据任务的需求和实训拓扑，每实训小组的实训设备配置清单如表 9-5 所示。

表 9-5 实训设备配置清单

设备类型	设备型号	数 量
交换机	H3C 3600(含配置线)	1
计算机	PC，Windows XP	2
双绞线	RJ-45	1

3) IP 地址规划

根据实训需求，实训环境相关设备 IP 地址规划如表 9-6 所示。

表 9-6 IP 地址规划

设备类型	设备名称/型号	IP 地址
计算机	验证机 PC1	192.168.10.1/24
交换机	Sw1	192.168.10.254/24

2. 实施步骤

任务的实施步骤如下。

(1) 根据实训拓扑图进行交换机、计算机等网络设备的线缆连接，配置 PC 的 IP 地址，搭建好实训环境。

(2) 配置交换机 Telnet 功能。

在配置机上，使用计算机 Windows 操作系统的“超级终端”组件程序，通过串口连接到交换机的配置界面，其中超级终端串口的属性设置还原为默认值(每秒位数 9600、数据位 8、奇偶校验无、数据流控制无)。

在 sw1 上进行 Telnet 功能配置，主要配置清单如下。

```
一、初始化配置
<H3C>system-view
[H3C]sysname sw1
[sw1]interface   Vlan-interface   1
[sw1-Vlan-interface1]ip address   192.168.10.254 24
二、Telnet 配置
1. 使能 telnet 功能
[sw1-Vlan-interface1]quit
[sw1]telnet server   enable
2. 进入 VTY 视图
[sw1]user-interface   vty   0 4
3. 设置验证模式
[sw1-ui-vty0-4]authentication-mode   scheme
4. Telnet 账户配置
(1)创建账户：
[sw1-ui-vty0-4]quit
[sw1]local-user   zhangsan          //创建本地账户 zhangsan
(2)配置账户口令：
 [sw1-luser-zhangsan]password   cipher   123
(3)将账户类型从本地账户改为 telnet 账户：
[sw1-luser-zhangsan]service-type   telnet
(4)更改用户等级：
[sw1-luser-zhangsan]authorization-attribute   level   3
```

9.1.6 Telnet 任务验收

1. 设备验收

根据实训拓扑图检查验收交换机、计算机的线缆连接，检查 PC1 的 IP 地址。

2. 功能验收

在 PC1 上运行 cmd 命令，打开命令提示符，在命令提示符里输入 telnet 192.168.10.254，即打开远程登录交换机的连接，如图 9-3 所示。

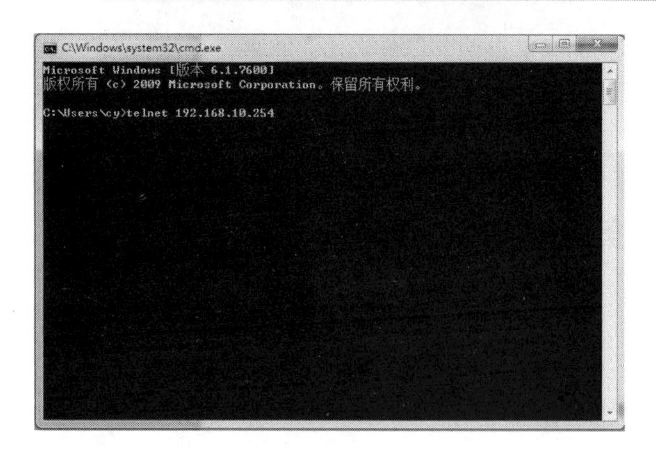

图 9-3　远程 Telnet 交换机

在随后弹出的对话框中，输入 Telnet 的账户信息及密码，按 Enter 键，即可远程登录交换机，如图 9-4 所示。在此界面中，即可完成对交换机的相关配置。

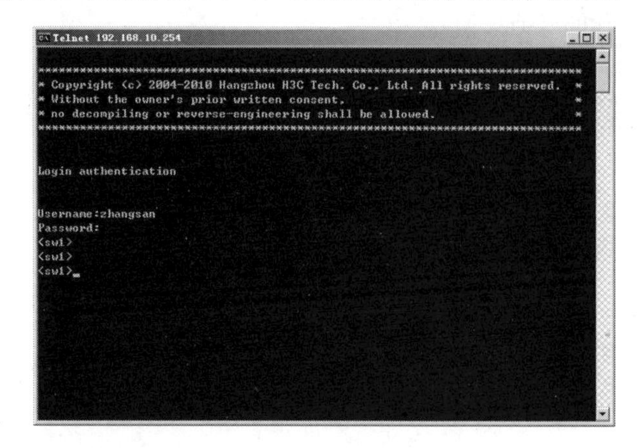

图 9-4　远程登录交换机的效果

9.1.7　Telnet 任务总结

针对企业网网络设备远程管理(Telnet)的建设内容和目标，通过需求分析进行了实训的规划和实施，通过本任务进行了远程管理的配置和验收，达到了通过运用 Telnet 远程管理协议对网络设备进行远程管理、提高网络管理效率的目的。

9.2　任务 2：企业网设备远程管理 SSH

9.2.1　SSH 任务描述

某公司构建了自己大型的企业内部网，公司网中分布了大量网络设备：交换机、路由器等。为了提高网络管理员管理效率和降低管理难度，在建网之初，采用 Telnet 技术达到管理目的。但随着业务的不断发展，企业网面临越来越多的威胁，原有的 Telnet 技术已经不符合安全性要求。为此，需要为该企业提供一种安全高效的管理手段。请给出解决方法并实施。

9.2.2 SSH 任务目标与目的

1. 任务目标

本项目针对公司的企业内部网的网络设备进行安全的远程管理，以便执行日常检查、故障排除、配置等操作和管理，并为网络管理提供一定的安全保障。

2. 任务目的

通过本任务进行安全的远程管理，利用常用的远程管理协议——SSH 实现对网络设备的远程管理，并提供较高的安全性，以帮助读者了解网络设备常用的远程管理方法，熟练掌握远程管理协议，并能灵活运用。

9.2.3 SSH 任务需求与分析

1. 任务需求

经调查，分公司远程需要管理的核心交换机数据如表 9-7 表所示。

表 9-7 远程需要管理的核心交换机数据

服务器类型	IP 地址	远程管理协议类型
核心交换机	192.168.10.254	SSH

2. 需求分析

需求 1：对交换机、路由器进行远程管理，便于远程操作和控制网络设备，并提供较高的安全性以保证网络安全。

分析 2：通过对交换机、路由器配置 SSH 等网络管理协议，使用 SSH 等远程管理协议对网络设备进行远程管理。使网络管理员在自己的办公室计算机上即可远程管理、配置网络中的网络设备，大大提高管理效率，降低管理难度，并提供较高的安全性手段，以保证网络设备安全。

9.2.4 SSH 知识链接

1. SSH

1) SSH 的定义

SSH(Secure Shell)，由 IETF 的网络小组(Network Working Group)所制定；SSH 为建立在应用层基础上的安全协议。SSH 是目前较可靠、专为远程登录会话和其他网络服务提供安全性的协议。利用 SSH 协议可以有效防止远程管理过程中的信息泄露问题。SSH 最初是 UNIX 系统上的一个程序，后来又迅速扩展到其他操作平台。SSH 在正确使用时可弥补网络中的漏洞。SSH 客户端适用于多种平台。几乎所有 UNIX 平台，包括 HP-UX、Linux、AIX、Solaris、Digital UNIX、Irix，以及其他平台，都可以运行 SSH。

2)　SSH 的功能

传统的网络服务程序，如 ftp、pop 和 telnet 在本质上都是不安全的，因为它们在网络上用明文传送口令和数据，别有用心的人非常容易就可以截获这些口令和数据。而且，这些服务程序的安全验证方式也是有其弱点的，就是很容易受到“中间人”(man-in-the-middle)这种方式的攻击。所谓“中间人”的攻击方式，就是“中间人”冒充真正的服务器接收你传给服务器的数据，然后再冒充某用户把数据传给真正的服务器。服务器和某用户之间的数据传送被“中间人”一转手做了手脚之后，就会出现很严重的问题。通过使用 SSH，某用户可以把所有传输的数据进行加密，这样“中间人”这种攻击方式就不可能实现了，而且也能够防止 DNS 欺骗和 IP 欺骗。使用 SSH，还有一个额外的好处就是传输的数据是经过压缩的，所以可以加快传输的速度。SSH 有很多功能，它既可以代替 Telnet，又可以为 FTP、PoP、甚至为 PPP 提供一个安全的“通道”。

3)　SSH 的原理

SSH 在整个通信过程中为了实现安全连接，服务器端与客户端需要经历如下五个阶段。

(1)　阶段 1：版本协商阶段。

①　服务器打开端口 22，等待客户端连接。

②　客户端向服务器端发起 TCP 初始连接请求。

③　TCP 连接建立后，服务器向客户端发送第一个报文，包括版本标志字符串，格式为“SSH-<主协议版本号>.<次协议版本号>-<软件版本号>”，协议版本号由主版本号和次版本号组成，软件版本号主要是为调试使用。

④　客户端收到报文后，首先解析该数据包，通过与服务器端的协议版本号进行对比，决定要使用的协议版本号。如果服务器端的协议版本号比自己的低，且客户端能支持服务器端的低版本，就使用服务器端的低版本协议号，否则使用自己的协议版本号。

⑤　客户端回应服务器一个报文，包含了客户端决定使用的协议版本号。

⑥　服务器比较客户端发来的版本号，如果服务器支持该版本，则使用该版本，并进入密钥和算法协商阶段；否则，版本协商失败，服务器端断开 TCP 连接。

(2)　阶段 2：密钥和算法协商阶段。

①　服务器端和客户端分别发送算法协商报文给对端，报文中包含自己支持的公钥算法列表、加密算法列表、MAC(Message Authentication Code，消息验证码)算法列表、压缩算法列表等。

②　服务器端和客户端根据对端和本端支持的算法列表得出最终使用的算法。任何一种算法协商失败，都会导致服务器端和客户端的算法协商过程失败，服务器将断开与客户端的连接。

③　服务器端和客户端利用 DH 交换(Diffie-Hellman Exchange)算法、主机密钥对等参数，生成会话密钥和会话 ID，并完成客户端对服务器身份的验证。

通过以上步骤，服务器端和客户端就取得了相同的会话密钥和会话 ID。对于后续传输的数据，两端都会使用会话密钥进行加密和解密，保证了数据传送的安全。会话 ID 用来标识一个 SSH 连接，在认证阶段，会话 ID 还会用于两端的认证。

(3) 阶段 3：认证阶段。

① SSH 提供以下两种认证方法。

第一种，password 认证。

利用 AAA(Authentication、Authorization、Accounting，认证、授权和计费)对客户端身份进行认证。

第二种，publickey 认证。

采用数字签名的方法来认证客户端。目前，可以利用 RSA 和 DSA 两种公钥算法实现数字签名。

② 认证阶段的具体步骤如下。

a. 客户端向服务器端发送认证请求，认证请求中包含用户名、认证方法(password 认证或 publickey 认证)、与该认证方法相关的内容(如 password 认证时，内容为密码)。

b. 服务器端对客户端进行认证，如果认证失败，则向客户端发送认证失败消息，其中包含可以再次认证的方法列表。

c. 客户端从认证方法列表中选取一种认证方法再次进行认证。

d. 该过程反复进行，直到认证成功或者认证次数达到上限，服务器关闭连接为止。

(4) 阶段 4：会话请求阶段。

① 认证通过后，客户端向服务器发送会话请求。

② 服务器等待并处理客户端的请求。

③ 在这个阶段，请求被成功处理后，服务器会向客户端回应 SSH_SMSG_SUCCESS 包，SSH。

④ 进入交互会话阶段；否则回应 SSH_SMSG_FAILURE 包，表示服务器处理请求失败或者不能识别请求。

(5) 阶段 5：交互会话阶段。

会话请求成功后，连接进入交互会话阶段。在这个阶段，数据被双向传送。客户端将要执行的命令加密后传给服务器，服务器接收到报文，解密后执行该命令，将执行的结果加密发还给客户端，客户端将接收到的结果解密后显示到终端上。

2. 配置命令

H3C 系列和 Cisco 系列交换机上配置 SSH 的相关命令如表 9-8 所示。

表 9-8 SSH 配置命令

功 能	H3C 系列设备		Cisco 系列设备	
	配置视图	基本命令	配置模式	基本命令
修改设备名称	系统视图	[H3C]Sysname xxx	全局配置模式	Cisco(config)#Hostname xxx
配置管理 IP 地址	具体视图	[H3C-Vlan-interface1]ip address 192.168.10.254 24	具体配置模式	Cisco(config-if)#ip address 192.168.10.254 255.255.255.0

续表

功　能	H3C 系列设备		Cisco 系列设备	
	配置视图	基本命令	配置模式	基本命令
进入 vlan 1 接口视图	系统视图	[H3C]interface Vlan-interface 1	全局配置模式	Cisco(config)#interface vlan 1
使能 ssh 功能	系统视图	[H3C]ssh server enable	全局配置模式	
配置 vty 视图	系统视图	[H3C]H3C]user-interface vty 0 4	全局配置模式	Cisco(config)#line vty 0 4
设置验证模式	具体视图	[H3C-ui-vty0-4]authentication-mode scheme	具体配置模式	
创建账户	系统视图	[H3C]local-user zhangsan	全局配置模式	Cisco(config)#username zhangsan privilege 15 password 123
设置账户口令	具体视图	[H3C-luser-zhangsan]password cipher 123	全局配置模式	Cisco(config)#enable password 123
设置账户类型为 ssh	具体视图	H3C-luser-zhangsan]service-type ssh		
设置账户等级	具体视图	[H3C-luser-zhangsan] authorization-attribute level 3		

9.2.5　SSH 任务实施

1. 实施规划

1)　实训拓扑结构

根据需求，规划远程管理的参数，如表 9-9 所示。

表 9-9　企业网网络设备远程管理的参数

计算机	IP 地址	远程管理方式
核心交换机	192.168.10.254	SSH

根据任务的需求与分析，实训的拓扑结构及网络参数如图 9-5 所示，以 Sw1 模拟该企业网核心交换机，验证机 PC1 模拟该企业网络管理员计算机。

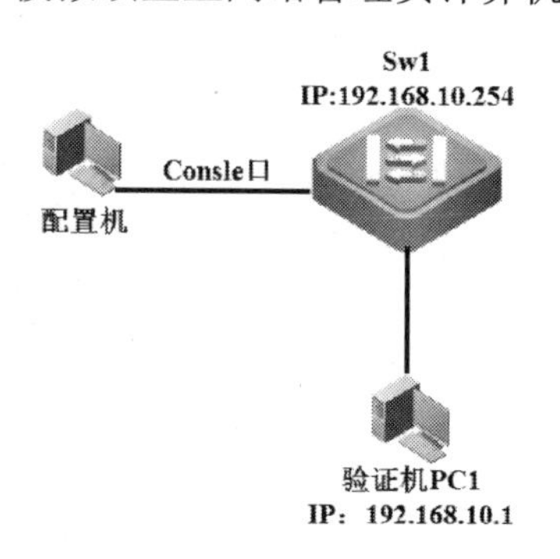

图 9-5　SSH 实训的拓扑结构及网络参数

2) 实训设备

根据任务的需求和实训拓扑，每实训小组的实训设备配置清单如表 9-10 所示。

表 9-10 实训设备配置清单

设备类型	设备型号	数 量
交换机	H3C 3600(含配置线)	1
配置机	PC，Windows 7，提供串口	1
验证机	PC，Windows 7，安装 putty 终端软件	1
双绞线	RJ-45	1

3) IP 地址规划

根据实训需求，实训环境相关设备 IP 地址规划如表 9-11 所示。

表 9-11 IP 地址规划

设备类型	设备名称/型号	IP 地址
计算机	验证机 PC1	192.168.10.1/24
交换机	Sw1	192.168.10.254/24

2. 实施步骤

任务的实施步骤如下。

(1) 根据实训拓扑图进行交换机、计算机等网络设备的线缆连接，配置 PC 的 IP 地址，搭建好实训环境。

(2) 配置交换机 Telnet 功能。

在配置机上，使用计算机 Windows 操作系统的“超级终端”组件程序，通过串口连接到交换机的配置界面，其中超级终端串口的属性设置还原为默认值(每秒位数 9600、数据位 8、奇偶校验无、数据流控制无)。

在 Sw1 上进行 SSH 功能配置，主要配置清单如下。

```
一、设备初始化配置
1. 更改设备名字
<H3C>system-view                                    //进入系统视图
[H3C]sysname Sw1                                    //设置设备名
2. 配置交换机的 IP 参数
[Sw1]interface  Vlan-interface  1                   //进入 VLAN1 的接口视图
[Sw1-Vlan-interface1]ip address  192.168.10.254 24  //配置交换机的管理 IP
二、配置交换机 SSH 功能
1. 使能 SSH 功能
[Sw1-Vlan-interface1]quit                           //退回系统视图
[Sw1]ssh server enable                              //使能 SSH 功能
2. 进入 VTY 视图
[Sw1]user-interface vty  0 4                        //进入 VTY 视图
[Sw1-ui-vty0-4]protocol  inbound  ssh               //将 VTY 视图的协议类型由
telnet 改为 SSH(默认情况下，网络设备的 VTY 视图，支持的是 Telnet)
```

3. 设置验证模式
SSH 的验证模式有三种。
(1)None 模式：远程登录的时候，不需要通过密码和用户进行验证。
(2)Password 模式：远程的时候，需要输入密码。
(3)Scheme 模式：远程登录的时候需要提供账户和密码。
[Sw1-ui-vty0-4]authentication-mode scheme　　　//设置 SSH 验证模式为 scheme
4. 创建 SSH 用户和密码
(1)创建本地账户：
[Sw1-ui-vty0-4]quit　　　//退回系统视图
[Sw1]local-user zhangsan　　　//创建本地账户 zhangsan
(2)设置账户口令：
[Sw1-luser-zhangsan]password cipher 123　　　//为本地账户 zhangsan 设置口令
(3)更改账户类型：
[Sw1-luser-zhangsan]service-type　ssh　　//将 zhangsan 的账户类型从本地账户改为 SSH 类型
(4)设置账户等级：
[Sw1-luser-zhangsan]authorization-attribute　level　3　//将 zhangsan 的账户等级从访问级改为管理级

9.2.6　SSH 任务验收

1. 配置验收

```
<Sw1>display  ssh server session
Conn   Ver   Encry   State        Retry   SerType  Username
 VTY 0  2.0   AES     Established   0       Stelnetzhangsan
```

2. 功能验收

在 PC1 上运行 putty 终端软件，进行网络参数配置设置，如图 9-6 所示。

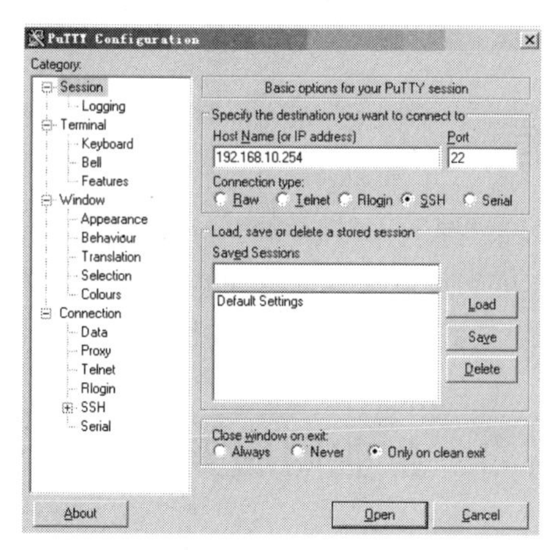

图 9-6　putty 终端软件网络参数设置

设置完毕，单击 Open 按钮，即可打开 SSH 登录界面，输入用户名和密码，如图 9-7 所示。

图 9-7　SSH 登录界面

成功登录后，即可在终端中通过命令远程配置网络设备，如图 9-8 所示。

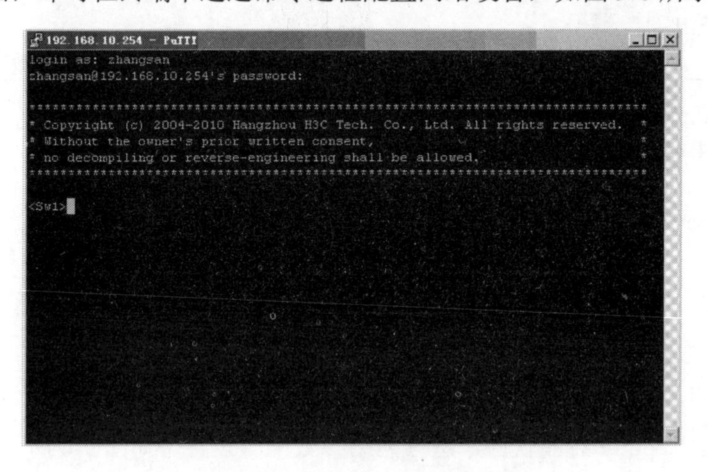

图 9-8　SSH 成功登录界面

9.2.7　SSH 任务总结

针对企业网网络设备远程管理的建设内容和目标，通过需求分析进行了实训的规划和实施。通过本任务进行了远程管理(SSH)的配置和验收，达到了通过运用 SSH 远程管理协议对网络设备进行远程管理、提高网络管理效率的目的。

9.3　任务 3：企业网服务器远程管理实现

9.3.1　服务器远程管理任务描述

某集团公司在各地区设立了分公司，各分公司通过专线进行连接，分公司内部具有数量不等的 Windows 服务器提供网络服务。根据公司的统一管理和规范要求，公司总部技术人员需要对分公司服务器进行远程管理，以便执行日常检查、故障排除、软件安装与配置等操作和管理。请给出解决方法并实施。

9.3.2　服务器远程管理任务目标与目的

1. 任务目标

本项目针对分公司的 Windows 服务器进行远程管理，以便执行日常检查、故障排除、软件安装与配置等操作和管理。

2. 任务目的

通过本任务进行远程管理，利用常用的远程管理软件——Windows 远程桌面、Radmin 实现远程管理，以帮助读者了解常用的远程管理方法，熟练掌握远程管理软件，并能灵活运用。

9.3.3　服务器远程管理任务需求与分析

1. 任务需求

经调查，分公司远程需要管理的服务器信息如表 9-12 所示。

表 9-12　远程需要管理的服务器信息

服务器类型	IP 地址	操作系统
数据库服务器	192.168.5.1	Windows Server 2003
邮件服务器	192.168.5.2	Windows Server 2000
域控制器	192.168.5.3	Windows Server 2003

2. 需求分析

需求 1：对 Windows 服务器进行远程管理，便于远程操作和控制服务器。

分析 1：使用远程桌面、Radmin 远程管理软件对服务器进行远程管理。远程桌面具有简单易用和简化的连接操作。Radmin 安装和使用简单，在速度、可靠性及安全性方面都有其显著的特点。

9.3.4　服务器远程管理知识链接

1. 远程管理

远程管理是计算机使用特定的软件或服务，通过网络对远程的计算机进行管理、控制，并将远程计算机的桌面、网络、磁盘等内容在本地机器上显示，达到能操作和管理远程计算机的功能。通过远程管理能比较方便地实现远程办公、远程技术支持、远程交流、远程维护和管理等多种需求。

远程管理一般支持的网络方式为 LAN、WAN、拨号方式、互联网方式。此外，有的远程管理软件还支持通过串口、并口、红外端口来对远程机进行控制。传统的远程管理软件一般使用 NETBEUI、NETBIOS、IPX/SPX、TCP/IP 等协议来实现远程控制。随着网络技术的发展，目前很多远程管理软件通过 Web 页面以 Java 技术来控制远程计算机，这样可以实现不同操作系统下的远程管理。

远程管理软件一般分两个部分：一部分是客户端程序 Client；另一部分是服务器端程序 Server。在使用前需要将客户端程序安装到主控端计算机上，将服务器端程序安装到被控端计算机上。它的控制的过程一般是先在主控端计算机上执行客户端程序，像一个普通的客户一样向被控端计算机中的服务器端程序发出信号，建立一个特殊的远程服务连接，然后通过这个远程服务连接，使用各种远程控制功能发送远程控制命令，控制被控端计算机中的各种应用程序运行。这种远程控制方式为基于远程服务的远程控制。通过远程控制软件，可以进行很多方面的远程控制，包括获取目标计算机屏幕图像、窗口及进程列表；记录并提取远端键盘事件(击键序列，即监视远端键盘输入的内容)；可以打开、关闭目标计算机的任意目录并实现资源共享；提取拨号网络及普通程序的密码；激活、中止远端程序进程；管理远端计算机的文件和文件夹；关闭或者重新启动远端计算机中的操作系统；修改 Windows 注册表；通过远端计算机上、下载文件和捕获音频、视频信号等。

2. 远程管理软件

1) Windows 远程桌面

Windows 远程桌面是一种终端服务技术，使用远程桌面可以从运行 Windows 操作系统的任何客户机来运行远程 Windows 7、Windows Server 2003、Windows Server 2008 计算机上的应用程序。终端服务使用 RDP 协议(远程桌面协议)客户端连接，使用终端服务的客户可以在远程以图形界面的方式访问服务器，并且可以调用服务器中的应用程序、组件、服务等，和操作本机系统一样。这样的访问方式不仅大大方便了各种各样的用户，而且提高了工作效率，并且能有效地节约企业的维护成本。

Windows 7 远程桌面功能，只能提供一个用户使用计算机。而 Windows 2003、Windows 2008 终端服务提供的远程桌面功能则可供多用户同时使用。

> **提示：** Windows 远程桌面服务端默认采用 TCP 3389 端口提供连接。如果启用了防火墙，需要在防火墙设置里允许“远程桌面”服务或 TCP 3389 端口通过。

2) Radmin 远程控制软件

Radmin 是一款安装和使用都很简单的远程控制软件，帮助人们在远程计算机上工作，如同坐在那台计算机前一样。该软件是较理想的远程访问解决方案，可以从多个地点访问同一台计算机，并使用高级文件传输、远程关机、Telnet、操作系统集成的 NT 安全性系统支持，以及其他功能。Radmin 使用简单，在速度、可靠性及安全性方面都有其显著的特点。

9.3.5 服务器远程管理任务实施

1. 实施规划

根据需求，规划分公司远程管理的参数，如表 9-13 所示。

表 9-13 远程管理的参数

计算机	IP 地址	操作系统	远程管理方式
数据库服务器	192.168.5.1	Windows Server 2003	远程桌面
邮件服务器	192.168.5.2	Windows Server 2000	远程桌面
域控制器	192.168.5.3	Windows Server 2003	Radmin
客户机	192.168.5.4	Windows Server 2003	远程桌面、Radmin

2. 实施步骤

任务的实施步骤如下。

(1) 进行交换机、计算机等网络设备的线缆连接，配置客户机、服务器的 IP 地址，连通整个网络，搭建好实训环境。

(2) 配置远程桌面服务端。

远程桌面为 Windows 系统自带的服务，不需要另外安装。在需要被控制的服务器上通过“控制面板”双击“系统”选项，打开“系统属性”对话框。

在“系统属性”对话框中切换到“远程”选项卡，然后选中“允许用户远程连接到这台计算机”复选框。单击“选择远程用户”按钮，在随后出现的对话框中添加或删除用户，选择添加具有远程控制权限的用户，单击“确定”按钮，如图 9-9 和图 9-10 所示。

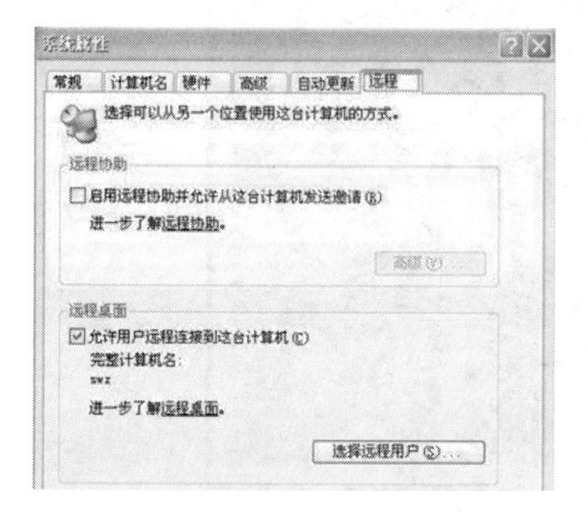

图 9-9 启用远程桌面

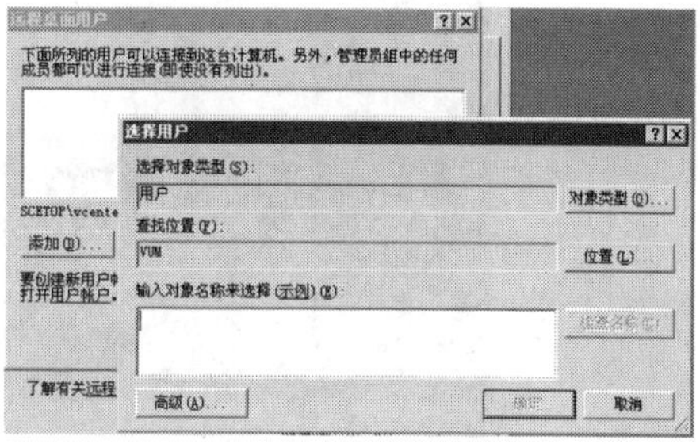

图 9-10 选择远程用户

如果本机启用了 Windows 防火墙或安装了其他防火墙软件，需要在防火墙设置的例外列表中选择“远程桌面”服务或相应端口，如图 9-11 所示。

(3) 使用远程桌面客户端。

远程桌面连接程序已内置到 Windows 7/2003/2008 的附件中，不用安装任何程序就可以使用远程桌面连接。

通过任务栏的“开始->程序->附件->通信->远程桌面连接”来启动登录程序。

在“计算机”处输入开启了远程桌面功能的计算机 IP 地址，如图 9-12 所示。

单击“连接”按钮后输入具有远程控制权限的用户账号，就可以成功登录该计算机，远程桌面连接将会显示远程计算机的桌面并且具有控制权限，如图 9-13 所示。

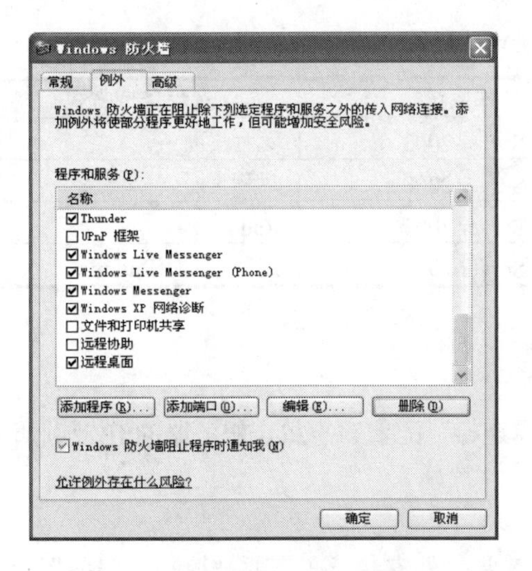

图 9-11 Windows 防火墙设置

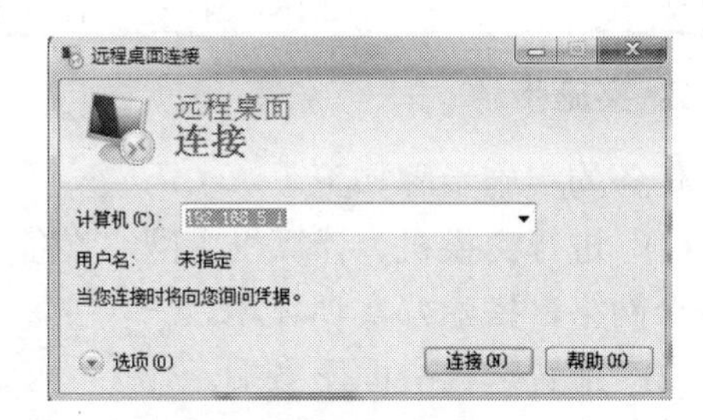

图 9-12 远程登录界面

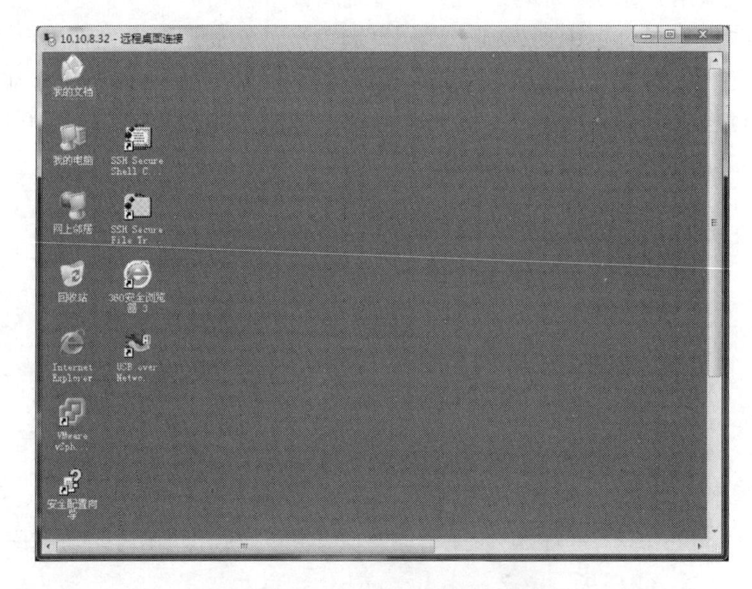

图 9-13 远程桌面登录后的桌面

(4) Radmin 安装配置。

从 Radmin 网站下载 Radmin 软件的评估版本，评估版本为 30 天试用期，下载站点为 http://www.radmin.com/download，分别在服务器和客户机上根据安装向导提示完成 Radmin 安装。

设置和启动 Radmin 服务端。先在服务器上设置 Radmin 的服务端，在开始程序菜单中打开 Remote Administrator 的 Radmin 设置来设置服务端，如图 9-14 所示。

选择“安装服务”将 Radmin 作为操作系统服务运行，选择“设置口令”设置远程管理口令，可以选择独立的连接口令或使用操作系统的用户安全进行验证，如图 9-15 和图 9-16 所示。

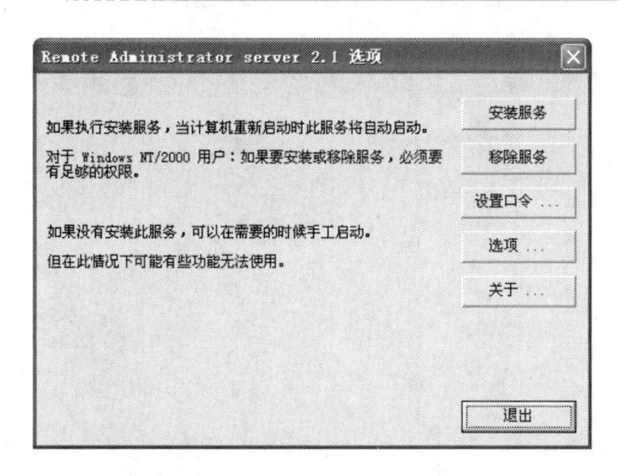

图 9-14　Remote Administrator 选项

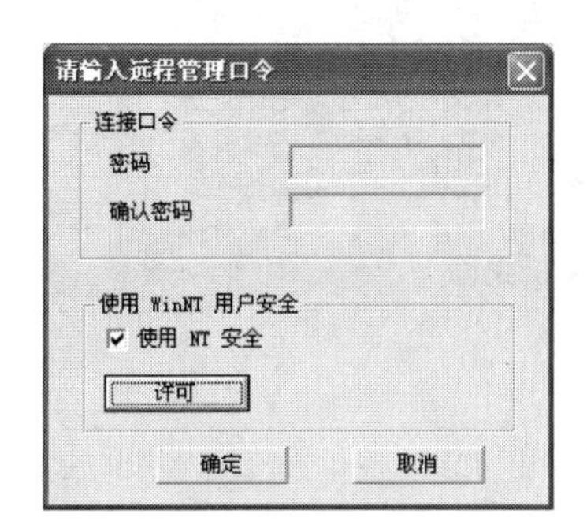

图 9-15　设置 Radmin 远程管理口令

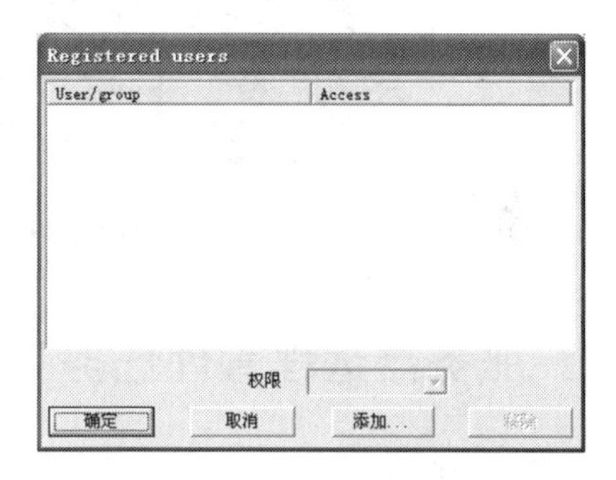

图 9-16　添加操作系统用户

在开始程序菜单中打开 Remote Administrator，选择“开始服务”，运行 Radmin 服务端。

在客户机上设置 Radmin 客户端。在开始程序菜单中打开 Remote Administrator，打开 Remote Administrator viewer 连接器。

在 Remote Administrator viewer 连接器下，依次选择“连接”“新建”选项，打开“新建连接”对话框，如图 9-17 所示。

在输入新建项目名称、IP 地址、端口(使用默认端口 4899)后单击“确定”按钮，双击新建立的项目名称即可连接上服务器端，如图 9-18 所示。连接成功后即可显示远程计算机桌面并可进行控制，如图 9-19 所示。

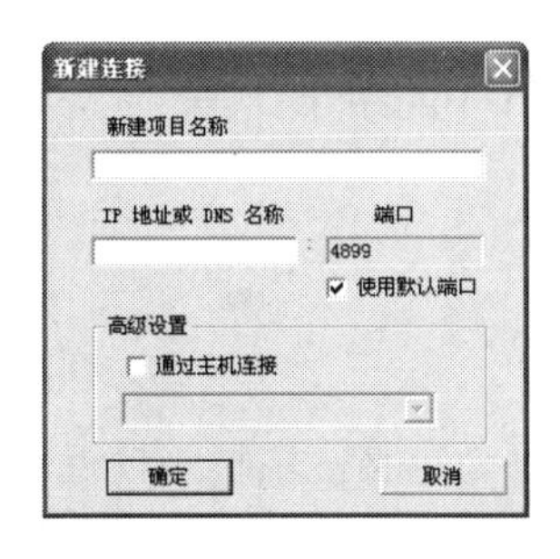

图 9-17　“新建连接”对话框

图 9-18　建好的连接项目

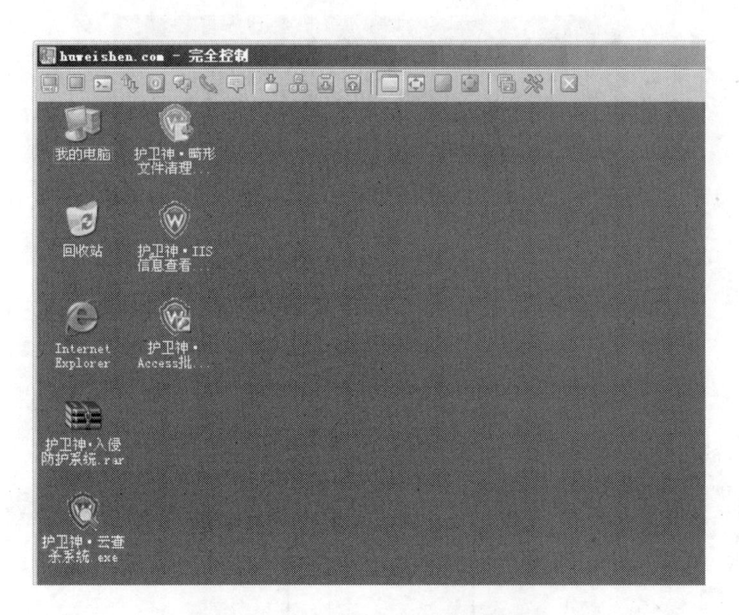

图 9-19 Radmin 远程计算机桌面

9.3.6 服务器远程管理任务验收

1. 配置验收

查看计算机上的远程桌面、Radmin 配置情况。

2. 功能验收

在客户机上分别使用远程桌面、Radmin 连接服务器，能远程控制和操作服务器。

9.3.7 服务器远程管理任务总结

针对公司服务器远程管理的建设内容和目标，通过需求分析进行了实训的规划和实施。通过本任务进行了远程管理的配置和验收，达到了通过运用多种远程管理软件对服务器进行远程管理、提高网络管理效率的目的。

9.4 任务 4：公司网 AAA 体系部署

9.4.1 AAA 技术任务描述

某公司构建自己的内部企业网，每位员工都有一台办公电脑，主机规模近 100 台，内部可以实现通信和资源共享。公司的网络管理员为了方便管理和维护网络，将网络中的主要交换机或路由器均开启了 Telnet 远程管理功能。通过 Telnet 功能，网络管理员只需要在自己的办公电脑上即可远程配置和管理网络设备，提升了管理效率，降低了管理难度。但在配置 Telnet 功能时，默认采用的是 Telnet 的本地验证模式。随着网络业务与规模的不断扩展，需要远程 Telnet 管理的网络设备也随之增加。传统的本地验证模式暴露出了诸多弊端：账户信息分散、账户信息缺乏安全保证、账户信息管理不便、影响网络设备数据转发性能等。因此，公司网络管理员希望能将 Telnet 账户信息和网络设备进行剥离，提供统一、集中管理的手段来管理网络设备的账户信息，以方便管理，并提升网络的安全性。请你规划并实施网络。

9.4.2 AAA 技术任务目标和目的

1. 任务目标

针对该公司的网络需求，进行网络规划设计，通过 AAA 技术，为公司网络提供认证、授权、计费等管理安全架构，并为公司网络设备账户信息提供统一集中管理手段，以提高管理效率，增强网络设备的安全性。

2. 任务目的

通过本任务进行交换机或路由器的 AAA(认证、授权、计费)配置，以帮助读者在深入了解交换机的基础上，掌握 AAA(认证、授权、计费)配置方法，具备灵活运用 AAA 技术提高公司网络安全性、方便网络管理、提升网络管理效率的能力。

9.4.3 AAA 技术任务需求与分析

1. 任务需求

某公司构建自己的内部企业网，每个员工都有一台办公电脑，主机规模近 100 台，内部可以实现通信和资源共享。为了方便管理，网络中主要的交换机或路由器均开启了 Telnet 远程管理功能，但采用的是本地验证方式。本地验证方式暴露出诸多问题：账户信息分散、账户信息缺乏安全保证、账户信息管理不便、影响网络设备数据转发性能等。公司网络管理员希望能为 Telnet 提供远程认证方式，将所有网络设备的 Telnet 账户与网络设备进行剥离，提供集中、统一存储并管理的手段。

2. 需求分析

需求 1：为公司网络中的主要的交换机或路由器提供 Telnet 的远程验证手段，将网络中所有设备的 Telnet 账户进行统一集中的存储、管理，从而提高管理效率，同时也提升网络设备的安全性。

分析 1：通过 AAA 技术，为 Telnet 提供远程验证模式。在网络中统一构建 Radius 服务器，将网络设备的 Telnet 账户信息统一、集中存储在远端的 Radius 服务器上，以方便管理，并提高交换机远程登录的安全性。根据任务需求和需求分析，组建公司办公区的网络结构，如图 9-20 所示。

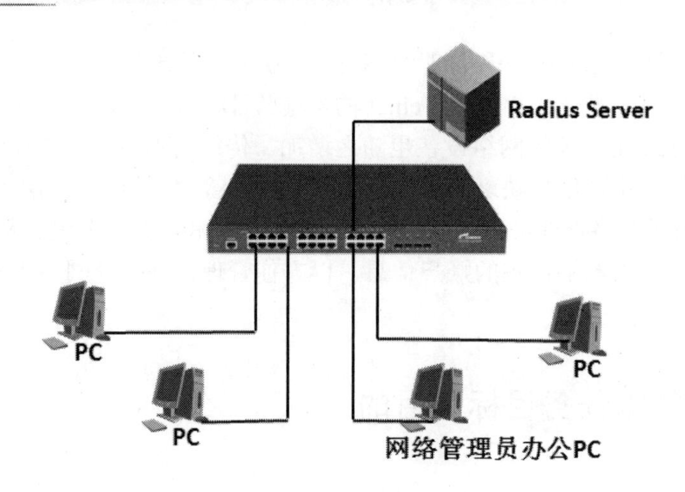

图 9-20　公司的网络结构

9.4.4　AAA 技术知识链接

1. AAA 的基本概念

AAA 是认证(Authentication)、授权(Authorization)和计费(Accounting)的缩写，它是运行于 NAS(网络访问服务器)上的客户端程序。它提供了一个用来对认证、授权和计费这三种安全功能进行配置的一致性框架，实际上是对网络安全的一种管理。这里的网络安全主要是指访问控制，包括哪些用户可以访问网络服务器；具有访问权的用户可以得到哪些服务；以及如何对正在使用网络资源的用户进行计费。目前，主要通过 RADIUS 和 TACACS 协议实现。

下面简单介绍 AAA 所提供的三种服务。

1)　认证功能

AAA 支持以下几种认证方式。

(1)　不认证。对用户非常信任，不对其进行检查，一般情况下不采用这种方式。

(2)　本地认证。将用户信息(包括本地用户的用户名、密码和各种属性)配置在接入服务器上。本地认证的优点是速度快，降低运营成本；但存储信息量受设备硬件条件限制。

(3)　远端认证。支持通过 RADIUS 协议或 HWTACACS 协议进行远端认证，由接入服务器作为 Client 端，与 RADIUS 服务器或 TACACS 服务器通信。

2)　授权功能

AAA 支持以下授权方式。

(1)　直接授权。对用户非常信任，直接授权通过。

(2)　本地授权。根据宽带接入服务器上为本地用户账号配置的相关属性进行授权。

(3)　HWTACACS 授权。由 TACACS 服务器对用户进行授权。

(4)　if-authenticated 授权。如果用户通过了认证，并且使用的认证方法不是 none，则对用户授权通过。

(5)　RADIUS 认证成功后授权。RADIUS 协议的认证和授权是绑定在一起的，不能单独使用 RADIUS 进行授权。

3)　计费功能

AAA 支持以下计费方式。

(1)　不计费。

(2)　远端计费。支持通过 RADIUS 服务器或 TACACS 服务器进行远端计费。

2. AAA 认证架构

一个完整的 AAA 体系由以下两大要素构成。

1)　AAA 客户端

客户端为 NAS(网络接入服务，是一类网络服务的总称。常用的网络接入服务有 FTP、telnet、SSH、VPN、端口接入控制……)，负责搜集用户认证、授权、计费信息，并传递给服务器。

2)　AAA 服务器

服务器目前主要为 RADIUS、TACACS 等服务器，负责集中管理用户信息。

AAA 认证架构如图 9-21 所示。针对 AAA 功能，用户具备自由组合权利，即认证、授权、计费三者在功能上是独立的，用户可以自由组合。但一般而言，认证是必选的，计费功能是可选的。

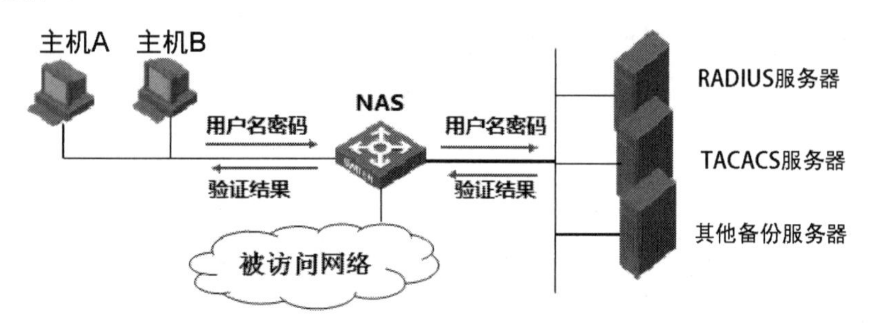

图 9-21　AAA 认证架构

3. RADIUS 协议

1)　RADIUS 的基本概念

RADIUS 远程认证拨入用户服务，是用于 NAS 和 AAA 服务器间通信的一种协议。RADIUS 对 AAA 的三个组件都提供支持：认证、授权和计费。

一个网络允许外部用户通过公用网对其进行访问，其用户在地理上的分布会极为分散。用户可以把自己的信息传递给这个网络，也可以从这个网络得到自己想要的信息。由于存在内外的双向数据流动，网络安全就显得尤为重要。这个网络管理的内容包括哪些用户可以获得访问权；获得访问权的用户可以允许使用哪些服务；如何对使用网络资源的用户进行计费。AAA 很好地完成了这三项任务。

RADIUS 通过建立唯一的用户数据库，存储用户名和用户的密码来进行认证；存储传递给用户的服务类型以及相应的配置信息来完成授权。

2)　RADIUS 关键特性

RADIUS 协议有以下几个方面的关键特性。

(1) 客户端/服务器模式(Client/Server)。

NAS 是作为 RADIUS 的客户端运作的。这个客户端负责将用户信息传递给指定的 RADIUS 服务器，并负责执行返回的响应。RADIUS 服务器负责接收用户的连接请求，鉴别用户，并为客户端返回所有为用户提供服务所必需的配置信息。一个 RADIUS 服务器可以为其他 RADIUS Server 或其他种类认证服务器担当代理。

(2) 网络安全 (Network Security)。

客户端和 RADIUS 服务器之间的事务是通过使用一种从来不会在网上传输的共享密钥机制进行鉴别的。另外，在客户端和 RADIUS 服务器之间的任何用户密码都是被加密后传输的，这是为了避免用户密码在不安全的网络上被监听获取的可能性。

(3) 灵活的认证机制 (Flexible Authentication Mechanisms)。

RADIUS 服务器能支持多种认证用户的方法。包括点对点的 PAP 认证(PPP PAP)、点对点的 CHAP 认证(PPP CHAP)、UNIX 的登录操作(UNIX login)和其他认证机制。

(4) 扩展协议(Extensible Protocol)。

RADIUS 协议具有很好的扩展性。RADIUS 包是由包头和一定数目的属性(Attribute)构成的。新的属性可以在不中断已存在协议执行的前提下进行增加。

3) RADIUS 系统构成

RADIUS 采用典型的客户端/服务器(Client/Server)结构，它的客户端最初就是 NAS，现在任何运行 RADIUS 客户端软件的计算机都可以成为 RADIUS 的客户端。RADIUS 组成结构如图 9-22 所示。

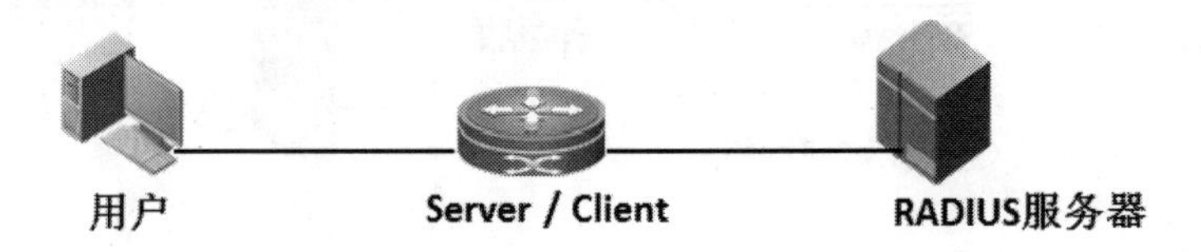

图 9-22 RADIUS 组成结构

NAS 上运行的 AAA 程序对用户来讲为服务器端，对 RADIUS 服务器来讲是作为客户端。负责传输用户信息到指定的 RADIUS 服务器，然后根据从服务器返回的信息进行相应处理(如接入/挂断用户)。RADIUS 服务器负责接收用户连接请求，认证用户，然后给 NAS 返回所有需要的信息。

(1) RADIUS 的客户端通常运行于接入服务器(NAS)上，RADIUS 服务器通常运行于一台工作站上，一个 RADIUS 服务器可以同时支持多个 RADIUS 客户(NAS)。

(2) RADIUS 的服务器上存放着大量信息，接入服务器(NAS)无须保存这些信息，而是通过 RADIUS 协议对这些信息进行访问。这些信息的集中、统一的保存，使得管理更加方便，而且更加安全。

(3) RADIUS 服务器可以作为一个代理，以客户的身份同其他 RADIUS 服务器或者其他类型的认证服务器进行通信。用户的漫游通常就是通过 RADIUS 代理实现的。简单地说，代理就是一台服务器，可以作为其他 RADIUS 服务器的代理，负责转发 RADIUS 认证和计费数据包。所谓漫游功能，就是代理的一个具体实现，这样可以让用户通过本来和其无关的 RADIUS 服务器进行认证。

4)　RADIUS 在协议栈中的位置

RADIUS 是一种流行的 AAA 协议，采用 UDP 协议传输，在协议栈中的位置如图 9-23 所示。

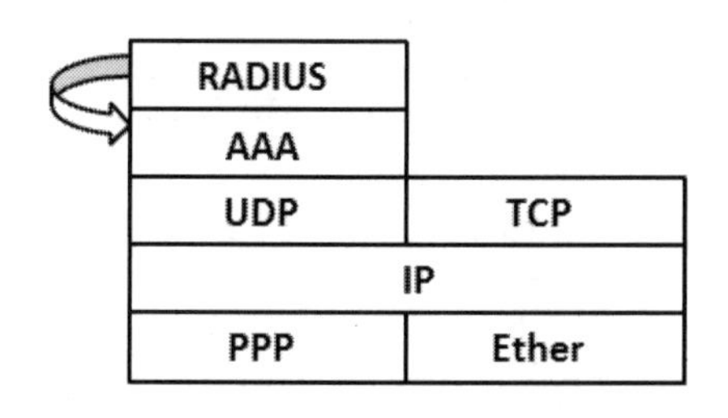

图 9-23　RADIUS 在协议栈中的位置

RADIUS 为何采用 UDP 而不是 TCP 的原因如下。

(1)　NAS 和 RADIUS 服务器之间传递的一般是几十至上百个字节长度的数据，用户可以容忍几秒到十几秒的验证等待时间。当处理大量用户时服务器端采用多线程，UDP 简化了服务器端的实现过程。

(2)　TCP 是必须成功建立连接后才能进行数据传输的，这种方式在有大量用户使用的情况下实时性不好。

(3)　当向主用服务器发送请求失败后，还必须向备用的服务器发送请求。于是 RADIUS 要有重传机制和备用服务器机制，它所采用的定时机制，TCP 不能很好地满足。

RADIUS 协议采用的是 UDP 协议，数据包可能会在网络上丢失，如果客户没有收到响应，那么可以重新发送该请求包。多次发送之后如果仍然收不到响应，RADIUS 客户可以向备用的 RADIUS 服务器发送请求包。

5)　RADIUS 网络安全

RADIUS 协议的加密是使用 MD5 加密算法进行的。在 RADIUS 的客户端(NAS)和服务器端(RADIUS Server)保存了一个密钥(key)，RADIUS 协议利用这个密钥使用 MD5 算法对 RADIUS 中的数据进行加密处理。密钥不会在网络上传送。

RADIUS 的加密主要体现在以下几个方面。

(1)　包加密。在 RADIUS 包中，有 16 字节的验证字(authenticator)用于对包进行签名，收到 RADIUS 包的一方要查看该签名的正确性。如果包的签名不正确，那么该包将被丢弃，对包进行签名时使用的也是 MD5 算法(利用密钥)，没有密钥的人是不能构造出该签名的。

(2)　口令加密。在认证用户时，用户的口令在 NAS 和 RADIUS Server 之间不会以明文方式传送，而是使用了 MD5 算法对口令进行加密。没有密钥的人是无法正确加密口令的，也无法正确地对加密过的口令进行解密。

6)　口令加密与口令验证的过程

当用户上网时，NAS 将决定对用户采用何种认证方法。下面对使用 RADIUS 认证的情况下 PPP 用户与 NAS 之间的 PAP 和 CHAP 认证过程进行介绍。

RADIUS 服务器可以使用 H3C 的 iMC 服务器，也可以使用 CISCO 的 ACS 服务器或其他第三方服务器。

(1)　PAP 验证。RADIUS Server 的 PAP 的验证流程如图 9-24 所示。

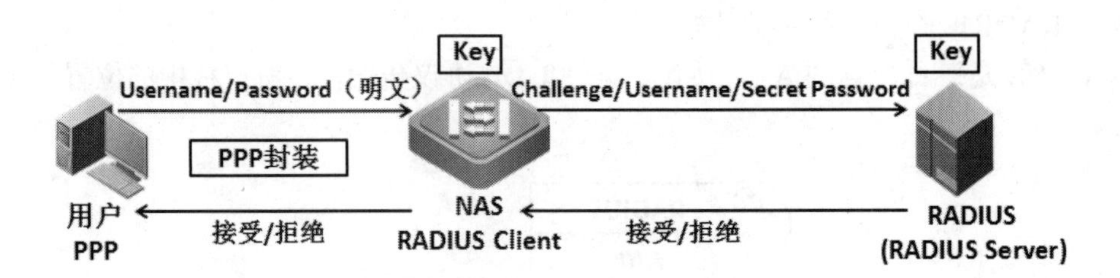

图 9-24　RADIUS Server 的 PAP 的验证流程

用户以明文的形式把用户名和密码传递给 NAS，NAS 把用户名和加密过的密码放到验证请求包的相应属性中传递给 RADIUS 服务器。RADIUS 服务器根据 NAS 上传的账号进行验证来决定是否允许用户上网并返回结果。NAS 可以在其中包含服务类型属性 Attribute Service-Type=Framed-User，和 Framed-Protocol =PPP 作为提示来告诉 RADIUS 服务器 PPP 是所希望的服务。

Secret password =Password XOR MD5(Challenge + Key)

(Challenge 就是 RADIUS 报文中的 Authenticator)

(2)　CHAP 验证。RADIUS Server 的 CHAP 的验证流程如图 9-25 所示。对于 CHAP(挑战握手认证协议)，它提供对用户口令进行加密的机制。

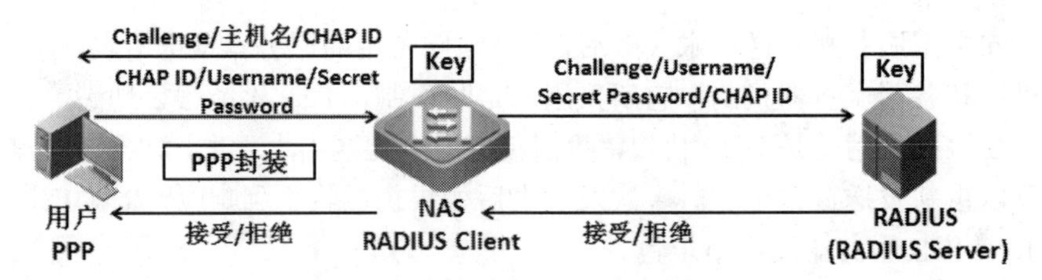

图 9-25　RADIUS Server 的 CHAP 的验证流程

当用户请求上网时，NAS 产生一个 16 字节的随机码给用户(同时还有一个 ID 号，本地路由器的 Host name)。用户端得到这个包后使用自己独有的设备或软件客户端将 CHAP ID、用户密码(口令字)用 MD5 算法对该随机码进行加密生成一个 Secret Password，随同用户名 user name 一并传给 NAS。

NAS 把传回来的 user name 和 Secret Password 分别作为用户名和密码，并把原来的 16 字节随机码以及 CHAP ID 传给 RADIUS 服务器。RADIUS 根据用户名在服务器端查找数据库，得到和用户端进行加密所用的一样的密钥，用 MD5 算法对 CHAP ID、密钥和传来的 16 字节的随机码进行加密，将其结果与传来的 Password 做比较，如果相匹配，服务器送回一个接入允许数据包，否则送回一个接入拒绝数据包。

7)　RADIUS 体系结构

当用户 PC 通过某个网络(如电话网)与 NAS 建立连接从而获得访问其他网络的权利时，NAS 可以选择在 NAS 上进行本地认证计费，或把用户信息传递给 RADIUS 服务器，由 RADIUS 进行认证计费；RADIUS 协议规定了 NAS 与 RADIUS 服务器之间如何传递用户信息和计费信息；RADIUS 服务器负责接收用户的连接请求，完成认证，并把传递服务给用户所需的配置信息返回给 NAS。

通常对 RADIUS 协议的认证服务端口号是 1645(早期实现)或 1812，计费服务端口号是 1646(早期实现)或 1813。当我们进行 NAS 设备和 RADIUS 服务器对接的时候，由于生产厂家可能不同，所对应的服务器端口号不同，那么就需要调整服务器端口号。例如，与其他厂家 radius 协议默认端口号是 1645 和 1646，需要与其协商，调整到相同的端口号，这样才能对接成功。

8)　RADIUS 报文的交互流程

RADIUS 服务器对用户的认证过程通常需要利用 NAS 等设备的代理认证功能，RADIUS 客户端和 RADIUS 服务器之间通过共享密钥认证相互间交互的消息，用户密码采用密文方式在网络上传输，增强了安全性。RADIUS 协议合并了认证和授权过程，即响应报文中携带了授权信息。操作流程图和步骤如图 9-26 所示。

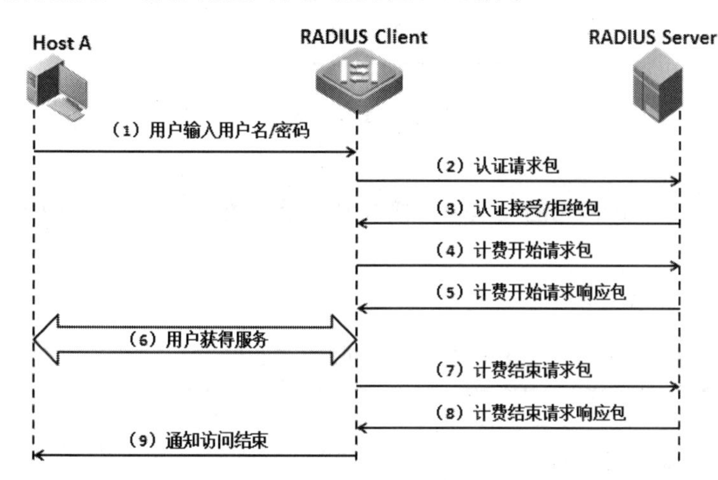

图 9-26 RADIUS 的典型实现流程

在一个客户端被设置使用 RADIUS 协议后，任何使用这个终端的用户都需要向这个客户端提供认证信息。该信息或者以一种定制化的提示信息出现，用户需要输入他们的用户名和密码；或者也可以选择比如像点对点的传输协议(Point-to-Point Protocol)，通过认证包来传递这种认证信息。

基本交互过程如下。

(1)　用户输入用户名和口令。

(2)　RADIUS 客户端根据获取的用户名和口令，向 RADIUS 服务器发送认证请求包(Access-Request)。

(3)　RADIUS 服务器将该用户信息与 Users 数据库信息进行对比分析，如果认证成功，则将用户的权限信息以认证响应包(Access-Accept)发送给 RADIUS 客户端；如果认证失败，则返回 Access-Reject 响应包。

(4)　RADIUS 客户端根据接收到的认证结果接入/拒绝用户。如果可以接入用户，则 RADIUS 客户端向 RADIUS 服务器发送计费开始请求包(Accounting-Request)，Status-Type 取值为 start。

(5)　RADIUS 服务器返回计费开始响应包(Accounting-Response)。

(6)　RADIUS 客户端向 RADIUS 服务器发送计费停止请求包(Accounting-Request)，

Status-Type 取值为 stop。

(7) RADIUS 服务器返回计费结束响应包(Accounting-Response)。

9) RADIUS 协议的报文结构

RADIUS 采用 UDP 传输消息，通过定时器管理机制、重传机制、备用服务器机制，确保 RADIUS 服务器和客户端之间交互消息正确收发。标准 RADIUS 协议报文的结构如图 9-27 所示。

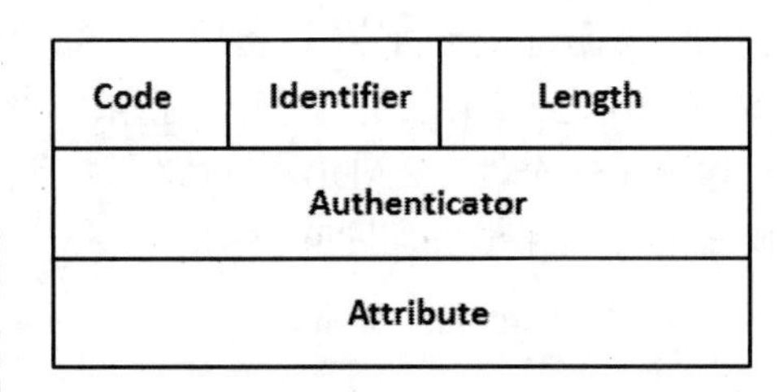

图 9-27 标准 RADIUS 协议报文的结构

(1) Code。包类型。

1 字节，指示 RADIUS 包的类型。在接收到一个无效编码域的数据包后，该数据包只是会被简单地丢弃。

Code 域的主要类型如表 9-14 所示。

表 9-14 Code 域的主要类型

Code	报文类型	报文说明
1	Access-Request 认证请求包	方向 Client->Server，Client 将用户信息传输到 Server 以判断是否接入该用户。该报文中必须包含 User-Name 属性，可选包含 NAS-IP-Address、User-Password、NAS-Port 等属性
2	Access-Accept 认证接受包	方向 Server->Client，如果 Access-Request 报文中所有 Attribute 值都可以接受(即认证通过)，则传输该类型报文
3	Access-Reject 认证拒绝包	方向 Server->Client，如果 Access-Request 报文中存在任何 Attribute 值无法被接受(即认证失败)，则传输该类型报文
4	Accounting-Request 计费请求包	方向 Client->Server，Client 将用户信息传输到 Server，请求 Server 开始计费，由该报文中的 Acct-Status-Type 属性区分计费开始请求和计费结束请求。该报文包含的属性和 Access-Request 报文大致相同
5	Accounting-Response 计费响应包	方向 Server->Client，Server 通知 Client 侧已经收到 Accounting-Request 报文并且已经正确记录计费信息。该报文包含端口上输入/输出字节数、输入/输出包数、会话时长等信息

(2) Identifier。包标识；1 字节，取值范围为 0～255；用于匹配请求包和响应包，同一组请求包和响应包的 Identifier 应相同。如果在一个很短的时间片段里，一个请求有相同的客户源 IP 地址、源 UDP 端口号和标识符，RADIUS 服务器会认为这是一个重复的请求而不响应处理。1 字节意味着客户端在收到服务器的响应之前最多发送 255(256-1)个请求。Identifier 段里的值是序列增长的。

(3) Length。包长度；2 字节；标识了分组的长度，整个包中所有域的长度。长度域范围之外的字节被认为是附加的，并在接受的时候超长部分将被忽略。如果包长比长度域给出的短，也必须丢弃，最小长度为 20，最大长度为 4096。

(4) Authenticator。验证字域；16 字节明文随机数；最重要的字节组最先被传输。该值用来认证来自 RADIUS 服务器的回复，也用于口令隐藏算法(加密)。该验证字分为以下两种。

① 请求验证字——Request Authenticator。

用在请求报文中，采用唯一的 16 字节随机码。

② 响应验证字——Response Authenticator。

用在响应报文中，用于鉴别响应报文的合法性。响应验证字=MD5(Code+ID+length+请求验证字+Attributes+Key)。

(5) Attribute。属性域；用来在请求和响应报文中携带详细的认证、授权、信息和配置细节，来实现认证、授权、计费等功能。采用(Type、Length、Value)三元组的形式提供，属性在数据报中的格式如图 9-28 所示。

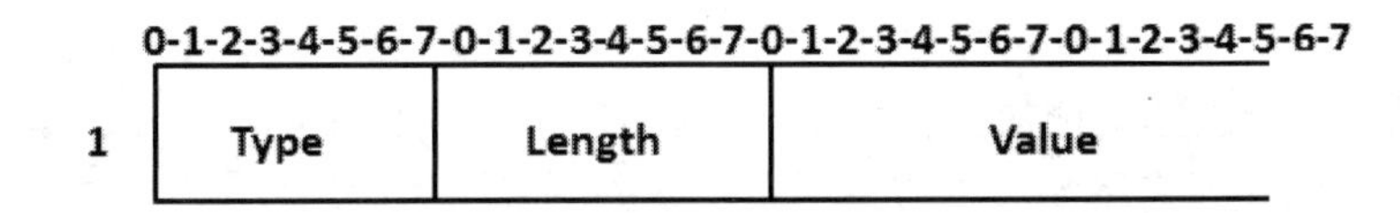

图 9-28 属性在数据报中的格式

(6) Type。Attribute Number(属性号)，用来说明数据包中表示的属性类型。范围是 1~255。服务器和客户端都可以忽略不可识别类型的属性。值为 26，标识厂商私有属性。

(7) Length(属性长度)。说明整个属性域的长度。长度域最小值为 3(表示属性域至少占 3 个字节)。如果 AAA 服务器收到的接入请求中属性长度无效，则发送接入拒绝包。如果 NAS 收到的接入允许、接入拒绝和接入盘问中属性的长度也无效，则必须以接入拒绝对待，或者被简单地直接丢弃。

(8) Value(值)。表示属于自己的特性和特征。即使该域为 null，这个域也必须出现在属性域中。有 6 种属性值——整数(INT)；枚举(ENUM)；IP 地址(IPADDR)；文本(STRING)；日期(DATE)；二进制字符串(BINARY)。

RFC 中定义的标准 Attribute 域大致包括的内容如表 9-15 所示。

表 9-15 Attribute 域主要取值的说明

Type	属性类型	Type	属性类型
1	User-Name	23	Framed-IPX-Network
2	User-Password	24	State
3	CHAP-Password	25	Class
4	NAS-IP-Address	26	Vendor-Specific
5	NAS-Port	27	Session-Timeout
6	Service-Type	28	Idle-Timeout
7	Framed-Protocol	29	Termination-Action
8	Framed-IP-Address	30	Called-Station-Id
9	Framed-IP-Netmask	31	Calling-Station-Id
10	Framed-Routing	32	NAS-Identifier
11	Filter-ID	33	Proxy-State

续表

Type	属性类型	Type	属性类型
12	Framed-MTU	34	login-lAT-Service
13	Framed-Compression	35	login-lAT-Node
14	login-IP-Host	36	login-lAT-Group
15	login-Service	37	Framed-AppleTalk-link
16	login-TCP-Port	38	Framed-AppleTalk-Network
17	(unassigned)	39	Framed-AppleTalk-Zone
18	Reply_Message	40-59	(reserved for accounting)
19	Callback-Number	60	CHAP-Challenge
20	Callback-ID	61	NAS-Port-Type
21	(unassigned)	62	Port-limit
22	Framed-Route	63	login-lAT-Port

RADIUS 协议具有良好的可扩展性，协议中定义的 26 号属性(Vender-Specific)被用来扩展以支持供应商自己定义的扩展属性，主要指不适于常规使用的属性扩展。但不允许对 RADIUS 协议中的操作有影响。当服务器不具备去解释由客户端发送过来的供应商特性信息时，则服务器必须忽略它(过程可以被记录下来)。在没有收到预期的供应商特性信息的情况下，客户端也应该尝试在没有它的情况下运作(即使是在降级模式中)。

以下是具体厂商属性格式的总结。域的传输是从左向右。报文结构如图 9-29 所示。

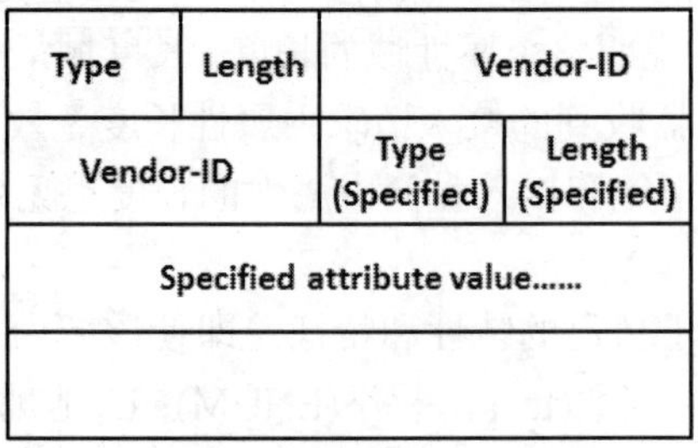

Type	Length	Vendor-ID	
Vendor-ID		Type (Specified)	Length (Specified)
Specified attribute value......			

图 9-29　自定义属性格式

10) RADIUS 细节描述

如图 9-30 所示是针对 RADIUS 远程认证时，认证、授权和计费交互的详细过程。

11) RADIUS 代理

对 RADIUS 代理服务器来说，一个 RADIUS 服务器在收到一个来自 RADIUS 客户端(如 NAS 服务器)的认证请求(或者计费请求)后，向一个远程的 RADIUS 服务器提交该请求，收到来自远程服务器的回复后，将这个回复传输给客户，这个回复可能带有反映本地管理策略的变化。使用 RADIUS 代理服务器通常是为了漫游。漫游功能使两个或更多的管理实体允许每一个用户为某项服务而拨入任意一个实体网络中。

一个 RADIUS 服务器可以同时作为转送服务器和远程服务器运行。在某些域中作为一个转发服务器，在其他域中作为一个远程服务器。一个转发服务器可以作为任何数量远程服务器的转发者。一个远程服务器可以有任意数量的转发服务器向它转发，也能向任意数量域提供认证。一个转发服务器可以向另一个转发服务器转发，从而生成一个代理链，但应当注意避免循环引用。

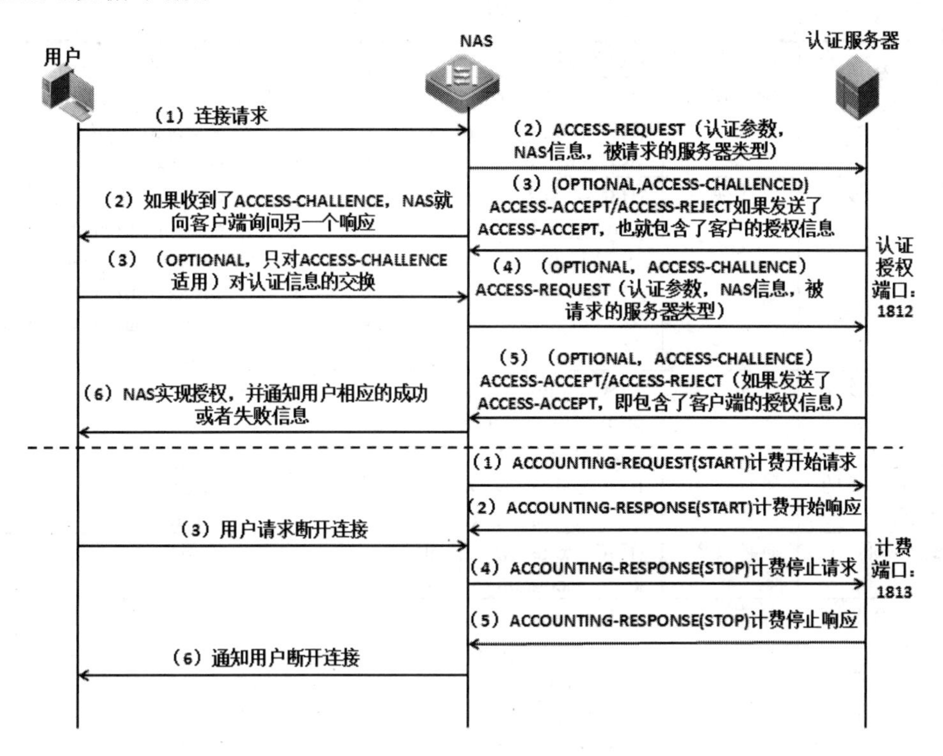

图 9-30　RADIUS 认证、授权和计费交互的详细过程

下面的过程解释了一个代理服务器在一个 NAS 服务器、转发服务器和远程服务器之间的通信。

(1) NAS 向一个转发服务器发出接入请求。

(2) 转发服务器把这个请求转发给一个远程服务器。

(3) 远程服务器给转发服务器送回接入允许、接入拒绝或接入盘问。此时，服务器送回的是接入允许。

(4) 转发服务器将接入允许传输给 NAS。

转发服务器必须把已经存在于数据包中的任何代理状态属性当作不可见的数据。它的操作禁止依靠被前面服务器添加到代理状态属性中的内容，如果收到来自客户端的请求中有任何代理状态属性，在给客户端的回复中，转发服务器必须在给客户端的回复中包括这些代理状态属性。当转发服务器转发这个请求时，它可以把代理状态属性包含在其中，也可以在已转发的请求中忽略代理状态属性。如果转发服务器在转发的接入请求中忽略了代理状态属性，它必须在响应返回给用户之前把这些代理状态属性添加到该响应中。

4. 配置命令

H3C 系列和 Cisco 系列交换机上配置 AAA(RADIUS)的相关命令如表 9-16 所示。

表 9-16　AAA(RADIUS)配置命令

功　能	H3C 系列设备		Cisco 系列设备	
	配置视图	基本命令	配置模式	基本命令
创建 RADIUS 方案	系统视图	[H3C]radius scheme sw1-telnet	全局配置模式	Cisco(config)#aaa new-model
设置主认证/授权服务器	具体视图	[H3C-radius-sw1-telnet] primary authentication 192.168.10.3 1812		Cisco(config)#aaa authentication enable default Group radius enable Cisco(config)#aaa authentication enable default Group radius enable
设置主计费服务器	具体视图	[H3C-radius-sw1-telnet] primary accounting 192.168.10.3 1813		
设置验证/授权的共享密钥	具体视图	[H3C-radius-sw1-telnet] key authentication 123		Cisco(config)#radius-server key 123
设置计费共享密钥	具体视图	[H3C-radius-sw1-telnet] key accounting 123		
设置 RADIUS 服务器的类型	具体视图	[H3C-radius-sw1-telnet] server-type standard		
设置账户格式	具体视图	[H3C-radius-sw1-telnet] user-name-format without-domain		
设置 nas 的 IP 地址	具体视图	[sw1-radius-sw1-telnet] nas-ip 192.168.10.254		
创建 ISP 域	系统视图	[H3C]domain telnet		
开启域功能	具体视图	[H3C]domain default enable telnet		
激活域	具体视图	[H3C-isp-telnet]state active		
将ISP域与RADIUS方案进行认证关联	具体视图	[H3C-isp-telnet] authentication default radius-scheme sw1-telnet		
将ISP域与RADIUS方案进行授权关联	具体视图	[H3C-isp-telnet] authorization default radius-scheme sw1-telnet		
将ISP域与RADIUS方案进行计费关联	具体视图	[H3C-isp-telnet]accounting default radius-scheme sw1-telnet		

9.4.5　任务实施

1. 实施规划

1)　实训拓扑结构

根据任务的需求与分析，实训的拓扑结构及网络参数如图 9-31 所示，以 PC1 和 Server 分别模拟公司的管理机和 RADIUS Server。

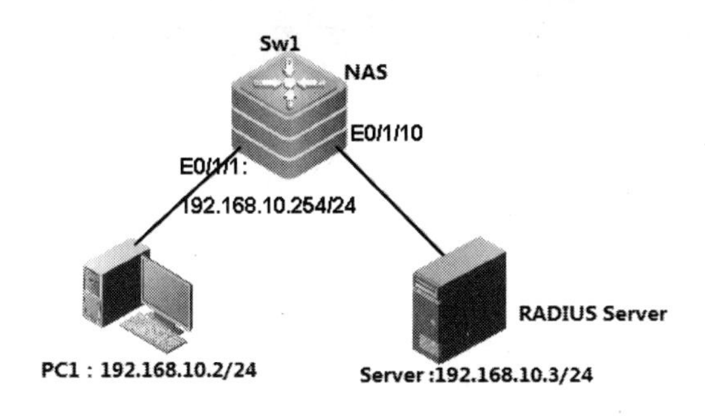

图 9-31　实训的拓扑结构及网络参数

2)　实训设备

根据任务的需求和实训拓扑，每实训小组的实训设备配置清单如表 9-17 所示。

表 9-17　实训设备配置清单

设备类型	设备型号	数　量
交换机	S3610-28TP	1
PC	Windows 2003/Windows 7	1
Server	Windows 2003/Windows 7	1
RADIUS 服务软件	WIN RADIUS	1 套
双绞线	RJ-45	若干

3)　IP 地址规划

根据需求分析本任务的 IP 地址规划，如表 9-18 所示。

表 9-18　IP 地址规划

设　备	接　口	IP 地址	网　关
PC1		192.168.10.2/24	192.168.10.254
Server		192.168.10.3/24	192.168.10.254
Switch 1	Vlan 1	192.168.10.254/24	

2. 实施步骤

任务的实施步骤如下。

(1)　根据实训拓扑图进行交换机、计算机的线缆连接，配置 PC1、PC2 的 IP 地址。

(2)　使用计算机 Windows 操作系统的“超级终端”组件程序通过串口连接到交换机的配置界面，其中超级终端串口的属性设置还原为默认值(每秒位数 9600、数据位 8、奇偶校验无、数据流控制无)。

(3)　超级终端登录路由器，进行任务的相关配置。

(4)　Sw1 主要配置清单如下。

```
一、NAS 的配置
NAS：网络接入服务。此处要配置的是 telnet，telnet 也是一种 NAS。日常应用经常用到的
NAS 有：VPN、802.1x、telnet、SSH.....
1. sw1 的初始化配置
<H3C>system-view
```

```
[H3C]sysname  sw1
2. 配置管理地址
[sw1]interface  Vlan-interface  1
[sw1-Vlan-interface1]ip address  192.168.10.254 255.255.255.0
3. 开启 telnet 服务
[sw1]telnet server  enable
4. 配置 vty 视图
[sw1-Vlan-interface1]quit
[sw1]user-interface vty  0 4
5. 设置验证模式
telnet 的验证模式有三种：none(无须用户名和密码)、password(密码)、scheme(账户+密码)此
处，我们采用 scheme 验证模式
[sw1-ui-vty0-4]authentication-mode  scheme
二、AAA(radius)配置
1. 配置 radius 方案
(1)创建 radius 方案：
[sw1]radius  scheme  sw1-telnet
(2)设置主认证(授权)服务器：
[sw1-radius-sw1-telnet]primary  authentication  192.168.10.3 1812
(3)设置主计费服务器：
[sw1-radius-sw1-telnet]primary  accounting  192.168.10.3 1813
(4)设置验证和授权的共享密钥：
[sw1-radius-sw1-telnet]key  authentication  123
(5)设置计费的共享密钥：
[sw1-radius-sw1-telnet]key  accounting  123
(6)设置 radius 服务器的类型：
[sw1-radius-sw1-telnet]server-type  standard
批注：在实际应用中，NAS 和 radius 一般是由不同的厂家开发生产的，因此，就涉及兼容性
问题，但是所有厂商都支持标准类型的 radius。因此，建议将 radius 服务器的类型都设为标准。
(7)设置账户格式：
[sw1-radius-sw1-telnet]user-name-format  without-domain
(8)设置 NAS 的 IP 地址：
[sw1-radius-sw1-telnet]nas-ip  192.168.10.254
2. 配置 ISP 域
ISP 域：本质上是用户组，NAS 的 ISP 域必须和 radius 服务器的用户组保持一致，并且在 NAS
配置的 radius 方案必须和具体的 ISP 域进行关联
(1)创建 ISP 域：
[sw1]domain  telnet
(2)开启域的功能：
[sw1]domain  default  enable  telnet
(3)激活域：
[sw1-isp-telnet]state  active
3. 将 Radius 方案与 isp 域进行关联
[sw1-isp-telnet]authentication default  radius-scheme  sw1-telnet  /*认证关联
[sw1-isp-telnet]authorization  default  radius-scheme  sw1-telnet  /*授权关联
[sw1-isp-telnet]accounting  default  radius-scheme  sw1-telnet  /*计费关联
```

(5) RADIUS Server 的配置。

① 启用 RADIUS 服务。此处我们采用的是第三方开发的 RADIUS 服务器软件(当然，Windows NT 系列操作系统也集成了 Radius 服务器组件)WinRadius。解压程序压缩包，打开文件夹，可以看到里面有一个文件为 WinRadius.exe，双击即可启用 WinRadius 软件。启用后的界面如图 9-32 所示。

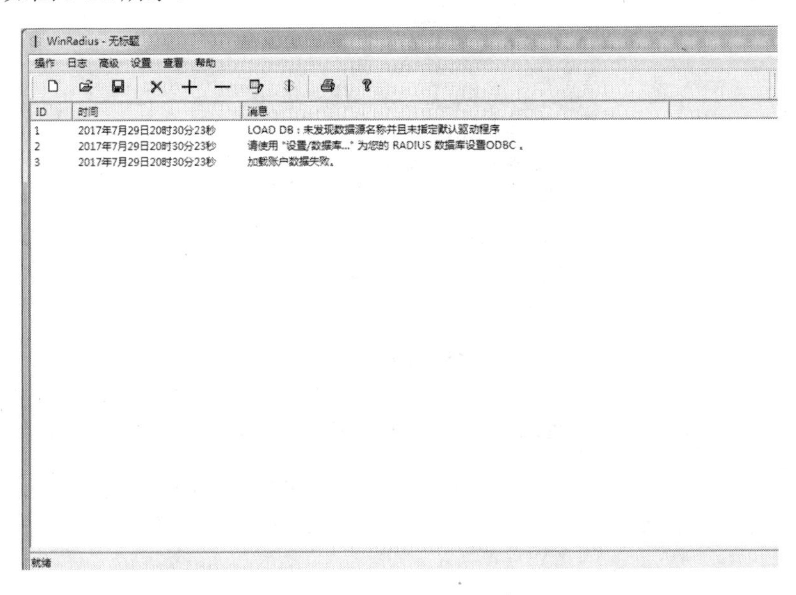

图 9-32　WinRadius 服务启用界面

② 对 WinRadius 服务进行初始化。WinRadius 服务启用后，需要进行初始化配置，选择“设置”|“数据库”命令，如图 9-33 所示。

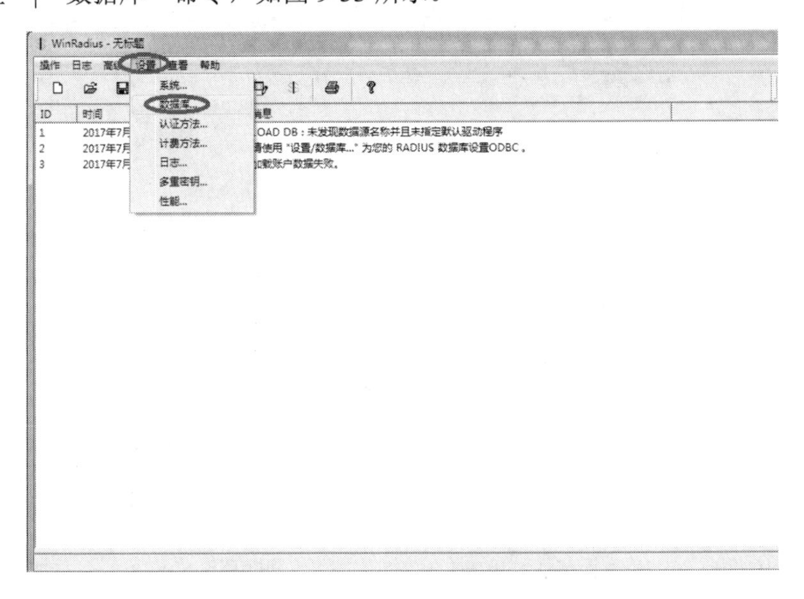

图 9-33　WinRadius 初始化配置

在随后弹出的“ODBC 设置”对话框中单击“自动配置 ODBC”按钮，然后单击“确定”按钮，如图 9-34 所示。此时系统会提示重启 WinRadius 服务，按照要求重新启动服务，即完成了对 WinRadius 服务的初始化配置。

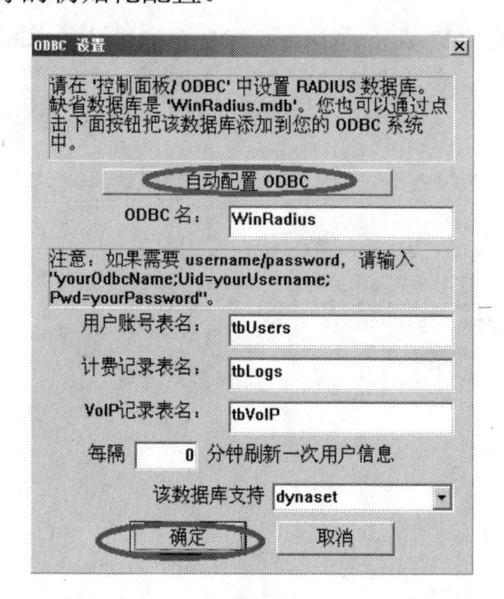

图 9-34 “ODBC 设置”对话框

③ 添加 NAS 设备。完成了 WinRadius 服务的初始化配置后，需要将 NAS 设备(此处为开启了 Telnet 功能的交换机)添加进 Radius 服务器。选择“设置”|“多重密钥”命令，如图 9-35 所示。

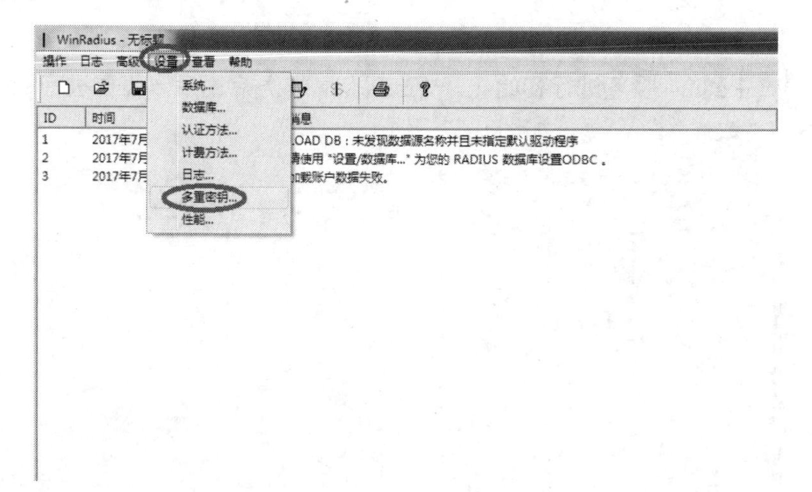

图 9-35 选择“多重密钥”命令

随后会打开“多重密钥”对话框，在此对话框的“对于 IP(NAS)”选项中，设置 NAS 的 IP 地址(此处为交换机的 Telnet 管理 IP 地址，即 192.168.10.254)，在“采用密钥”文本框中输入 NAS 设备上配置的共享密钥(此处为 123)，如图 9-36 所示。

完成“多重密钥”的参数设置后，单击“添加”按钮，即可将 NAS 设备添加进 WinRadius 服务器。如果有多台 NAS 设备，按照以上步骤，重复添加即可。完成 NAS 设备添加后，将看到在“多重密钥”对话框的下面生成一条 NAS 设备的记录，如图 9-37 所示。看到此记录，即表明成功添加了 NAS 设备。

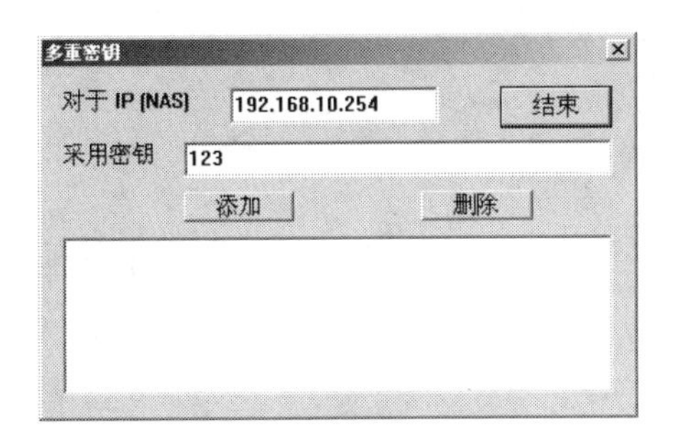

图 9-36 “多重密钥”对话框

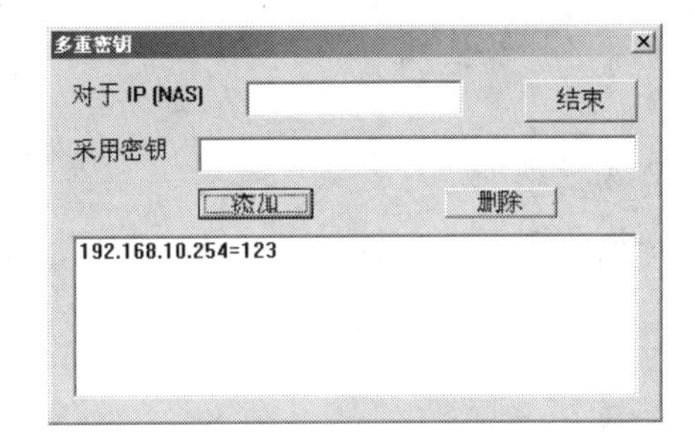

图 9-37 完成 NAS 设备添加

④ 创建账户。将 NAS 设备成功添加进 WinRadius 服务器后，还需要为 NAS 设备添加账户(此处为交换机的 Telnet 账户)。选择“操作”|“添加账号”命令，如图 9-38 所示。

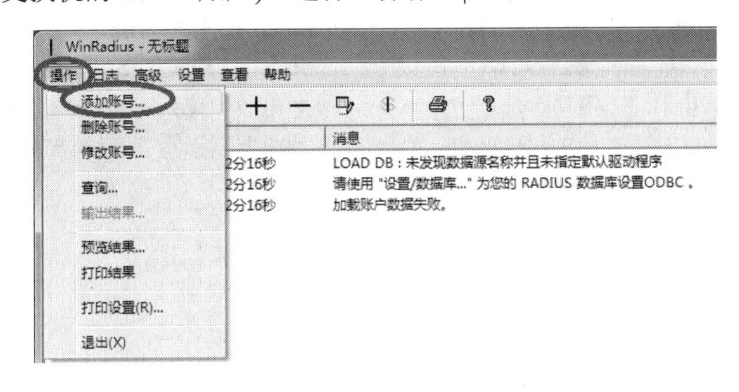

图 9-38 选择“添加账号”命令

随后将打开“添加账号”对话框，在此对话框中完成对账户及密码的添加。“用户名”选项部分，尽量填写为 NAS 设备上配置的 ISP 域的名字；“地址”选项部分，是设置账户的物理位置，可以不用设置；“预付金额”选项部分是为账户充值；“到期日”选项部分是设置账户的有效时间；设置完成后单击“确定”按钮即完成了账户的添加，如图 9-39 所示。如果要设置多个账户，按照以上操作步骤重复添加即可。

管理机通过 telnet 功能登录交换机，如图 9-40 所示。

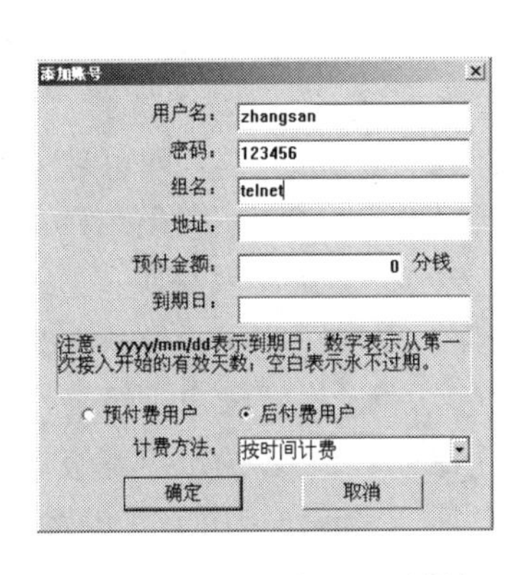

图 9-39 “添加账号”对话框

图 9-40 管理机通过 telnet 登录交换机

9.4.6 任务验收

1. 设备验收

根据实训拓扑图检查验收交换机、计算机的线缆连接，检查 PC1、Server 的 IP 地址。

2. 配置验收

查看 Radius 方案：

```
[sw1]display  radius  scheme                    /*查看 radius 方案
------------------------------------------------------------------------------------
SchemeName   = sw1-telnet
  Index = 0                                      Type = standard
  Primary Auth IP   = 192.168.10.3               Port = 1812    State = active
  Primary Acct IP   = 192.168.10.3               Port = 1813    State = active
  Second   Auth IP   = 0.0.0.0                   Port = 1812    State = block
  Second   Acct IP   = 0.0.0.0                   Port = 1813    State = block
Auth Server Encryption Key = 123
  Acct Server Encryption Key = 123
  Accounting-On packet disable, send times = 5 , interval = 3s
  Interval for timeout(second)                          = 3
  Retransmission times for timeout                      = 3
  Interval for realtime accounting(minute)              = 12
  Retransmission times of realtime-accounting packet    = 5
  Retransmission times of stop-accounting packet        = 500
 Quiet-interval(min)                                    = 5
 Username format                                        = without-domain
Data flow unit                                          = Byte
Packet unit                                             = one
nas-ip address                                          = 192.168.10.254
```

3. 功能验收

在 PC1(管理机)上运行 cmd 命令，打开命令提示符，在命令提示符里输入 telnet 192.168.10.254，即打开远程登录交换机的连接，如图 9-41 所示。

在随后弹出的对话框中，输入 Telnet 的账户信息及密码，按 Enter 键，即可远程登录交换机，如图 9-42 所示。在此界面中，即可完成对交换机的相关配置。(提示：H3C 的网络设备，将账户等级划分为四级：0 级：访问级；1 级：监控级；2 级：系统级；3 级：管理级，在默认情况下，创建的账户是 0 级：访问级，访问级的用户只能执行最基本的命令和功能。如果配置 Telnet 时采用的是本地验证模式，此时可以通过设置账户等级来设置；而如果采用 WinRadius 来进行远程验证，此时 WinRadius 无法兼容 H3C 的账户等级，也无法设置账户等级，如果希望登录的账户拥有更高等级，可以通过 super 口令方式设置。

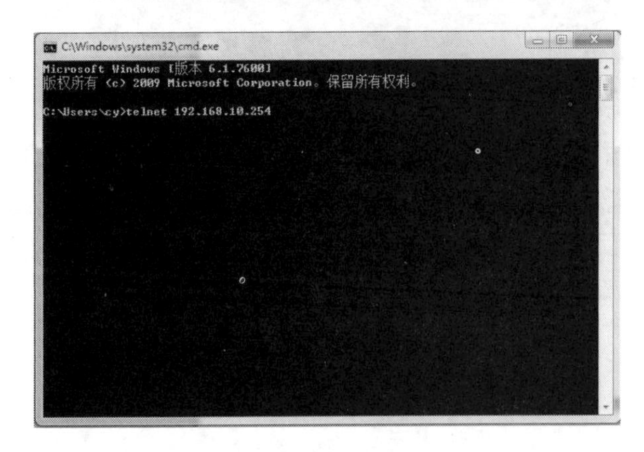

图 9-41　远程 Telnet 交换机

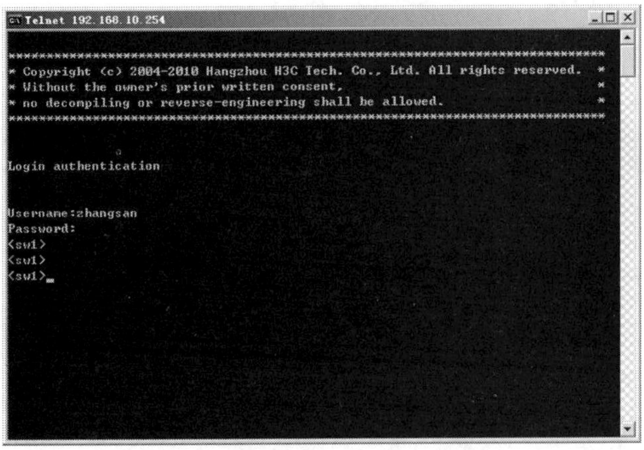

```
Telnet 192.168.10.254
******************************************************************************
* Copyright (c) 2004-2010 Hangzhou H3C Tech. Co., Ltd. All rights reserved.  *
* Without the owner's prior written consent,                                 *
* no decompiling or reverse-engineering shall be allowed.                    *
******************************************************************************

Login authentication

Username:zhangsan
Password:
<sw1>
<sw1>
<sw1>_
```

图 9-42　远程登录交换机的效果

用户成功登录后，WinRadius 服务器也将出现成功登录的日志信息，如图 9-43 所示。

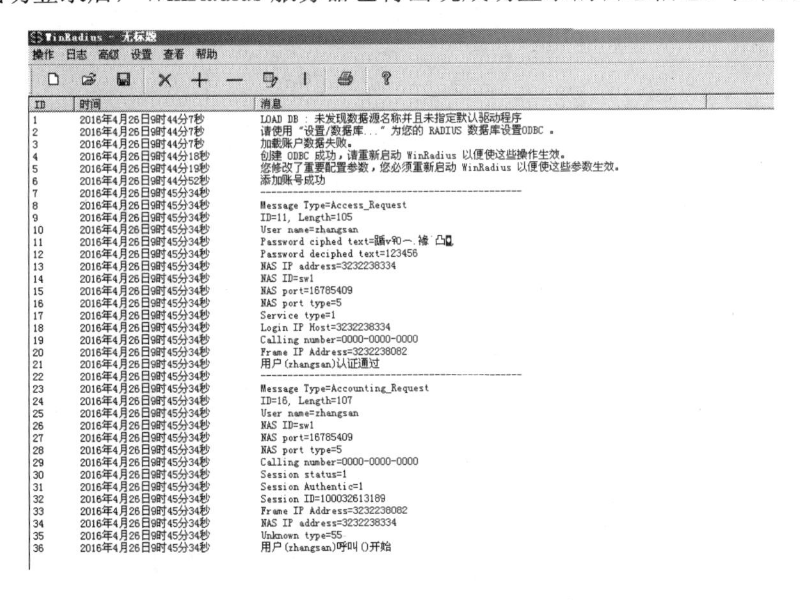

图 9-43　账户成功登录的日志信息

9.4.7 任务总结

针对某公司办公区网络的改造任务的内容和目标，根据需求分析进行了实训的规划和实施。通过本任务进行了交换机或路由器的 AAA(认证、授权、计费)配置，实现了交换机远程 Telent 管理的远程验证功能，将账户信息统一、集中存储在远端服务器，方便了网络管理，也提升了网络安全。

参考文献

[1] 董宇峰. 企业网络技术基础实训[M]. 北京：清华大学出版社，2014.
[2] 董宇峰，王亮. 计算机网络技术基础[M]. 2 版. 北京：清华大学出版社，2016.
[3] 蔡英. 计算机应用基础(Windows 7+Office 2010)[M]. 北京：高等教育出版社，2016.
[4] 杭州华三通信公司. 路由交换技术第 1 卷[M]. 北京：清华大学出版社，2011.
[5] 思科系统公司. 思科网络技术学院教程. CCNA Exploration：网络基础知识[M]. 北京：人民邮电出版社，2009.
[6] 严体华，张武军.网络管理员教程[M]. 4 版. 北京：清华大学出版社，2014.
[7] 田庚林，田华，张少芳. 计算机网络安全与管理[M]. 2 版. 北京：清华大学出版社，2016.
[8] 戴有炜. Windows Server 2008 R2 网络管理与架站[M]. 北京：清华大学出版社，2010.